Flugdurchführung
Teil 3:

Flugplanung
und
Monitoring

Ein Lehrbuch für Piloten
nach europäischen Richtlinien

1. Auflage April 2011

Final Version 1.12.04.2011_K3.27.07.15

Herstellung: Verschiedene Druckereien im Auftrag des Verlags
Dieses Buch wurde im Digitaldruckverfahren hergestellt.
Verlag: K.L.S. Publishing, Köln
Umschlaggestaltung, Satz und Layout: K.L.S. Publishing, Köln
Text: Neue deutsche Rechtschreibung
Mit 121 Abbildungen (Grafiken, Fotos und Tabellen)

ISBN-13: 978-3-942095-12-9 (Schwarz-Weiß-Druck)
ISBN-13: 978-3-942095-13-6 (Farbdruck)
ISBN-13: 978-3-942095-57-0 (e-Book)

Bibliografische Information der Deutschen Nationalbibliothek:
Die Deutsche Nationalbibliothek verzeichnet diese Publikation in der Deutschen Nationalbibliografie; detaillierte bibliografische Daten sind im Internet unter http://dnb.d-nb.de abrufbar.

INHALTSVERZEICHNIS

Vorwort des Verlags

Seit Gründung der Joint Aviation Authorities (JAA) zur Einführung und Regelung einheitlicher europäischer Luftfahrtstandards wird ein einheitlicher Themenkatalog als Basis für alle Prüfungen zur Erlangung europäischer Luftfahrtlizenzen verwendet, der Flight Crew Licensing (FCL) Syllabus.

Das vorliegende Buch ist ein Einzelband aus der K.L.S. Publishing Lehrbuchreihe zur Pilotenausbildung, mit dem Schwerpunkt auf Berufs- und Verkehrspilotenausbildung. Es ist wie alle Bände aus dieser Reihe (eine Übersicht über sämtliche Bände befindet sich im Anhang) nach den Lernzielvorgaben des europäischen Themenkatalogs strukturiert und behandelt kurz und genau sämtliche Sachgebiete zum Prüfungsfach. Es eignet sich zur Vorbereitung auf die theoretische Prüfung beim Lizenzerwerb von ATPL, CPL und PPL/IR und kann daneben als ergänzende Vertiefung zum Computertraining genutzt werden.

Das vorliegende Buch kann als Lehrbuch im Selbststudium und parallel dazu im Theorieunterricht verwendet werden. Es bietet sich an, die einzelnen Kapitel bzw. Themen des vorliegenden Faches jeweils einzeln zu studieren bzw. im Unterricht durchzunehmen und danach mit Selbstübungen oder mit Gruppenübungen im Unterricht zu vervollständigen. Zur Prüfung des Erlernten in Selbstprüfungen bzw. bei gemeinsamen Übungssessions in der Gruppe bietet sich zusätzlich die Verwendung marktgängiger Computerlernprogramme an.

Noch ein Wort zu Prüfungsaufgaben. Die K.L.S. Publishing Lehrbuchreihe beinhaltet keine Sammlung von Prüfungsaufgaben zum Lernfach. Die Autoren und der Verlag sind der Meinung, dass zum Üben von Prüfungsaufgaben und für Selbsttests die bekannten Computerlernprogramme wegen der interaktiven Arbeitsweise und der ent-

haltenen Möglichkeiten bei Statistik und Auswertung das bessere Medium darstellen. Andererseits ist das Buch das bessere Medium, wenn es um die Vermittlung komplexer Zusammenhänge geht, die man sich meistens nur in einer ruhigen Studienumgebung mit Hilfe eines Fachbuches selbst erarbeiten kann.
Daher werden in den Lehrbüchern dieser Reihe neben der Darstellung von Sachthemen und Theorie ausschließlich einzelne Beispielaufgaben mit nach zu vollziehenden Berechnungen behandelt und ihr jeweiliger Lösungsweg aufgezeigt. Beide Lern- bzw. Arbeitsmethoden - das Buch, um den Stoff zu erlernen, und der Computer, um das Gelernte zu üben - lassen sich so gut miteinander kombinieren.

Noch ein Wort zur Korrektheit der Darstellung. Das Buch wurde durch eine Reihe von Experten auf Fehler hin überprüft. Wer trotzdem Fehler oder Ungenauigkeiten erkennt, möge bitte den Verlag anschreiben. Aufgrund des Digitaldruckverfahrens besteht die Möglichkeit, Fehler relativ zügig so zu korrigieren, dass bereits nach kurzer Zeit weitere gelieferte Exemplare fehlerbereinigt sind. Die im Buch verzeichneten Hyperlinks können sich im Laufe der Zeit ändern, ohne dass wir hier stets eine Korrektur vornehmen werden.

Am Ende des Buches ist der englische Original-Syllabus für das Prüfungsfach ergänzt. Die dort als Fragen formulierten Lernziele können in einem Unterrichtskonzept ergänzend zur Ausbildung direkt als mündliche Übungsfragen verwendet werden.

Wer im Syllabus als Lernziel die praktische Vorgehensweise und Methodik konkreter Flugplanung für den Instrumentenflug mit weltweiter oder zumindest europäischer Perspektive erwartet, wird übrigens enttäuscht sein. Im Syllabus und der Prüfung werden lediglich Einzelaspekte des Themas behandelt. Die Vermittlung von praktischem Wissen steht dabei nicht im Fokus. Wir haben an einigen Stellen versucht, die Lücken ein wenig zu füllen.

Der Verlag dankt allen, die beim Verfassen des Buches unterstützt haben und die nach Durchlesen des Manuskripts wertvolle fachliche Hinweise gaben.

K.L.S. Publishing Verlag,

Köln, im April 2011

030 Flugdurchführung
Teil 3:

033 Flugplanung und Monitoring

Lernziele für das Fach Flugdurchführung - Flugplanung und Monitoring (033)

Für den Betrieb von Luftfahrzeugen ist ein bestimmtes Maß an Kenntnissen zu Flugplanung und Monitoring erforderlich. Der Pilot hat nachzuweisen, dass er diese Kenntnisse besitzt.

Lernziele:

Kenntnisse. Nach Beendigung seines/ihres Trainings muss der/die Pilot(in) in der Lage sein, für das verantwortliche Führen eines Luftfahrzeuges

1. die theoretischen Grundlagen der navigatorischen Flugplanung und alle in der Praxis vorkommenden Szenarien zu kennen,
2. die Berechnungsmethoden aller relevanten Planungsgrößen inklusive der Strecken-, Zeit- und Treibstoffplanung auch für Sonderfälle zu kennen,
3. die anzuwendenden Vorschriften und die Verfahren der Überwachung während eines Fluges (Monitoring) zu kennen.

Fähigkeiten. Nach Beendigung seines/ihres Trainings muss der/die Pilot(in) in der Lage sein,

1. Flugnavigationspläne anhand vorgegebener Daten inklusive der Strecken-, Zeit- und Treibstoffplanung auch für Sonderfälle zu berechnen,
2. die Durchführbarkeit eines geplanten Fluges hinsichtlich aller anzuwendenden Vorschriften inklusive möglicher Notfälle zu beurteilen,
3. VFR- und IFR-Flüge eigenständig zu planen und durchzuführen inklusive der kontinuierlichen Überwachung in allen Phasen eines Fluges.

Gültigkeitsbereich. Die Lernziele sind anzuwenden für (Flugzeuge(A)/Helikopter(H)):

1. Verkehrspilotenlizenzen (ATPL, ATPL/IR)
2. Berufspilotenlizenzen (CPL, CPL/IR)
3. Privatpilotenlizenzen (PPL/IR, EIR, CB-IR)

Theoretischer Unterricht und Prüfungen

Der *theoretische Unterricht* umfasst das Training, den theoretischen Syllabus und die Lernziele. Mit den abschließenden theoretischen Prüfungen wird ermittelt, ob der Pilot das erforderliche Wissen und die Fähigkeiten im Hinblick auf die Lernziele des Syllabus durch Unterricht und Training erzielt hat.

Einleitung

Gliederung des Themas 030

Die Lernziele zum Themenkomplex Beladung, Performance, Flugplanung und Flugmonitoring, also alles, was mit Planung und konkreter Durchführung eines Fluges zu tun hat, ist mit seinen Lernzielen in den JAA/EASA Syllabus 031, 032, 033 und 034 festgelegt. Wir haben daher dem Hauptthema, also der Syllabus Id-Nr. 30, den Begriff Flugdurchführung zugeordnet. Genauer bestehen die Unterthemen von ‚Flugdurchführung' aus folgenden Bereichen:

- **Masse und Schwerpunktlage (Mass and Balance)**
  Theoretische Grundlagen und Berechnung
  Syllabus-Abschnitt 031
- **Flugleistung von Flugzeugen (Performance of Aeroplanes)**
  Flugleistung und ihre Grenzwerte in allen Flugphasen, theoretische Grundlagen und praktische Anwendung
  Syllabus-Abschnitt 032
- **Flugplanung und Monitoring (Flight Planning and Monitoring)**:
  Methodik der navigatorischen Flugplanung und Flugüberwachung im Flug
  Syllabus-Abschnitt 033
- **Flugleistung bei Hubschraubern (Performance of Helicopters)**
  Flugleistung und ihre Grenzwerte in allen Flugphasen, theoretische Grundlagen und praktische Anwendung
  Syllabus-Abschnitt 034

Im Rahmen unserer Lehrbuchreihe sind die Unterthemen jeweils als eigenständige Lehrbücher angelegt mit Ausnahme des Teils 034, der bislang nicht als Bestandteil der Reihe geplant ist. Der vorliegende Band 033 behandelt das Thema navigatorische Flugplanung und Flugüberwachung im Flug (Monitoring).

Gliederung des Bandes 033

Der Band enthält entsprechend dem Syllabus sechs Kapitel: VFR-Flugplanung; IFR-Flugplanung, Treibstoffplanung, Flugvorbereitung, ICAO-Flugplan und Monitoring im Flug. Ergänzt ist ein Kapitel mit kommentierten Musterprüfungsfragen.

Dokumente mit Prüfungsvorgaben

CAP-Dokumente. Bei der Behandlung der einzelnen Themen wird Bezug genommen auf Daten von FCL-Musterflugzeugen und Charts, die in den Dokumenten

- CAP 697 (Flight Planning)
- Jeppesen Student Pilot Training Route Manual (SPTRM)

enthalten sind. Die CAP Dokumente werden von der englischen Luftfahrtbehörde CAA (Civil Aviation Authority) herausgegeben und sind im Internet kostenlos verfügbar, das Jeppesen Dokument ist leider nicht als kostenloses PDF sondern nur als Print erhältlich. Obwohl die hieraus genutzten Daten im vorliegenden Band dort dargestellt sind, wo sie genutzt werden, wird empfohlen, sich das CAP Dokument herunterzuladen. Detailinformationen sind im Literaturverzeichnis zu finden.
Bei der Prüfung werden bei einigen Fragen zusätzliche Anhänge (CQB Annexes) verwendet, die Ausschnitte von Jeppesen Charts oder Luftfahrtkarten der regionalen Luftfahrtbehörden für VFR oder IFR darstellen.

Weiterführende Literatur

Neben den Lehrbüchern von Oxford [1], Jeppesen [2] und K.L.S. Publishing (dieser Band) gibt es kaum Literatur, die sich ausschließlich mit dem Thema Flugplanung beschäftigt. Empfehlenswert ist das Buch von Peter J. Swatton [3], sofern man es noch im Handel findet.
In FAA‘s Instrument Procedures Handbook [19] und ASA’s Pilots‘ Manual for Instrument Flying [20] findet man einen guten Überblick über das Thema Instrumentenflug, allerdings aus amerikanischer Perspektive.
Referenzierungen: siehe im Literaturverzeichnis.

033 00 00 00

FLUGPLANUNG UND MONITORING

01 00 00
Navigatorische Flugplanung von VFR-Flügen

In den beiden Bänden ‚031 Masse und Schwerpunktlage' und ‚032 Flugleistung von Flugzeugen' haben wir uns bei der Flugplanung im Wesentlichen mit den Randbedingungen des Flugzeuges bei Beladung und Performancegrenzen bei Start, Steig- und Reiseflug sowie Sinkflug und Landung beschäftigt. Die Planung der Flugroute selbst haben wir bislang außer Acht gelassen. Letzteres werden wir in diesem Band nachholen, d.h. der Fokus dieses Bandes liegt auf dem navigatorischen Teil der Flugplanung. Dabei geht es primär darum, eine unter den gegebenen meteorologischen Bedingungen geeignete und entsprechend der Regeln des Luftverkehrs zulässige Flugroute zu finden, die erforderliche Treibstoffmenge zu planen, und, sofern erforderlich, den Flugplan dazu aufzugeben, sodass ATC den geplanten Flug bei ihrer Verkehrslenkung berücksichtigen kann. Wie schon angedeutet, sind die aktuellen Bedingungen dabei zu berücksichtigen. Zur Planung dazu gehören folglich das Weather Briefing und das Briefing zur aktuellen Luftraumsituation im Umfeld der Flugroute inklusive relevante NOTAMs usw.
Die benötigten Kenntnisse bestehen für diese Aufgaben im Wesentlichen in der Nutzung des AIP, diverser Luftfahrtkarten und dem, was man bei allen anderen Fächern wie z.B. Luftrecht, Navigation, Instrumentenkunde, Meteorologie usw. gelernt hat. Diese Themen werden in diesem Band nicht wiederholt, sondern direkt angewendet. Wir beginnen mit der Planung von VFR-Flügen.

01 01 00 VFR Flugroutenplanung

01 01 01 Flugroute, Landeplätze, Höhen und Altitudes in der VFR-Karte

Flugrouten für Flüge nach Sichtflugregeln (VFR) werden anhand zugelassener Luftfahrtkarten geplant. In Deutschland wird man dazu in der Regel die ICAO-Karte im

Maßstab 1:500.000 nutzen. Für die Planung von Helikopterflügen werden oft zusätzlich Karten von noch höherer Genauigkeit verwendet.
Eine VFR-Flugroute ist ein Flugweg im dreidimensionalen Raum, der aus mehreren Einzelstrecken (engl. legs) zusammengesetzt wird. Die einzelnen Legs sind dabei Steig-, Horizontalflug- oder Sinkflugstrecken jeweils mit einem bestimmten Kurs und, beim Horizontalflug, einer bestimmten Altitude. Bei der Planung des Flugwegs muss man dabei mindestens die folgenden Kriterien berücksichtigen:

- Luftraumklassen (Classification of airspace), kontrollierter Luftraum (Controlled airspace), unkontrollierter Luftraum (Uncontrolled airspace), Lufträume mit Nutzungseinschränkungen (Restricted areas)
- Mindestsicherheitshöhen (Minimum safe altitudes)
- VFR Halbkreisregeln (VFR Semi-circular rules)
- Besonders auffällige Orientierungspunkte (Conspicuous points)
- Navigationshilfen wie VOR, NDB usw. (Navigation aids)

Luftraumstruktur. Die Lufträume wie z.B. Delta-CTR (Kontrollzone) sowie Charlie und Delta sind auf den VFR-Luftfahrtkarten besonders markiert. Bei der Deutschland-ICAO-Karte ist der kontrollierte Luftraum Delta-CTR um einen Verkehrsflughafen ist in Form einer senkrechten Projektion seiner Ränder dargestellt, wobei sein innerer Bereich transparent in rosa gefärbt ist. Die Lufträume Charlie und Delta und auch ihre Sektoren sind mit blau schraffiertem Rand dargestellt. Weitere Elemente und Details sind in der Abbildung rechts zu sehen. Die gesamte Legende der ICAO- Deutschlandkarte ist im Anhang auf Seite 265 zu finden.
Die Planung allein anhand der ICAO-Karte erfordert ein gewisses Maß an Vorstellungsvermögen, da man die zweidimensi-

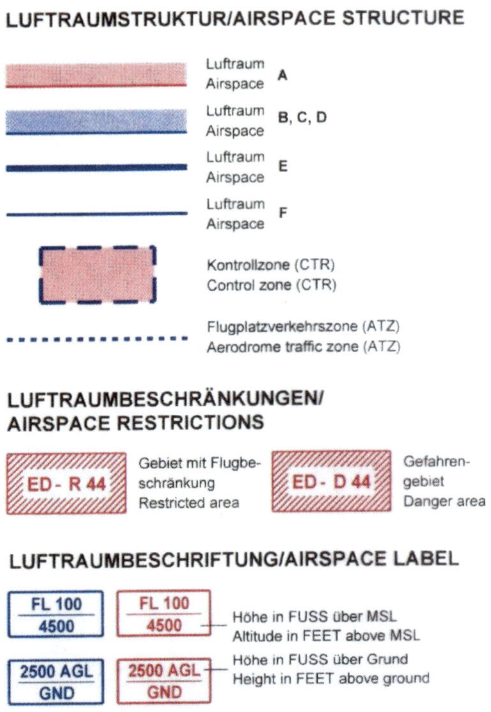

Abbildung 1: Markierungen der Luftraumstruktur auf der ICAO-Deutschlandkarte

onale Information gedanklich in einen dreidimensionalen Raum transformieren muss. Softwareprogramme wie beispielsweise ‚Flightplanner' (siehe Abbildung 2) oder Jeppesen ‚FliteStar/FliteMap' (siehe Abbildung 3) können hierbei helfen, da sie neben der Karte zusätzlich das Höhenprofil und gegebenenfalls Luftraumverletzungen anzeigen können.

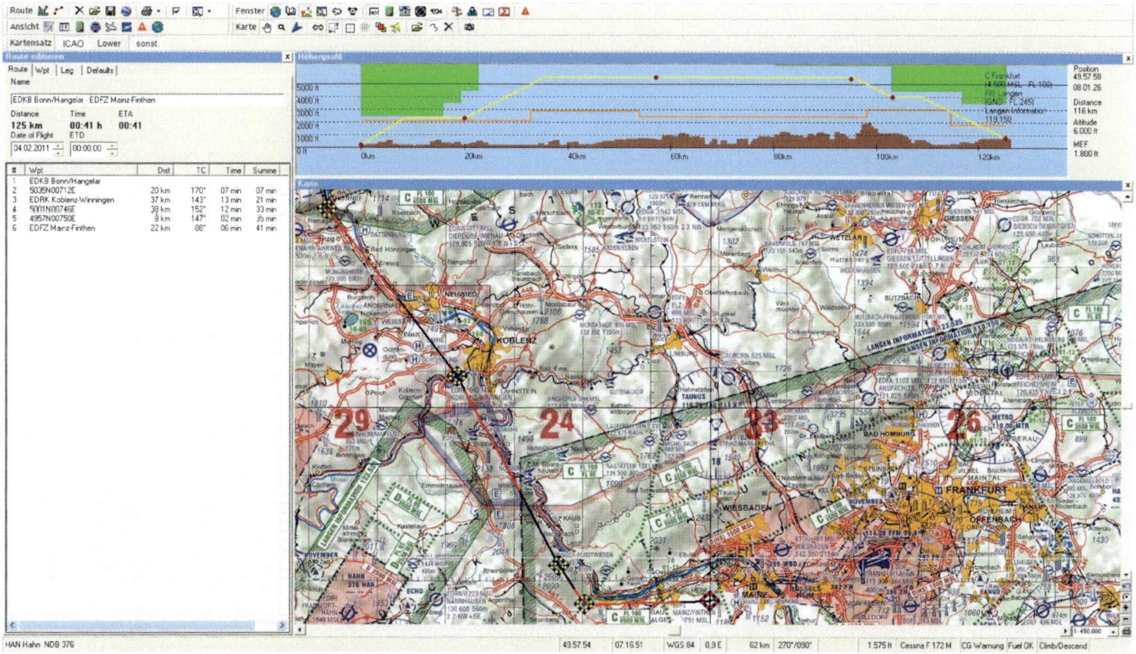

Abbildung 2: Beispiel-VFR-Route EDKB->EDFZ in Flightplanner, alte ICAO Karte (Grafik: KLSP)

Sicherheitsmindesthöhe. Neben der Luftraumstruktur, die es zu berücksichtigen gilt, ist der Flugweg so zu legen, dass die Sicherheitsmindesthöhe nicht unterschritten wird. Es sei daran erinnert, dass ICAO diesbezüglich keine genauen Vorgaben macht. Dieser Punkt ist allein durch die nationalen Luftfahrtbehörden präzisiert und daher auch national unterschiedlich geregelt. Im deutschen Luftraum gilt:

Zitat „§ 6 Sicherheitsmindesthöhe, Mindesthöhe bei Überlandflügen nach Sichtflugregeln

(1) Die Sicherheitsmindesthöhe darf nur unterschritten werden, soweit es bei Start und Landung notwendig ist. Sicherheitsmindesthöhe ist die Höhe, bei der weder eine unnötige Lärmbelästigung im Sinne des § 1 Abs. 2 noch im Falle einer Notlandung eine unnötige Gefährdung von Personen und Sachen zu befürchten ist. Über Städten, anderen dicht besiedelten Gebieten, Industrieanlagen, Menschenansammlungen, Unglücksorten sowie Katastrophengebieten beträgt die Sicherheitsmindesthöhe mindestens 300 Meter (1.000 Fuß) über dem höchsten Hindernis in einem Umkreis von 600 Metern, in allen übrigen Fällen 150 Meter (500 Fuß) über

Grund oder Wasser. Segelflugzeuge, Hängegleiter und Gleitsegel können die Höhe von 150 Metern (500 Fuß) auch unterschreiten, wenn die Art ihres Betriebs dies notwendig macht und eine Gefahr für Personen und Sachen nicht zu befürchten ist.

(2) Brücken und ähnliche Bauten sowie Freileitungen und Antennen dürfen nicht unterflogen werden.

(3) Überlandflüge nach Sichtflugregeln mit motorgetriebenen Luftfahrzeugen sind in einer Höhe von mindestens 600 Meter (2.000 Fuß) über Grund oder Wasser durchzuführen, soweit nicht aus Sicherheitsgründen nach Absatz 1 Satz 2 und 3 eine größere Höhe einzuhalten ist. Überlandflüge in einer geringeren Höhe als 600 Meter (2.000 Fuß) über Grund oder Wasser dürfen unter Beachtung der Vorschriften der Absätze 1 und 2 angetreten oder durchgeführt werden, wenn die Einhaltung sonstiger Vorschriften und Festlegungen nach dieser Verordnung, insbesondere die Einhaltung der Luftraumordnung nach § 10, der Sichtflugregeln nach § 28 oder von Flugverkehrskontrollfreigaben, eine geringere Höhe erfordert."

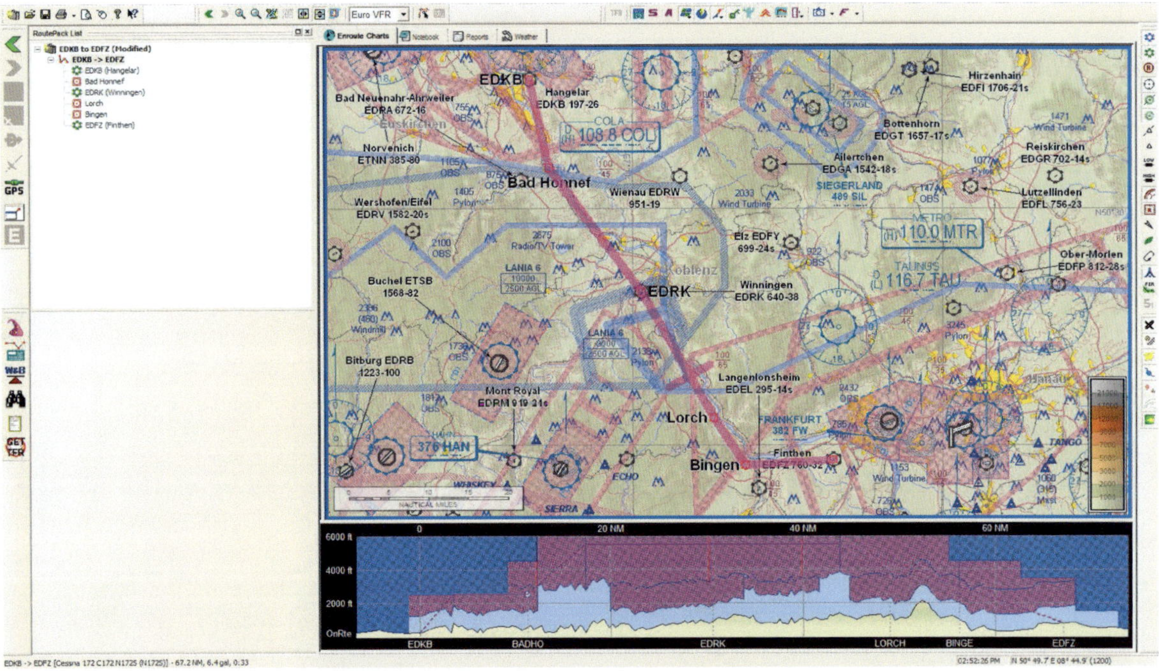

Abbildung 3: Beispiel-VFR-Route EDKB->EDFZ in Jeppesen FliteMap (Grafik: KLSP)

Das heißt erstens, dass die normale Sicherheitsmindesthöhe 1.000 ft AGL beträgt. Es bedeutet zweitens, dass jeder VFR-Streckenflug in einer sicheren Flughöhe von mindestens 2.000 ft AGL geplant und durchgeführt werden muss.

Es sei an dieser Stelle bereits darauf hingewiesen, dass in Deutschland die Regelung für IFR-Flüge anders getroffen ist. Es gilt hierfür §36 LuftVO:

Zitat: „§ 36 Sicherheitsmindesthöhe bei Flügen nach Instrumentenflugregeln

Die Sicherheitsmindesthöhe beträgt - außer bei Start und Landung - für Luftfahrzeuge, die nach Instrumentenflugregeln fliegen, abweichend von § 6 Abs. 1 mindestens 300 m (1.000 Fuß) über dem höchsten Hindernis, von dem sie weniger als 8 km entfernt sind.“

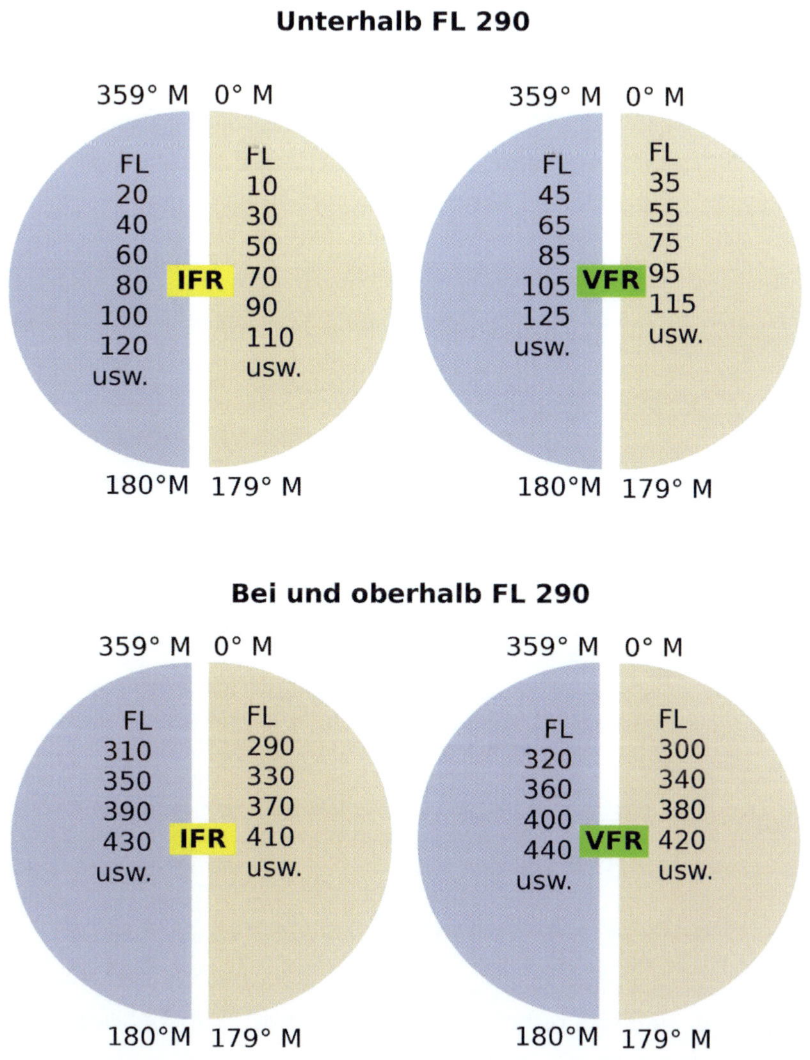

Abbildung 4: Halbkreisregeln nach ICAO, ohne RVSM (Grafik: KLSP)

VFR-Halbkreisregel. Ein weiteres Kriterium bei der VFR-Flugroutenplanung ist die VFR-Halbkreisregel. Diese legt die in der Reiseflugphase zu nutzenden Flughöhen fest und zwar abhängig vom jeweiligen Kurs. Entscheidend für die zu nutzende Altitude ist der missweisende Kurs (magnetic course, MC) und nicht etwa das Heading. Alle Kurse nach Osten (0 -179°) erhalten Flugflächen, die mit einer ungeraden Ziffer beginnen plus 500 ft. Der kleinste Wert ist dabei FL 35, es folgen FL 55, FL 75 usw. bis maximal FL 275, denn oberhalb von FL 290 ändert sich die Regel.

Alle Kurse nach Westen (180-359°) erhalten Flugflächen, die mit einer geraden Ziffer beginnen, plus 500 ft. Der kleinste Wert ist dabei FL 45, es folgen FL 65, FL 85 usw. bis maximal FL 285, denn oberhalb von FL 290 ändert sich auch hier die Regel.

Abbildung 4 gibt eine Übersicht, die auch die IFR-Flugflächen beinhaltet. Ab und oberhalb von FL 290 ist dabei die ursprüngliche ICAO-Regel von mindestens 4.000 ft Abstand zwischen den Flugflächen oberhalb von FL 290 dargestellt.

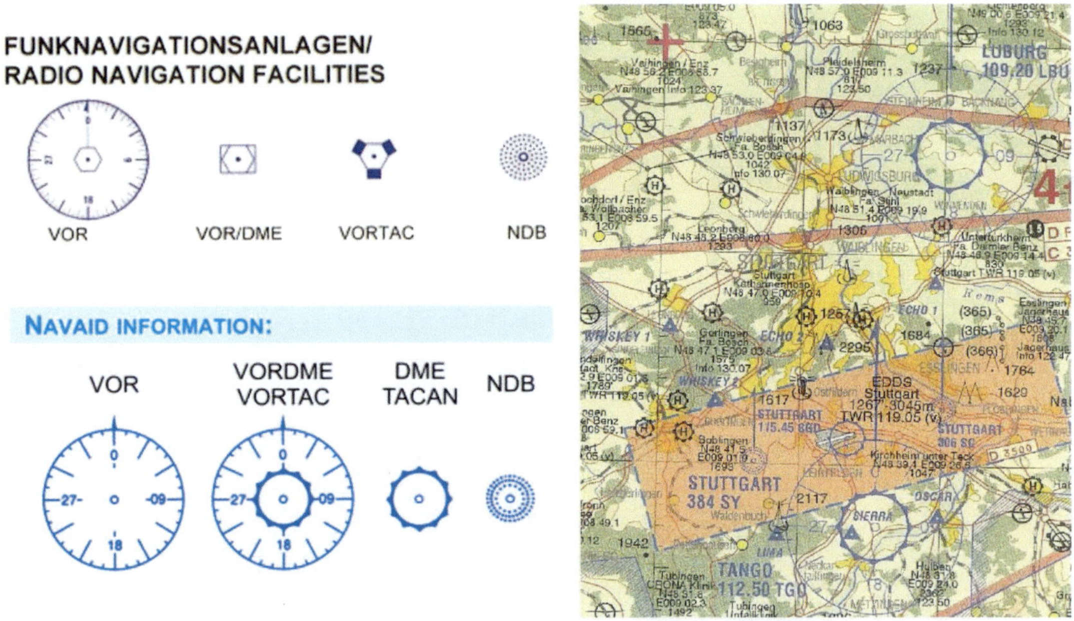

Abbildung 5: NAV-Symbole auf VFR-Karten, oben auf der ICAO Deutschlandkarte, unten auf der Jeppesen VFR-Karte (Grafik: KLSP)

Navigationshilfen. Bei VFR-Flügen sind neben besonders auffälligen Orientierungshilfen wie Türme, Sendemaste, Seen, Flüsse, Eisenbahnstrecken und Autobahnen auch Funknavigationsanlagen wie VOR und NDB und ihre Standorte in die Planung mit einzubeziehen. Sie lassen sich neben der direkten Flugführung (hin zur oder weg von einer Navigationsanlage auf einem Radial), zur Standortbestimmung (Kreuzpeilung) oder beispielsweise zur Orientierung bezüglich der Überquerung eines Radials nutzen. Die Symbole der NAV-Anlagen und auch allen anderen Symbole auf VFR-Karten sind nicht standardisiert, siehe Abbildung 5. Man sollte in der Lage sein, sowohl die ICAO-Deutschlandkarte als auch die VFR-Karte von Jeppesen zu interpretieren. Beide Legenden befinden sich im Anhang auf den Seiten 265 und 266. Prüfungsfragen bestehen zum Teil darin, eine Frequenz zu einer bestimmten NAV-Anlage aus einer VFR-Karte zu entnehmen, z.B. des TANGO VORTAC südlich von EDDS (112,50 Mhz).

Berechnungen von Flugzeit, Geschwindigkeit und Strecke

Für die einzelnen Streckenabschnitte lässt sich unter der Annahme einer Durchschnittsgeschwindigkeit V über Grund die jeweilige Flugzeit T berechnen. Allgemein sind solche Berechnungen unter Time-Speed-Distance Aufgaben bekannt, die im Rahmen dieses Syllabusthemas geprüft werden. Dabei handelt es sich um die Anwendung der folgenden Definition von Geschwindigkeit als Quotient von zurückgelegtem Weg Δs durch die verstrichene Zeit Δt:

$$V = \frac{\Delta s}{\Delta t}$$

Aus zwei Größen lässt sich jeweils die dritte Größe berechnen. Dabei gilt es, gegebenenfalls auch verschiedene Geschwindigkeitseinheiten ineinander umzurechnen: km/h, Kts, mi/h, m/s. Folgende Umrechnungsgrößen sollte man immer im Kopf behalten:

1 NM (engl. nautical mile) = 1,852 km
1 Landmeile (engl. statute mile) = 1,609 km

Die Umrechnung von m/s in km/h lässt sich einfach durch Einsetzen der Größen in der jeweils anderen Einheit realisieren, wenn man es vergessen hat.

$$\frac{km}{h} = \frac{1000}{3600}\frac{m}{s} = \frac{1}{3,6}\frac{m}{s}$$

Beispielrechnung (Umrechnung von Geschwindigkeitseinheiten):
100 km/h entspricht 100/3,6 = 27,78 m/s.
100 Knoten (= NM/h, Abk. Kts) entspricht 185,2/3,6 = 51,44 m/s

Beispielaufgabe (Geschwindigkeit):
Ein Flugzeug legt in 90 Minuten eine Strecke von 147 NM zurück. Wie groß war seine Durchschnittsgeschwindigkeit über Grund in mi/h?
Lösung:
V = 147 NM/1,5h = 220,5 Kts Groundspeed
220,5 kts * 1,852/1,609 = 253,8 mi/h

Beispielaufgabe (Zeit):
Ein Flugzeug fliegt mit V = 150 KTAS (KTAS = Knoten True Airspeed) bei einer Gegenwindkomponente von 30 Kts. Wie lange benötigte es für eine Strecke von 90 NM?
Lösung:
Die Groundspeed beträgt 120 Kts.
T = S/V = 90 NM/120 KTS = 0,75 Stunden oder 45 Minuten.

Beispielaufgabe (Strecke):
Ein Doppeldecker fliegt mit V = 65 KTAS bei einer Gegenwindkomponente von 45 Kts. Wie viel Kilometer Strecke legt er in 2 Stunden zurück?
Lösung:
Die Geschwindigkeit über Grund beträgt 65 -45 = 20 Kts *1,852 = 37,04 km/h
S = V*T = 37,04 km/h * 2 h = 74,08 km

Aufgaben dieser Art stellen keine hohen Anforderungen und sind relativ einfach zu lösen. Zum Teil werden auch Aufgaben allgemeinerer Art gestellt. Ein Beispiel:

Beispielaufgabe:
Ein Luftfahrzeug fliegt die Strecke S von A nach B und kehrt auf derselben Strecke von B nach A zurück. Es fliegt dabei mit konstanter Geschwindigkeit V (TAS). Der Wind hat die Stärke W = 0,5*V und bläst im ersten Teil als Gegenwind, im zweiten Teil als Rückenwind. Um wie viel Prozent verlängert oder verkürzt sich die Flugzeit gegenüber einem Flug bei Windstille?
Lösung:
Zunächst berechnet man die Flugzeit bei Windstille: T_{ow}= 2*S/V
Bei Wind gilt für die Strecke von A nach B: T1= S/(V-0,5V) = S/0,5V =(S/V)*2
Bei Wind gilt für die Strecke von B nach A: T2= S/(V+0,5V) = (S/V)*1/1,5= (S/V)*2/3
T1 + T2 = (S/V)*2 + (S/V)*(2/3) = S/V (2+2/3) = 2*S/V*(1+1/3) = T_{ow}*(1+1/3)
Ergebnis: Die Flugzeit verlängert sich um ein Drittel oder um 33,33..%.

Berechnungen zu Steig- und Sinkflug

Die VFR-Flugroute enthält die Phasen für Steig- und Sinkflug. In beiden Fällen benötigt man die horizontal zurückgelegte Strecke und die Flugzeit, entsprechend der Altitudedifferenz.

Die Werte für den Steig- und Sinkflug lassen sich zumindest für kleine Höhenunterschiede und Entfernungen auf der Basis folgender Formeln ermitteln, die von einer konstanten Steig- bzw. Sinkrate ausgehen.

$$Steig\,/\,Sinkflugzeit\,[\mathrm{min}] = \frac{H\ddot{o}henunterschied\,[ft]}{Steig\,/\,Sinkrate\,[ft\,/\,\mathrm{min}]}$$

$$Steigflugstrecke\,[ft] = \frac{H\ddot{o}henunterschied\,[ft]}{Steig\,/\,Sinkgradient\,[\%]}$$

$$Steig\,/\,Sinkflugstrecke\,[NM] = Steig\,/\,Sinkflugzeit[h] * Geschwindigkeit[Kt]$$

Die Berechnung der Steig-/Sinkflugstrecke mittels der Fluggeschwindigkeit ist eine Näherung für geringe Steig-/Sinkgradienten (<= 10 %), denn das Flugzeug bewegt sich tatsächlich in horizontale Richtung lediglich mit der horizontalen Geschwindigkeit, die natürlich etwas kleiner als die in Flugrichtung gemessene Geschwindigkeit ist. Für Flugplanungen ist dieses Vorgehen in der Regel hinreichend genau.

> Beispielrechnung 1 (Steigflug):
> Höhenunterschied 2.000 ft, Steigrate 515 ft/min, Steiggradient 4,2%.
> Steigflugzeit = 2000/515 = 3,88 Minuten = 3 Minuten 53 Sekunden
> Steigflugstrecke = 2000/0,042 = 47.619 ft = 14,5 km
>
> Beispielrechnung 2 (Steigflug):
> Höhenunterschied 5.000 ft, Steigrate 930 ft/min, Geschwindigkeit im Steigflug 92 kt.
> Steigflugzeit = 5000/930 = 5,376 Minuten = 0,0896 h
> Steigflugstrecke = 0,0896 h *92 kt = 8,24 NM
>
> Beispielrechnung 3 (Sinkflug):
> Höhenunterschied 8.000 ft, Sinkrate 1.000 ft/min, Geschwindigkeit im Sinkflug 120 kt.
> Sinkflugzeit = 8000/1000 = 8 Minuten = 0,1333 h
> Steigflugstrecke = 0,1333 h *120 kt = 16 NM

Beim Sinkflug möchte man oft schnell im Kopf überschlagen können, ab wann der Sinkflug einzuleiten ist, d.h. man möchte den Startpunkt für das Sinken (engl. Top of descent, Abk.TOD) direkt auf der Basis der Höhendifferenz bestimmen. Es gilt, wenn man die erste und dritte Formel kombiniert:

$$Sinkflugstrecke\,[NM] = \frac{1\,[h]}{60\,[\min]}\,\frac{Höhenunterschied\,[ft]}{Sinkrate\,[ft/\min]} * Geschwindigkeit\,[Kt]$$

Hieraus lassen sich für bestimmte Flugzeugdaten kurze Merkformeln ableiten, z.B. bei 120 Knoten und 500 ft/min Sinken gilt:

$$T.O.D. = 4 * (Höhenunterschied / 1000) \quad in \quad NM$$

> Beispielrechnung 4 (Sinkflug Überschlagsrechnung):
> Höhenunterschied 8.000 ft, Sinkrate 500 ft/min, Geschwindigkeit im Sinkflug 120 kt.
> T.O.D. = 4 * 8 = 32 NM
> Bei 1.000 ft/min Sinken halbiert sich die Strecke und wir erhalten dasselbe Ergebnis wie im Beispiel 3.

01 01 02 Kurse und Entfernungen in der VFR-Karte

Die einzelnen Legs einer VFR-Flugroute werden durch die jeweilige Wahl der Streckenpunkte (engl. waypoints) bestimmt. Man wird diese anhand bestimmter Kriterien wählen. Zum Beispiel lässt sich ein Streckenpunkt vorteilhaft an den Rand einer Luftraum-Charlie-Begrenzung legen, sodass man von dort auf die Reiseflughöhe steigen kann oder man nutzt beispielsweise ein VOR oder NDB als Streckenpunkt.

Kurse und Entfernungen. Jedes einzelne Leg besitzt auf der Karte einen Kurs und eine Entfernung, die es jeweils zu ermitteln gilt. Der Kurs lässt sich direkt aus der Karte mit Hilfe eines Kursdreiecks über den Winkel zu einem in der Nähe eingezeichneten Längenkreis (Meridian) bestimmen, nachdem man vorher die Strecke mit Bleistift eingezeichnet hat. Der so ermittelte Kurs ist ein True Course (Abk. TC) (dt. rechtweisender Kurs[1]), denn er bezieht sich wie die Karte selbst auf ‚geografisch Nord‘. Der True Course ist danach auf einen Magnetic Course (Abk. MC) (dt. missweisender Kurs) umzurechnen, da die spätere Navigation mittels Magnetkompass erfolgt, der sich be-

[1] Wir verwenden die englischen Kursbegriffe, da sie in der Wortwahl besser sind und in der täglichen Praxis vorwiegend genutzt werden. Die deutschen Begriffe sind jeweils in Klammern hinzugefügt.

kanntlich nach ‚magnetisch Nord' ausrichtet bzw. mittels Kreiselkompass erfolgt, der mit Hilfe des Magnetkompasses geeicht wird. Wir müssen folglich die Variation (Abk. VAR) (dt. Ortsmissweisung) berücksichtigen.

Die Umrechnung erfolgt nach der bekannten Eselsbrücke „True virgins make doll companions", wonach sich die Umrechnung gut merken lässt:

$$TC - VAR = MC - DEV = CC$$

Diese Formel gilt genauso für das Heading (Abk. H) (dt. Steuerkurs) an Stelle des Kurses C, d.h. es gilt auch TH-VAR=MH-DEV=CH. Vorzeichen für VAR, DEV: W (-), E(+).

In Deutschland ist die Variation gering und beträgt vielfach 1°E. Beträgt der Kurs über Grund z.B. TC=150°, so lautet damit der magnetische Kurs MC=149°.

Die Entfernung eines Legs lässt sich über den Maßstab der Karte leicht ausrechnen. Bei einem Maßstab von ‚ein Meter Kartenabstand zu 500.000 Meter in der Realwelt' wie bei der ICAO-D-Karte entspricht 1 cm in Wirklichkeit 5 km. Dies lässt in NM umrechnen: 1,852 km entspricht 1 NM.

Hindernisse. Zur Bestimmung einer geeigneten Flughöhe muss man ferner das höchste Hindernis auf dem jeweiligen Leg zu beiden Seiten bestimmen, denn die Flugroute muss mindestens 1.000 ft über das Hindernis hinweg führen oder mit mindestens 300 m seitlichem Abstand am Hindernis vorbeiführen. Diese Bedingung ist zusätzlich zur Forderung nach mindestens 2.000 ft AGL Sicherheitsmindesthöhe auf dem gesamten Streckenflug zu erfüllen, woraus sich schließen lässt, dass nur Hindernisse, die höher als 300 m sind, eine zusätzliche Bedingung darstellen. Das höchste Gebäude in Deutschland ist zurzeit (2011) der Commerzbank-Tower in Frankfurt, der inklusive Antenne 300 m hoch ist. Im Normalfall wird man folglich mit 2.000 ft AGL in Deutschland auch sämtliche Hindernisse auf der Strecke „clearen".

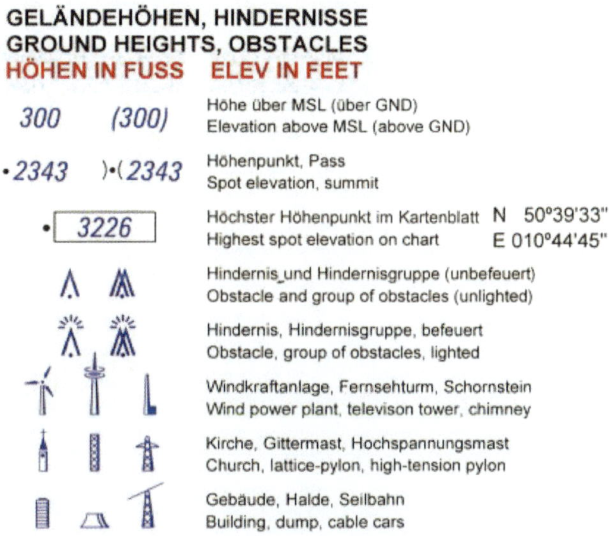

Abbildung 6: Hindernisdarstellung auf der ICAO Deutschlandkarte

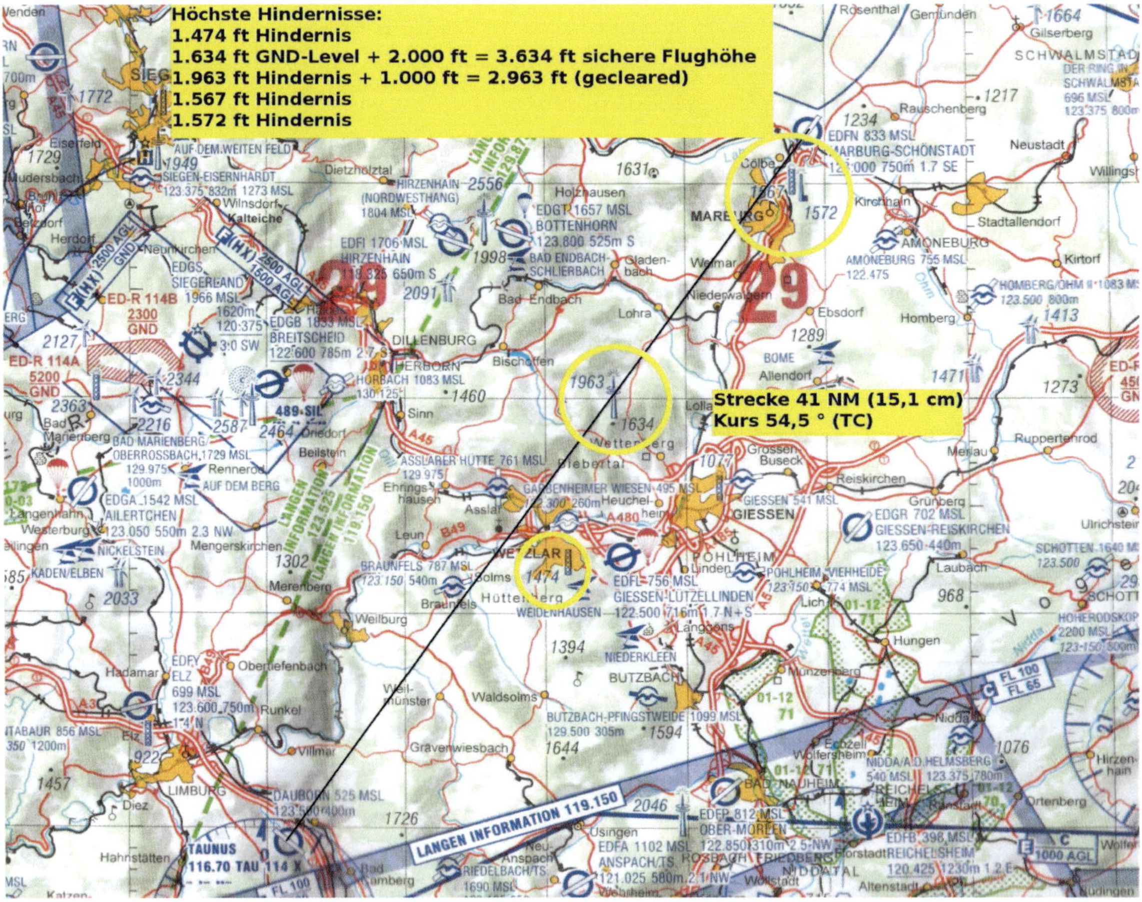

Abbildung 7: Flugroutenplanung von Dauborn nach Marburg (Grafik: KLSP)

Abbildung 7 zeigt ein einfaches Beispiel. Auf der Flugroute liegt ein Fernsehturm mit einer Höhe von 1.963 ft MSL. Neben der Route liegen weitere Hindernisse mit ähnlichen Höhenwerten. Als höchste Groundlevelerhebung lässt sich mit 1.634 ft der Berg am Fuß des Fernsehturms ermitteln. Die sichere Mindestflughöhe nach §6 LuftVO für diese Strecke ist demnach 1.634 ft + 2.000 ft = 3.634 ft, aufgerundet 3.700 ft.
Die Bedingung, den Turm mit mindestens 1.000 ft Abstand zu überfliegen, ist damit ebenfalls erfüllt, wie man schnell nachvollzieht.

01 01 03 Flugplätze und Flugplatzverzeichnis

An Anfang und Ende einer VFR-Flugroute befinden sich, von Ausnahmen abgesehen, Start- und Zielflugplatz. Informationen zu den zur Flugroute gehörenden Flugplätzen inklusive der Information zu mindestens einem Ausweichflugplatz (engl. alternate aerodrome) sind Bestandteil einer ordentlichen navigatorischen Flugplanung. Die Informationen findet man im VFR AIP und zwar im Teil AD (AD für Aerodromes). Ist der Flug grenzüberschreitend, sind neben dem VFR AIP Deutschland die VFR AIPs weiterer Länder zu studieren. Die Informationen sind in jedem AIP in zwei Teile strukturiert. Erstens gibt es im VFR AIP am Anfang des Teils AD das gesamte Flugplatzverzeichnis des jeweiligen Landes und zweitens findet man im darauf folgenden Bereich die jeweiligen An- und Abflugkarten in alphabetisch sortierter Reihenfolge.

Das *Flugplatzverzeichnis* gibt zu jedem Flugplatz folgende Information inklusive relevanter Kontaktdaten:

- ICAO-Kennung (z.B. EDKA Aachen-Merzbrück)
- Art der Verkehrszulassung (z.B. Verkehrsflughafen, NVFR, IFR ..)
- Zugelassene Luftfahrzeuge (z.B. Flugzeuge bis 5.700 kg MTOM..)
- Verfügbare Betriebsstoffe wie Treibstoffe, Öle usw. (z.B. 100 LL, Jet A1..)
- Betriebszeiten, Sommer und Winter, außerplanmäßige Regelungen wie PPR (z.B. SUM 0700-SS, O/T PPR)
- Zollabfertigung, sofern möglich (z.B. O/R)
- Verfügbare Flugberatungsmöglichkeiten (z.B. MET, AIS..)
- Weitere verfügbare Services (Hangarierung, Werkstattservices, Restaurant, Taxireservierung usw.)

Abkürzungen wie PPR=Prior Permission Required, SS für Sunset, O/T für Other Times oder O/R = On Request u.Ä. können als Prüfungsfragen vorkommen und sollten daher gelernt sein.

Sample from Jeppesen VFR MANUAL

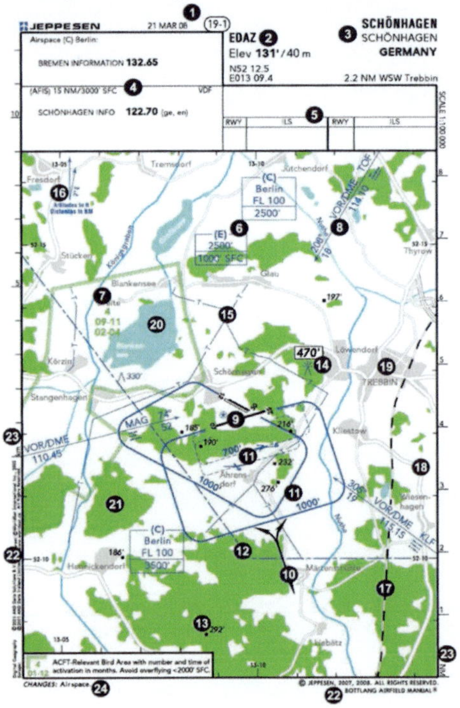

	English	Deutsch
1	Revision date and Chart Index	Berichtigungsdatum und Karten-Ordnungsnummer
2	ICAO Location Indicator, Apt ELEV in feet **and** Meters, Apt coordinates	Flugplatzkennung, Flugplatzhöhe in Fuss **und** Meter, Koordinaten
3	Location-/Airportname, Country	Orts-/Flugplatzname, Land
4	Communications	Flugfunk
5	ILS information (if available)	ILS Informationen (wenn vorhanden)
6	Controlled Airspace with vertical limits	Kontrollierter Luftraum mit Ober- und Untergrenze
7	Aircraft-Relevant Bird Area	Luftfahrtrelevante Vogelvorkommen
8	Direction arrow (with type of radio navigational facility, frequency, identification, morse code and distance/direction from the radio navigational facility to the aerodrome)	Richtungspfeil (mit Art der Funk-navigationsanlage, Frequenz, Kennung, Morsecode, Richtung und Entfernung von der Funknavigations-anlage zum Flugplatz)
9	Airport	Flugplatz
10	VFR Approach and Departure Route	VFR An- und Abflugstrecke
11	Traffic circuits (for Aeroplanes, ULM and Gliders)	Platzrunden (für Motorflugzeuge, ULM und Segelflugzeuge)
12	Sector boundary of airspace (C) (see above)	Sektorengrenze des Luftraumes (C) (siehe oben)
13	Natural Highpoint with Elevation (ft/MSL)	Höhenpunkt mit Höhenangabe (in Fuß/MSL)
14	Highest Elevation depicted on the chart (Lighted Obstacle with Elevation of top in feet/MSL)	Höchste gezeigte Erhebung auf der Karte (beleuchtetes Hindernis mit Spitzenhöhe in Fuß/MSL)
15	High Tension Line	Hochspannungsleitung
16	Variation	Ortsmissweisung
17	Railroad	Eisenbahnlinie
18	Road	Straße
19	Built-up Area	Bebautes Gebiet
20	Lake	See
21	Forest	Wald
22	Copyright Notes	Copyright Hinweis
23	Scale/Scalebars (NM, km)	Maßstab/Maßstabsbalken
24	Changes note (revisions incorporated)	Eingearbeitete Änderungen

Abbildung 8: An- und Abflugkarte von EDAZ (Quelle: Jeppesen)

Der zweite Bereich im Abschnitt AD enthält die <u>*An- und Abflugkarten*</u> zum jeweiligen Flugplatz. Bei kleineren Verkehrs- und Sonderlandeplätzen besteht die Information im deutschen VFR AIP aus einer Sichtflugkarte mit der Streckenbeschreibung für An- und Abflug und aus der Flugplatzkarte mit den Details zu Rollbahn, Rollwegen und dem Vorfeld inklusive Abstellmöglichkeiten und sonstiger Einrichtungen (Tower, Tankstelle..) für Luftfahrzeuge. Unter anderem findet man auf der Sichtanflugkarte die Platzrundenstreckenführung, die vorgeschriebene Platzrundenhöhe und den Punkt für das Einfliegen in die Platzrunde bzw. das Verlassen der Platzrunde sowie Hinweise auf besondere Hindernisse im Umfeld des Flugplatzes.
Zusätzlich findet man Radials von nahegelegenen Navigationsanlagen inklusive DME-Entfernungen zur navigatorischen Unterstützung. Abbildung 8 zeigt ein Beispiel für eine Sichtanflugkarte (EDAZ, Schönhagen bei Berlin).

Das Entnehmen bestimmter Daten aus einem Flugplatzverzeichnis oder einer Sichtanflugkarte kann Bestandteil von Prüfungsfragen sein. Flugplatzverzeichnis und Sichtanflugkarte sind übrigens nicht standardisiert, je nach Quelle oder Nation können sie vollkommen unterschiedlich sein (siehe Abbildung 9).

Abbildung 9: Sichtanflugkarte von Perpignan (Quelle: SIA via Eurocontrol)

Beim An- und Abflug auf bzw. von Verkehrsflughäfen sind besondere Pflichtmeldepunkte für die Navigation nach Sicht vorgeschrieben. Sie sind durch ein ausgefülltes schwarzes Dreieck gekennzeichnet, zusätzlich auf der deutschen ICAO-Karte umgeben von einem Kreis mit Strichpunktlinie.

01 01 04 Frequenzen für Sprechfunk und Funknavigation

Teil der navigatorischen VFR-Flugplanung ist das Notieren aller benötigten Frequenzen für den Sprechfunk und die Funknavigation inklusive Funkrufzeichen bzw. Identifier. Dazu zählen die Frequenzen

- Für die Flughäfen (Ground/Delivery, Approach, Tower)
- Navaids (VOR, NDB)
- Fluginformationsdienst (FIS)
- Wetterinformation (VHF-VOLMET, ggf. HF-VOLMET)
- Automatischer Informationsansagedienst an Verkehrsflughäfen, Automatic Terminal Information Service (ATIS)

Das Auffinden von Frequenzen bzw. Kennungen für den Sprechfunk oder die Funknavigation aus den genannten Flugplanungsunterlagen kann als Aufgabe in der Prüfung vorkommen.

01 01 05 Komplettierung des Flugnavigationsplans

Jeder VFR Flugnavigationsplan wird mit Kursen und Entfernungen der einzelnen Legs, so wie sie in den Luftfahrtkarten ermittelt wurden, komplettiert. Die Standardmethode besteht darin, diese Information auf einem Formblatt übersichtlich darzustellen. In Deutschland hat sich unter anderem das LBA-Formblatt für diesen Zweck etabliert, das sowohl Vorder- sowie Rückseite nutzt. Auf der Vorderseite werden die Flugdaten wie Altitude, Kurs, Entfernung, Zeit usw. zu den einzelnen Streckenabschnitten notiert. Hinzu kommen die Frequenzen für den Sprechfunk und die Navigation, ergänzt mit eigenen Hinweisen wie z.B. Steigen, Sinken und dergleichen. Ferner lassen sich die wichtigsten Wetterhinweise wie z.B. für den Flug relevante METAR-Daten notieren. Die Rückseite des LBA-Formblatts nimmt die Berechnungen zu Treibstoff, Masse und Schwerpunktlage und benötigter Start- und Landestrecke auf. Weitere Beratungshinweise können dort ergänzt werden.
Die An- und Abflugrouten bei Ziel und Alternate wird man am besten als Kopien der Sichtanflugkarten zusätzlich zum Formblatt mitnehmen. Alles zusammen, d.h. Flugnavigationsplan, benötigte Sichtanflugkarten, benötigte ICAO-Karten wird man zusammen mit der Checkliste des Flugzeugmusters auf dem Kniebrett mitnehmen.
Das komplette VFR AIP führt man zusätzlich im Pilotenkoffer mit, für alle Fälle.

Flugdurchführungsplan VFR	Datum:	von:	nach:	LFZ-Muster:	LFZ-Kennz.:
	05.02.2011	EDKB Bonn/Hangelar	EDFZ Mainz-Finthen	C172	C172M

Freigaben/Wetter/Info	Frequenzen/Frequencies: Startflugplatz/Aerodrome of Departure	Zielflugplatz/Destination
	Rollkontr./Ground	Turm/Tower
	Turm/Tower	Rollkontr./ground
FIS Langen - 129.875, Langen - 123.525, Langen - 119.150	Info 135.150	Info 122.925

ATIS Platzwetter	Code	Startbahn RWY	Überg.FL TL	Zeit Time UTC	Wind	Sicht Visibility	Wolken Clouds	Temp./Taup. Temp./Dewp.	QNH	Tendenz/Weitere Information Trend/Additional Information	ETD	ATD
											ETA	ATA
											SS 16:28 UTC	

Sichere Flugzeit (max. Flugzeit minus 30 min.): 03:37

Startflugplatz Aerodrome of / Kontrollpunkte Checkpoints	VOR NDB	Sicherh. Höhe Safe Alt. ft	Geplante Höhe Cruis. Alt. ft	VE TAS km/h	Wind W/V Wind W/S km/h	rwK TC	WCA / VAR	mwSK MH	mwK MC	Entfernung Distance Abschnitt Leg km	Accum. Remain 125	VG GS km/h	Zeiten Times Abschnitt Leg min	Accum. Remain 41	Überflugzeit Time overhead ETO	ATO	Bemerkungen
EDKB Bonn/Hangelar	135.150		2.300	187	-	170°	0° / 1°E	169°	169°	20	105	187	07	34			
Bad Honnef		2.200	5.500	191	-	143°	0° / 1°E	142°	142°	37	68	191	13	20			Steigen auf 5500 ft
EDRK Koblenz-Winni	122.650	2.900	5.500	191	-	152°	0° / 1°E	151°	151°	38	30	191	12	08			
Lorch		2.500	5.500	191	-	147°	0° / 1°E	146°	146°	8	22	191	02	06			Sinken auf 4000 ft
Bingen		3.000	4.000	189	-	88°	0° / 1°E	87°	87°	22	0	189	06	00			1700 ft Platzrundenhöhe
EDFZ Mainz-Finthen	122.925																
Ausweichflugplatz/Alternate																	

Flugsicherungs-Beratung

Wetter-Beratung
GAFOR : Individuelle Beratung: (gültig bis _ _:_ _ UTC)

Flugplatz-Daten aus AIP	Bahn-richtg.	Bahn-länge (m)	Strecke (15 m)	Höhe (ft)	Temp. (°C)	Wind (°/kt)	Neigung +/-	Belag	Gras-bahn	Oberflächenzustand	Beschränkungen

Kraftstoffberechnung	Flugzeit	Kraftstoff (l)
Reiseflug (Startort - Landeort)	0 min	0,0 l
Zuschlag: Anlassen, Rollen		3,8 l
Zuschlag: Steigflug		
An- und Abflug / Hold (mind. 10 min.)	20 min	11,7 l
Ausweichflugplatz		
Reserve (mind. 30 min)	30 min	17,5 l
Mindest-Kraftstoffbedarf		33,0 l
Extra-Kraftstoff	190 min	110,8 l
Kraftstoff-Vorrat	max. 04:07	143,8 l
Sichere Flugzeit (=max. Flugzeit minus 30 min.)	03:37	
Daten über Verbrauch: 35,0 l/h		

Masse-/Schwerpunkt-Berechnung (Hebelarm s. Flughandbuch)	Masse	Moment
Leermasse	654,0 kg	640,9 kgm
Kraftstoff, nicht ausfliegbar	5,2 kg	6,3 kgm
Schmierstoff		
=Grundmasse	659,2 kg	647,2 kgm
Sitzreihe 1	0,0 kg	0,0 kgm
Sitzreihe 2	0,0 kg	0,0 kgm
Sitzreihe 3		
Gepäck Ladung: Vorn		
Gepäck Ladung: Mitte	0,0 kg	0,0 kgm
Gepäck Ladung: Hinten	0,0 kg	0,0 kgm
Kraftstoff, ausfliegbar	103,5 kg	124,6 kgm
Startmasse	762,7 kg	773,6 kgm

Start- und Landestrecken-Berechnung	Start: Roll-strecke (m)	Start: Start-strecke (m)	Landung: Lande-strecke (m)	Landung: Roll-strecke
Grunddaten aus AIP				
vorhandene Bahnlänge				
Verfügb. Strecke (15m)				
aus Flughandbuch:				
Grundstrecken	264 m	465 m	381 m	158 m
Höhenzuschlag				
Temperaturzuschlag				
Windeinfluß				
Neigungszuschlag				
Grasbahnzuschlag				
Oberflächenzuschlag				
Benötigte Strecke	264 m	465 m	381 m	158 m

Abbildung 10: LBA Flugdurchführungsformblatt, oben Vorderseite unten Rückseite, aus Flightplanner

Das Fertigstellen eines Flugnavigationsplans mit Kursen, Entfernungen, Zeiten, summierte Entfernungen und summierte Zeiten bis zum Ziel oder Alternate, Abflug und Anflugkarten usw. kann in der Prüfung vorkommen. Dabei sind die Kurse als True und Magnetic zu bestimmen, die Variation ist der Karte zu entnehmen.
Dazu zählt auch die Bestimmung der Position am Steigflugende (engl. Top of Climb, Abk. TOC) und zu Beginn des Sinkfluges (engl. Top of Descent[2], Abk. TOD).
Bei gegebener Windkomponente ist der Vorhaltewinkel oder Wind Correction Angle (Abk. WCA) und daraus z.B. das True Heading oder Magnetic Heading (MH) und die Groundspeed (Abk. GS) zu bestimmen. Wie dies geht, werden wir im folgenden Abschnitt rekapitulieren.

Bestimmung/Berechnung der True Airspeed (TAS)

Table 2.2.2 **25.0 in. Hg (or full throttle) @ 2,100 rpm**
Off-peak EGT Cruise lean mixture @ cruise weight 3,400 lb

ISA Dev.	Press. Alt.	IOAT		Man. Press.	Fuel Flow		Airspeed	
°C	Feet	°C	°F	In. Hg	PPH	GPH	KIAS	KTAS
-20	0	-3	26	25.0	63.8	10.6	148	140
	2,000	-7	19	25.0	66.4	11.1	149	145
	4,000	-11	12	25.0	68.9	11.5	149	150
	6,000	-15	5	24.3	68.3	11.4	147	152
	8,000	-19	-2	22.5	63.9	10.7	139	148
	10,000	-23	-9	20.8	60.1	10.0	132	144
	12,000	-27	-17	19.3	56.7	9.5	123	139
	14,000	-31	-24	17.9	54.5	9.1	113	132
	16,000	-35	-32	16.5	52.2	8.7	95	114
0	0	17	62	25.0	61.9	10.3	143	140
	2,000	13	55	25.0	64.2	10.7	143	145
	4,000	9	48	25.0	66.6	11.1	144	150
	6,000	5	41	24.3	66.1	11.0	141	152
	8,000	1	34	22.5	61.9	10.3	134	148
	10,000	-3	27	20.8	58.5	9.8	126	143
	12,000	-7	19	19.3	55.6	9.3	116	136
	14,000	-11	12	17.9	53.5	8.9	103	125
	16,000	-	-	-	-	-	-	-
+20	0	37	98	25.0	60.1	10.0	138	140
	2,000	33	91	25.0	62.1	10.4	138	145
	4,000	29	84	25.0	64.4	10.7	139	150
	6,000	25	77	24.3	63.9	10.7	136	151
	8,000	21	70	22.5	60.2	10.0	128	147
	10,000	17	63	20.8	56.8	9.5	119	141
	12,000	13	55	19.3	54.5	9.1	108	131
	14,000	-	-	-	-	-	-	-
	16,000	-	-	-	-	-	-	-

Abbildung 11: Airspeed Tabelle des SEP Flugzeugs (Quelle: aus CAP 697)

[2] Der Begriff kann zu Missverständnissen führen. Gemeint ist der Punkt zu Beginn des Sinkfluges.

Die True Airspeed (Abk. TAS) lässt sich bei gegebenen Bedingungen am einfachsten aus einer der Tabellen des Flugzeughandbuchs ermitteln. Das SEP Beispielflugzeug erreicht in 6.000 ft Altitude bei ISA-Temperatur 152 Knoten TAS (Abk. KTAS), wie man in Abbildung 11 in der rechten Spalte ablesen kann.
Die True Airspeed bei einer bestimmten Altitude und Außentemperatur (OAT) lässt sich aus der Indicated Airspeed (Abk. IAS) korrekt nach folgender Formel berechnen:

$$TAS = \sqrt{\frac{\rho_0}{\rho}} * IAS$$

Man muss folglich die Luftdichte ρ unter der jeweiligen Bedingung (Altitude, OAT) kennen (z.B. 0,90926 kg/m^3 bei 3.000 m/ISA). Eine grobe Näherung lautet:

Die True Airspeed nimmt gegenüber IAS um 2 % pro 1.000 ft zu.

Beispiel: Berechnen Sie bei 10.000 ft und ISA-Bedingung zu 140 KIAS die wahre Geschwindigkeit (TAS) nach der Näherungsformel.
Lösung: Gemäß Näherung gilt: 140*1,2 = 168 KTAS (korrekt: 140*1,1607 = 162,5 KTAS)

Berechnung von Größen im Winddreieck

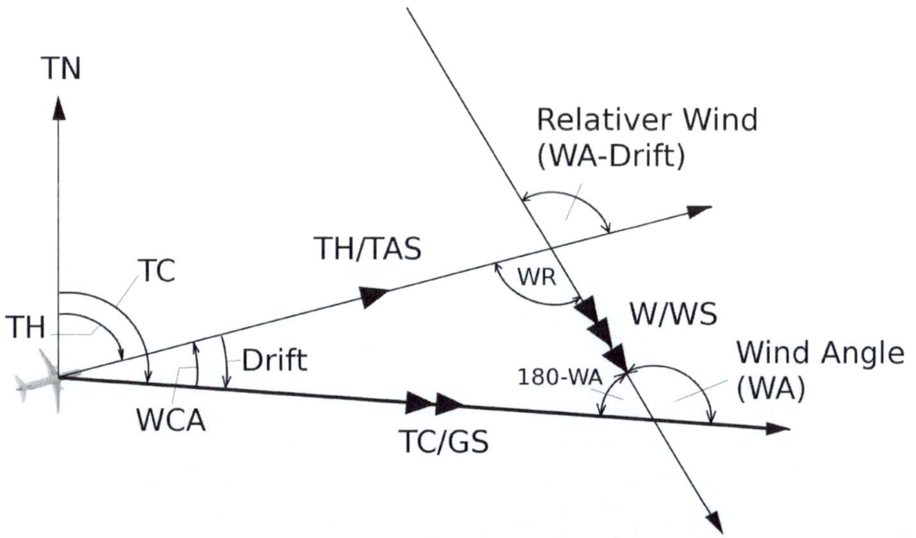

Abbildung 12: Die Größen im Winddreieck (Grafik: KLSP)

Teil der navigatorischen Planung ist es, für die einzelnen Legs der Flugstrecke den jeweiligen Wind Correction Angle (Abk. WCA) oder Vorhaltewinkel zu bestimmen und die jeweilige Groundspeed. Die Berechnungen lassen sich mittels eines Winddreiecks durchführen, in das man die drei Vektoren

- TH/TAS (True Heading / True Airspeed),
- TC/GS (True Course / Groundspeed) und
- W/WS (Windrichtung/Windspeed)

mit ihrer jeweiligen Richtung und Länge einträgt. In Abbildung 12 sind die Größen in der aus der Navigation bekannten Art und Weise dargestellt.

Prinzipiell lassen sich benötigte Größen im Winddreieck auf zwei verschiedene Arten berechnen, zum einen rein mathematisch mit Hilfe trigonometrischer Formeln oder zum anderen mit Hilfe einer besonderen Rechenscheibe, die allgemein unter dem Namen „Drehmeier“ bekannt ist. Darüber hinaus lassen sich die Größen natürlich auch grafisch durch Zeichnen auf Millimeterpapier und nachträgliches Ausmessen ermitteln.

Trigonometrische Berechnung

Die trigonometrische Berechnung ist nichts anderes als die Anwendung von Sinus- und Cosinussatz. In einem Dreieck der euklidischen Geometrie mit den Seitenlängen a, b, c und den Winkeln α, β, γ gilt nämlich folgender Zusammenhang:

$$\frac{a}{\sin\alpha} = \frac{b}{\sin\beta} = \frac{c}{\sin\gamma} \qquad \text{(Sinussatz)}$$

Dabei sind die Winkel die der jeweils gegenüberliegenden Seite. Wendet man den Sinussatz konkret auf unser Winddreieck an, so erhält man:

Winddreieck (trigonometrische Berechnung)

$$\frac{WS}{\sin(WCA)} = \frac{TAS}{\sin(WA)} = \frac{GS}{\sin(WR)} \qquad (1)$$

WS= Windspeed; TAS = True Airspeed; GS = Groundspeed;
WCA = Wind Correction Angle; WA = Wind Angle;
WR = Relative Wind Angle = WA - |WCA oder Drift|

Die Verwendung von WA statt 180-WA hat dabei rein praktische Zwecke. Sofern ausreichend viele Werte bekannt sind, lassen sich die fehlenden Größen nach diesen Formeln berechnen. Wir wollen das an folgendem Beispiel demonstrieren.

> Beispiel: Es seien folgende Werte gegeben, TH und GS sind zu berechnen:
> TC = 30°
> TAS = 170 Knoten
> W/WS = 080°/ 20 Knoten
> Lösung: Am besten ist es, das Winddreieck auf einem Blatt Papier aufzuzeichnen.
> Wie man erkennt, sind WS und TAS gegeben und der Wind Angle WA lässt sich leicht ermitteln. Der Wind kommt aus 80°, das ergibt einen Winkel von 50° zum angenommenen Kurs (TC). Einsetzen in die linke Gleichung ergibt:
>
> $$\frac{20}{\sin(WCA)} = \frac{170}{\sin(50°)} \quad \text{oder umgestellt} \quad \sin(WCA) = \frac{20 * \sin(50°)}{170}$$
>
> Woraus man mit einem Taschenrechner mit der Umkehrfunktion des Sinus WCA ermitteln kann: WCA = 5,17°.
>
> Damit ist auch der Relative Wind WR festgelegt: WR = 50 - 5,17° = 44,83°.
> Somit lässt sich über die rechte Gleichung auch die Groundspeed ermitteln:
>
> $$GS = \sin(WR) * \frac{TAS}{\sin(WA)} = 0{,}705 * \frac{170}{0{,}766} = 156{,}46 \quad Knoten$$

Nicht ganz so einfach lässt sich die Aufgabe lösen, wenn bei gegebenen Vektoren von TH/TAS und TC/GS nach Windrichtung und Windstärke gefragt wird. Hier wendet man am besten zusätzlich den Cosinussatz an. In einem Dreieck der euklidischen Geometrie mit den Seitenlängen a, b, c und den Winkeln α, β, γ gilt nämlich folgender Zusammenhang:

$$c^2 = a^2 + b^2 - 2 * a * b * \cos(\alpha) \quad \text{(Cosinussatz)}$$

> Beispiel: Es seien folgende Werte gegeben, W und WS sind zu berechnen:
> TC/GS = 120° / 140 Knoten
> TH/TAS = 115° / 150 Knoten
> Lösung: Es kann hilfreich sein, das Winddreieck auf einem Blatt Papier aufzuzeichnen.
> Mit Hilfe des Cosinussatzes errechnet man die Windstärke in Knoten:

$(WS)^2 = 22500 + 19600 - 41840,177 = 259,82$

<u>WS = 16,12 Knoten</u>

WCA ist offensichtlich -5°, wobei wir das Minuszeichen für die folgende Rechnung nicht zu beachten brauchen.

WS/sin(WCA) = 16,12/sin(5°) = 184,945

Daraus lässt sich WA berechnen:

sin (WA) = TAS/ 184,945 und mit der Umkehrfunktion folgt WA = 54,2°.

Um die Windrichtung zu erhalten, muss man noch WA von TC abziehen (siehe Abbildung 12).

Windrichtung W = TC- WA = 120° -54,2° = <u>65,8°</u>

Berechnung mittels Rechenscheibe („Drehmeier")

Kommen wir zur Berechnung mittels Drehmeier, die sich als Alternative anbietet. Für den hier betrachteten Zweck nutzt man die Rückseite, die aus einer verstellbaren Kursrose und einem rechteckigen Schieber besteht. Auf dem feststehenden Teil findet man den <u>True Index</u>, ein nach unten zeigendes Dreieck, an dem sich der jeweilige Kurs (TH,TC,W) der Kursrose einstellen lässt. Der Mittelpunkt der Scheibe gehört zu den Geschwindigkeiten (TAS,GS,WS) und wird als <u>Grommet</u> bezeichnet. True Index und Grommet lassen sich als zusammenhängendes Paar interpretieren, d.h. steht der True Index auf TC, muss die GS unter den Grommet, steht der True Index auf TH, muss der TAS-Wert unter den Grommet.

Abbildung 13: Spock mit dem Drehmeier. Bei dieser Genauigkeit wird man das Ziel lediglich um wenige Lichtjahre verfehlen. (Quelle: Screenshot aus ‚Raumschiff Enterprise')

Es gibt entsprechend der möglichen Kombinationen der Grundgrößen insgesamt sechs Typen von Aufgaben, die wir im Folgenden näher betrachten wollen. Es sind dabei stets vier Größen des Winddreiecks gegeben und die beiden fehlenden Größen sind jeweils zu berechnen.

Berechnung des Steuerkurses (Heading)

Typ 1: Berechnung von TH und GS aus den anderen vier Größen (TC+TAS, W/WS)

> Beispiel: Es seien folgende Werte gegeben, TH und GS sind zu berechnen:
> TC = 30°
> TAS = 170 Knoten
> W/WS = 080°/ 20 Knoten

Abbildung 14 zeigt die Berechnung dieses Beispiels mittels Drehmeier, die einzelnen Manipulationen der Scheibe sind in der Grafik dargestellt. Der Rechenvorgang ist in eine Sequenz von vier Einzelschritten zerlegt, die leicht zu erlernen ist. Wie man erkennt, stimmt das Ergebnis (WCA = 5,2°, GS = 156 kt) in unserem Beispiel in etwa mit der numerischen Berechnung überein.
Der True Index steht am Ende auf TC, der Grommet zeigt die GS.

Typ 2;V: Berechnung von TH und TAS aus den anderen vier Größen (TC/GS, W/WS)

> Beispiel: Es seien folgende Werte gegeben, TH und TAS sind zu berechnen:
> TC = 177°
> GS = 160 Knoten
> W/WS = 140°/ 20 Knoten

Die Methode bei dieser Aufgabenstellung ist identisch zu der bei Typ 1 mit dem einzigen Unterschied, das man am Ende die Groundspeed unter den Mittelpunkt der Scheibe („Grommet“) schiebt und die TAS am markierten Punkt abliest.
Das Ergebnis ist TH = 177° - 4° (WCA) = 173° und TAS = 176 kt.
Bei diesem Aufgabentyp (V) berechnet man aus zwei vollständig gegebenen Vektoren den dritten Vektor.
Der True Index steht am Ende auf TC, der Grommet steht auf GS.

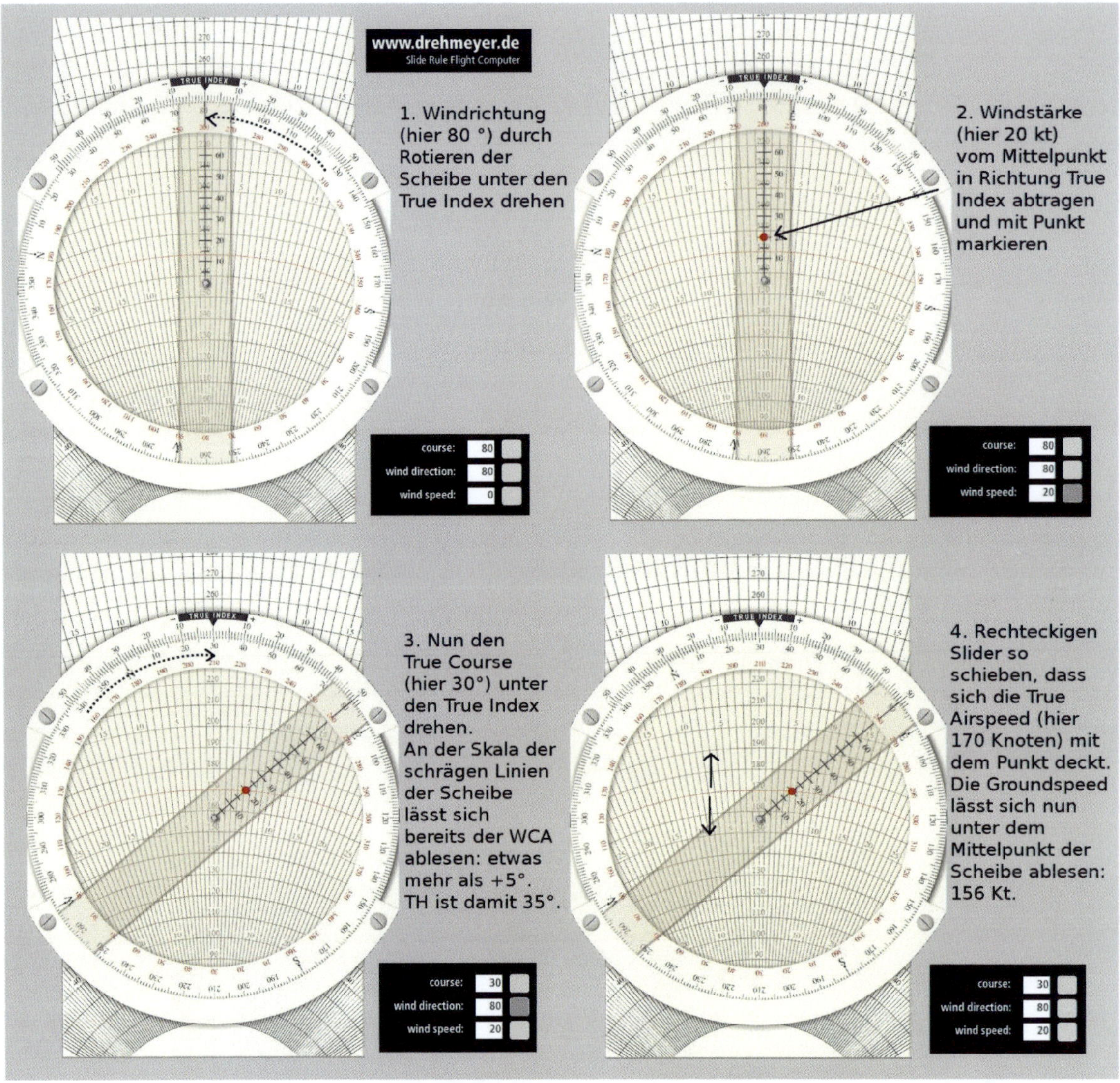

Abbildung 14: Berechnung von TH und GS mittels Drehmeier,
Basis der Grafik ist die Java-Applet Implementierung auf www.drehmeyer.de (Grafik: KLSP)

☞ Hinweis: Für die Prüfung reicht die Anschaffung eines einfachen Pappdrehmeiers, da man das Tool nach der Prüfung selten je wieder benutzen wird.

Berechnung des Windvektors

<u>Typ 3;V: Berechnung des Vektors W/WS aus den anderen vier Größen (TC/GS, TH/TAS)</u>

Wir wollen hierzu im Folgenden auch das zweite numerische Beispiel, bei dem nach Windrichtung und Windgeschwindigkeit gefragt war, mit dem Drehmeier berechnen.

Beispiel: Es seien folgende Werte gegeben, W und WS sind zu berechnen:
TC/GS = 120° / 140 Knoten
TH/TAS = 115° / 150 Knoten

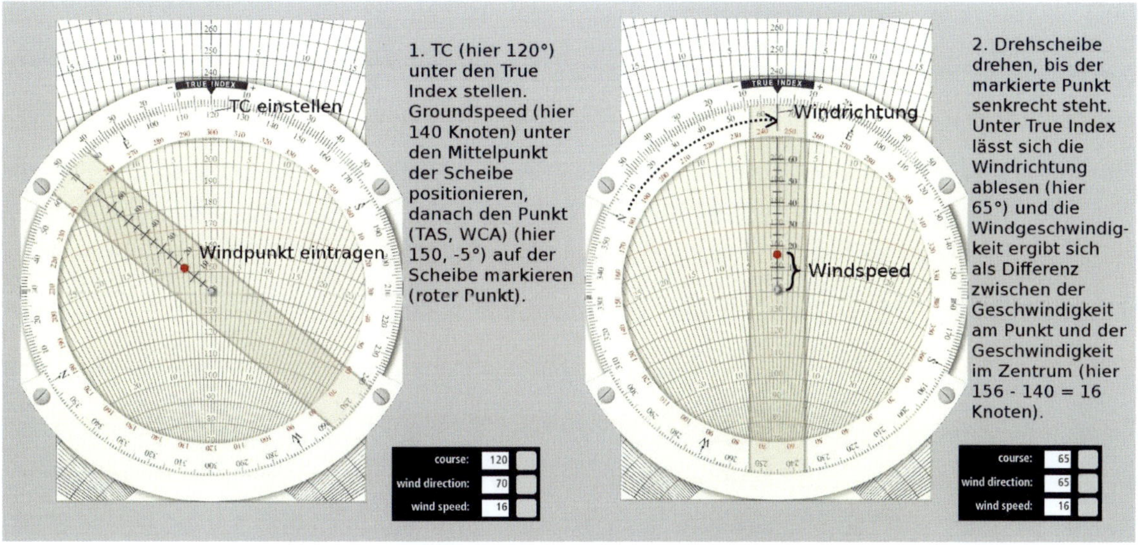

Abbildung 15: Berechnung von W und WS mittels Drehmeier,
Basis der Grafik ist die Java-Applet Implementierung auf www.drehmeyer.de (Grafik: KLSP)

Die einzelnen Schritte dazu sind in Abbildung 15 beschrieben: TC unter der Kursmarke einstellen, Windpunkt eintragen, Windpunkt in die Senkrechte drehen, Ergebnis ablesen. Als Ergebnis erhalten wir ca. 16 Knoten Windgeschwindigkeit aus 65°, was wiederum in etwa mit unserer früheren, numerischen Berechnung übereinstimmt.
Bei diesem Aufgabentyp (V) berechnet man aus zwei vollständig gegebenen Vektoren den dritten Vektor. Der True Index steht am Ende auf W, der Grommet steht auf GS.

Beispiel:
The following information is displayed on an Inertial Navigation System: GS 520 kt, True HDG 090°, Drift angle 5° right, TAS 480 kt. SAT (static air temperature) -51°C.
The W/V being experienced is:
Lösung:
TC/GS = 95°/480 KTS
TH/TAS = 90°/520 KTAS
Drehmeier nutzen wie oben beschrieben. Ergebnis: W/WS = 320°/60 KTS

Berechnung des True Course

Typ 4;V: Berechnung von TC und GS aus den anderen vier Größen (TH/TAS, W/WS)

Man beginnt mit dem Windvektor, Windpunkt nach oben eintragen, dreht danach das True Heading auf den True Index und bringt den Grommet mit dem TAS Wert zur Deckung. Den angezeigten Winkel (im folgenden Beispiel 5°) muss man als Drift abziehen, um TC zu erhalten. Im Weiteren dreht man nun den True Index weiter auf TC (im Beispiel 25°), bringt den Windpunkt mit der TAS zur Deckung und liest am Grommet die GS ab, siehe auch Abbildung 16.

Bei diesem Aufgabentyp (V) berechnet man aus zwei vollständig gegebenen Vektoren den dritten Vektor. Der True Index steht am Ende auf TC, der Grommet zeigt die GS.

> Beispiel: Es seien folgende Werte gegeben, TC und GS sind zu berechnen:
> TH/TAS = 30° / 170 Knoten
> W/WS = 080°/ 20 Knoten
> Drehmeier nutzen wie oben beschrieben. WCA = +5°
> Ergebnis: TC = TH-WCA = 25° und GS = 157 KTS

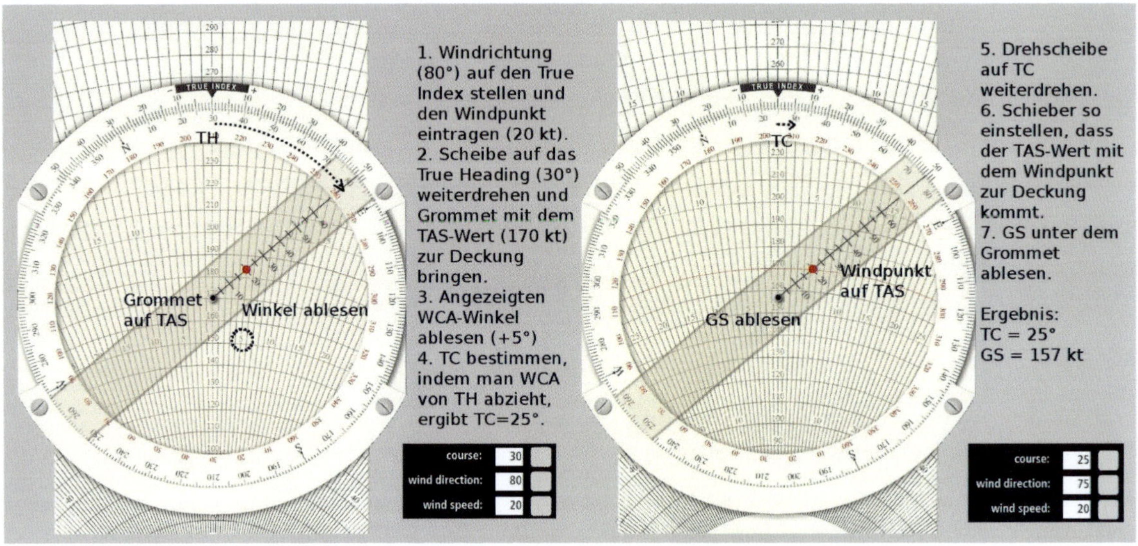

Abbildung 16: Berechnung von TC und GS mittels Drehmeier
Basis der Grafik ist die Java-Applet Implementierung auf www.drehmeyer.de (Grafik: KLSP)

Typ 5: Berechnung von TC und TAS aus den anderen vier Größen (TH+GS, W/WS)

Man beginnt mit dem Windvektor, Windpunkt nach oben eintragen, dreht den True Index auf das True Heading und bringt den GS-Wert mit dem Windpunkt zur Deckung. Den angezeigten Winkel (im folgenden Beispiel 5°) muss man als Drift abziehen, um

TC zu erhalten. Im Weiteren dreht man den True Index weiter auf TC (im Beispiel 42°), bringt GS mit dem Grommet zur Deckung und liest am Windpunkt die TAS ab.
Der True Index steht am Ende auf TC, der Grommet steht auf GS.

> Beispiel: Es seien folgende Werte gegeben, TC und TAS sind zu berechnen:
> TH = 50°
> GS = 130 Knoten
> W/WS = 090°/ 30 Knoten
> Drehmeier nutzen wie oben beschrieben. Ergebnis: TC = 42° und TAS = 152 KTS

Berechnung der beiden Speeds

Typ 6: Berechnung von TAS und GS aus den anderen vier Größen (TH+TC, W/WS)
Man beginnt mit dem Windvektor, dreht den True Index auf den True Course und positioniert den Windpunkt so, dass der WCA-Wert der Differenz zwischen TH und TC entspricht. Der Windpunkt liegt auf der Linie mit der TAS, der Grommet zeigt die GS.
Der True Index steht am Ende auf TC, der Grommet steht auf GS.

☞ Final Checks: 1. Bei allen Aufgabentypen außer beim Windvektor Typ 3 muss am Ende der True Index auf TC und der Grommet auf GS stehen. 2. Per Zeichnung (kleine Skizze) auf Plausibilität der Ergebniswerte prüfen.

Im Folgenden ein paar Übungsaufgaben; Ergebnisse kursiv dargestellt:

Typ	TH	TAS [kt]	TC	GS [kt]	W/WS
1	*106°*	90	090°	*82*	170°/25
2V	*106°*	*197*	100°	180	150°/25
3V	150°	130	140°	120	*210°/25*
4V	290°	150	*294°*	*133*	260°/20
5	250°	*102*	*237°*	120	010°/30
6	230°	*105*	220°	*110*	300°/20

☞ Für das Examen sollte man Winddreieckaufgaben mindestens solange üben, bis man man die unterschiedlichen Kombinationen der verschiedenen Größen alle einmal gelöst hat. Dazu gibt es eine Unzahl von Aufgaben zum Winddreieck in verschiedenen Sammlungen von Prüfungsaufgaben respektive der jeweiligen Softwareprodukte bzw. Websites zur interaktiven Prüfungsvorbereitung im Internet.
Auch der jeweiligen Bedienungsanleitung des Drehmeiers (z.B. Jeppesen Slide Graphic Computer o.A.) lassen sich weitere Übungsaufgaben zum Winddreieck und zu allen anderen Rechenfunktionen des Drehmeiers entnehmen inklusive deren Lösungen.

Abbildung 17: VFR-Flug über der Bucht von San Francisco (Foto: K. L. Schulte)

02 00 00
Navigatorische Flugplanung von IFR -Flügen

02 01 00 IFR Flugroutenplanung

02 01 01 Routing über Luftstraßen (Airways) und Segmente

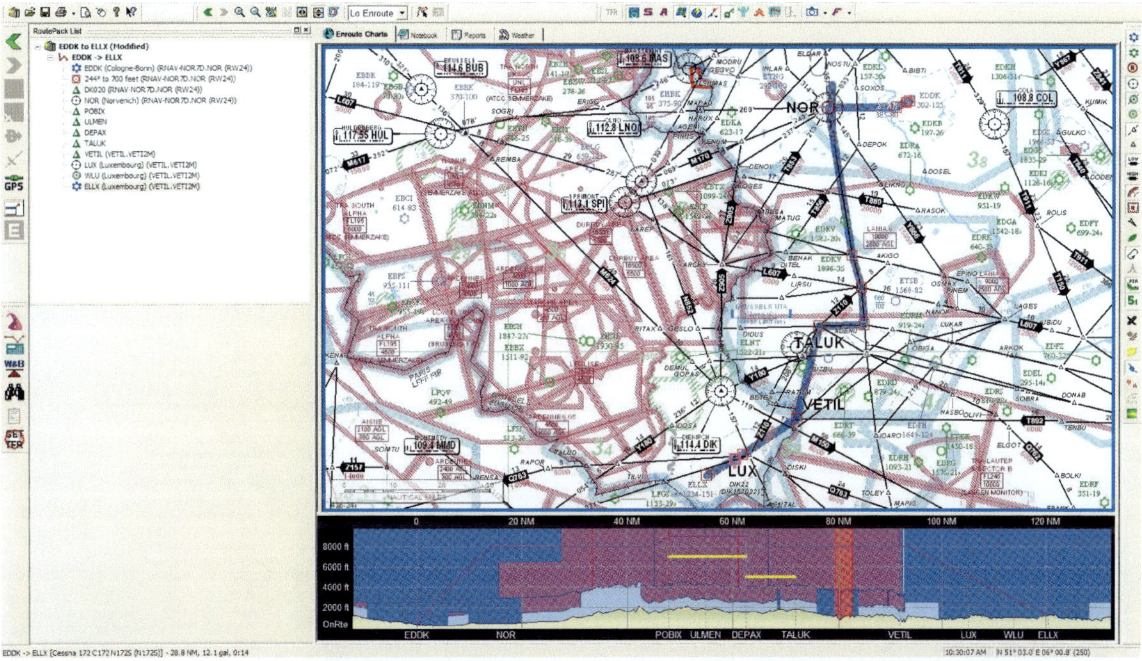

Abbildung 18: IFR-Flugroute EDDK ELLX, ohne Alternate (Grafik: KLSP aus Jeppesen FliteMap)

Im Unterschied zur VFR-Streckenführung, deren Waypoints und einzelne Streckenabschnitte beliebig gelegt werden dürfen solange man die gesetzlichen Vorgaben einhält, erfordert die Planung einer Flugroute nach Instrumentenflugregeln das Routing über fest definierte Waypoints und fest definierte Luftstraßen oder Streckensegmente. Start- und Zielflughäfen müssen dabei über Instrumentenflugverfahren verfügen, sofern der Flug keinen Flugregelwechsel von IFR nach VFR oder umgekehrt beinhaltet. Wir betrachten im Folgenden zunächst reine IFR-Flüge. Die Flugroute von einem Flughafen A zu einem anderen Flughafen B ist dabei immer aus folgenden Elementen zusammengesetzt:

- IFR-Abflugroute (Standard Instrument Departure, Abk. SID)
- IFR-Streckenteil (Enroute part)
- IFR-Ankunftsroute (Standard Arrival Route, Abk. STAR)
- IFR-Approach (z.B. ILS Approach Chart)
- plus IFR-Route zum Alternate, gebildet mit denselben Komponenten

Darüber hinaus enthält jede IFR-Route Warteschleifen (engl. Holding), die im Arrivalteil vorwiegend an Navigationsanlagen wie VOR, NDB eingerichtet sind und dazu dienen, den anfliegenden IFR-Verkehr bei hohem Verkehrsaufkommen nach einem Warteschlangenprinzip zu behandeln, d.h. die Freigaben für den Approach erfolgen ein Flugzeug nach dem anderen aus der Warteschleife heraus.

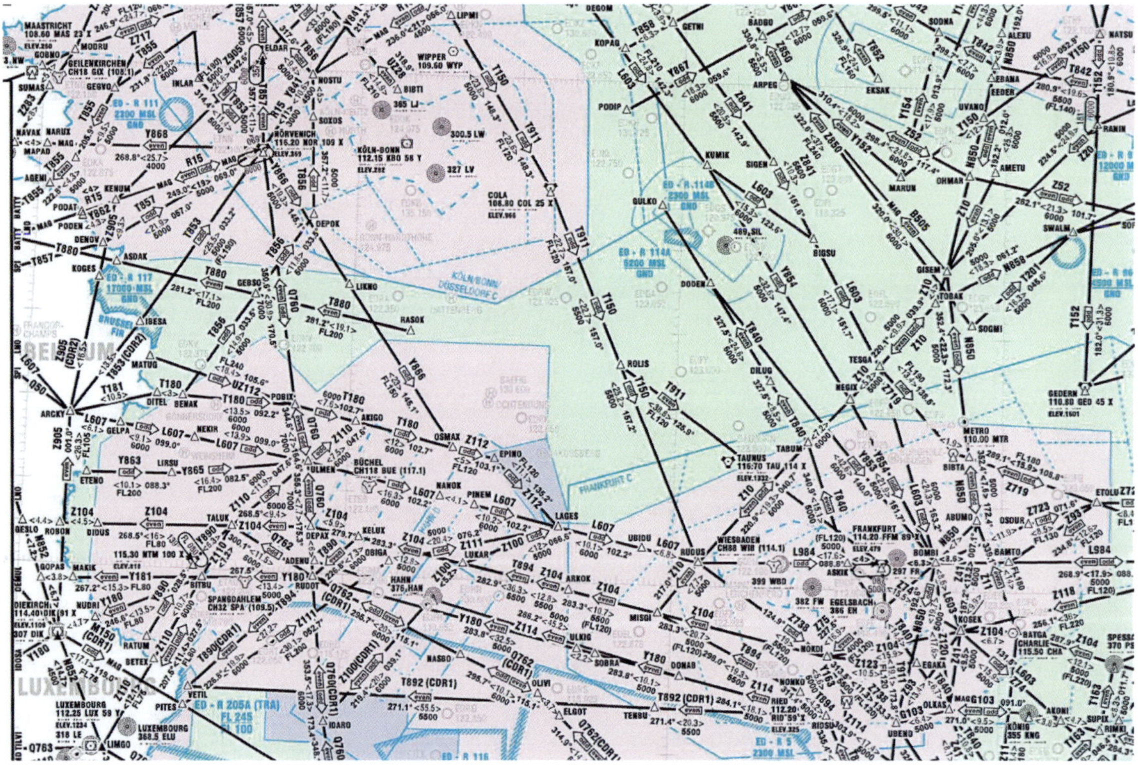

Abbildung 19: Ausschnitt aus der Enroute Streckenkarte Deutschland (Quelle: DFS)

Betrachten wir zunächst den Enroute Teil der Strecke. Die hierfür zur Verfügung stehenden Airways lassen sich aus Enroute-Karten entnehmen, die man von Jeppesen oder von den national zuständigen Flugsicherungsgesellschaften erhalten kann. Abbildung 19 stellt einen Ausschnitt der deutschen Enroute-Karte dar, der einen Teil der Luftstraßen im Umfeld von EDDK und EDDF zeigt.

Airway Designator. Die Luftstraßen und Streckensegmente haben eindeutige Bezeichner (engl. airway designator) wie z.B. T853, ein Streckensegment, das vom belgischen Waypoint ARCKY bis zum VOR Nörvenich (NOR) reicht.

Flight Level. IFR-Flüge finden in bestimmten Altitudes statt, nämlich solche die Vielfache von 1.000 ft sind, wobei der Höhenmesser auf Pressure Altitude (1013,2) eingestellt ist. Der so definierte Altitudewert geteilt durch hundert wird als Flugfläche (engl. Flight Level, Abk. FL) bezeichnet, d.h. FL 100 entspricht 10.000 ft Pressure Altitude, FL 250 entspricht 25.000 ft usw.

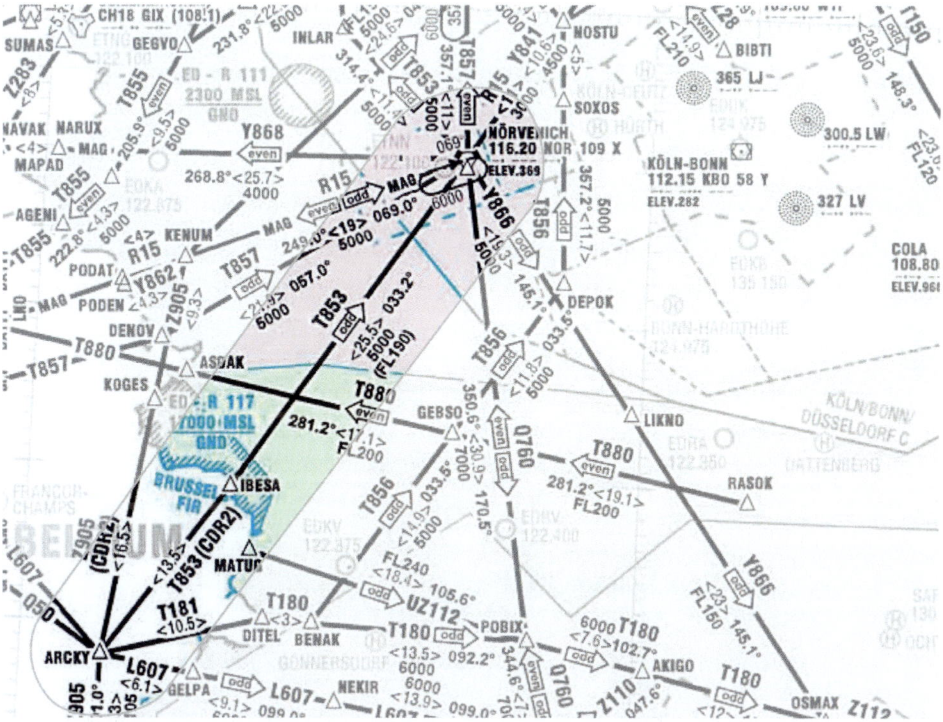

Abbildung 20: Luftstraße T853 (Grafik: KLSP)

Airway restrictions. Luftstraßen können diverse Beschränkungen aufweisen. Betrachten wir unser Beispiel. Das Streckensegment T853 ist mittels eines stilisierten Pfeilsymbols als odd gekennzeichnet. Dies bedeutet, dass der Airway eine Nutzungseinschränkung

auf ungeradzahlige Flugflächen (engl. odd = ungerade) hat, er darf nur in FL 70, FL 90 usw. beflogen werden. Im Unterschied dazu wird die Nutzung mit geradzahligen Flugflächen als even gekennzeichnet (engl. even = gerade).
Zum anderen zeigt die Pfeilrichtung an, dass der Airway nur in eine Richtung, nämlich nach Nordosten genutzt werden darf.
Standard Routes. Aus den einzelnen Streckensegmenten lassen sich für häufig vorkommende Verbindungen aus den Streckensegmenten und Waypoints Standardrouten definieren, die für Deutschland periodisch von der DFS veröffentlicht werden. Die Nomenklatur einer Standardroute besteht als folgender Sequenz:

[SID Bezeichner], [Airway Bezeichner, (Waypoint)] [..], [STAR Bezeichner]

Beispiel EDDK -> EDDG (siehe Abbildung 21, die Daten darin sind veraltet und mittlerweile ungültig, sie dienen hier nur der Veranschaulichung):

WYP1B Y861 DOM2J

WYP1B ist der Bezeichner der genutzten Standard Instrument Departure beim Abflug von Köln-Bonn, der Enroute Teil besteht nur aus dem Airway Y861 bis zum VOR DOM (der Waypoint DOM wurde in der Sequenz weggelassen, da durch DOM2J eindeutig) und anschließend erfolgt die Ankunft über DOM2J als Arrivalteil. DOM2J führt bis zum VOR HAM, welches das IAF für den Approach nach Münster (EDDG) ist.

Standard Routes Departures

EDDI	BZO	000	245	TUVAK3Q M725 LUROS Z36 VIBUG M736 BZO
EDDI	BZO	246	999	TUVAK3Q UM725 LUROS UZ36 VIBUG UM736 BZO
EDDI	CDA	000	245	RAKIT3Q Z400 PENET M602 CDA
EDDI	CDA	246	999	RAKIT3Q UZ400 PENET UM602 CDA
EDDI	EEL	000	190	BKD5Q BKD L619 LBE G10 EEL
EDDI	EEL	200	245	BKD5Q BKD L619 LBE G10 DOBAK UG10 EEL
EDDI	EEL	246	999	BKD5Q BKD UL619 LBE UG10 EEL
EDDI	GILAS	000	999	GILAS7Q GILAS
EDDI	HDO	000	245	TUVAK3Q M725 HDO
EDDI	HDO	246	999	TUVAK3Q UM725 HDO
EDDI	KOLJA	310	999	RAKIT3Q UZ400 TORLO UN746 KOLJA

---- FROM E D D K (KOELN-BONN) ----

EDDK	EDDB	000	245	GMH2B B293 WRB Z21 ABVIG T200 RUDAK2V
EDDK	EDDB	246	999	WYP1B Y860 NEBAR UZ717 DLE4V
EDDK	EDDC	000	245	GMH2B B293 WRB Z21 DRN
EDDK	EDDC	246	999	WYP1B Y860 NEBAR UZ717 EXOBA UL620 BIRKA UZ21 DRN DCT
EDDK	EDDE	000	245	GMH2B B293 WRB Z190 LAU T220 ROBEL
EDDK	EDDF	000	245	COL5B Y864 LANIR T150 ETARU4W
EDDK	EDDG	000	245	WYP1B Y861 DOM2J
EDDK	EDDH	000	245	WYP1B Y861 DOM R15 BASUM8A
EDDK	EDDH	246	999	WYP1B Y861 DOM UM170 BASUM8A
EDDK	EDDI	000	245	GMH2B B293 WRB Z21 ABVIG T200 RUDAK2V

Abbildung 21: Ausschnitt aus dem DFS Standard Routes Dokument (Quelle: DFS)

☞ Standardrouten sind bislang kein generelles Konzept der europäischen Behörden und werden, sofern überhaupt, nur von den nationalen Flugsicherungen definiert.

02 01 02 Kurse und Entfernungen in Enroute Karten

Luftstraßen und Streckensegmente haben eine Reihe von weiteren Attributen, die wir uns näher ansehen wollen. Wir betrachten hierzu das Streckensegment T853 etwas genauer.

Zum einen besteht ein Airway oder Streckensegment wie jede andere Flugroute aus Teilabschnitten, wobei am Ende jedes Teilabschnittes ein Waypoint existiert. In unserem einfachen Beispiel gibt es neben den beiden Endpunkten ARCKY und NOR einen weiteren Waypoint, nämlich IBESA.

Der Wert 033,2° rechts unterhalb des Bezeichners gibt den magnetischen Kurs (MC) der Strecke an. Der Kurs lässt sich direkt als Radial zum VOR Nörvenich nutzen, von dem man auch die DME-Entfernung nutzen kann.

Die Entfernungen der einzelnen Streckenabschnitte sind in spitzen Klammern angegeben. Von ARCKY bis IBESA sind es 13,5 NM, von IBESA bis NOR 25,5 NM, zusammen folglich 39 NM.

Zwei Zahlen an unserem Beispiel T853 haben wir noch nicht besprochen. Es sind Altitude-Angaben, wie wir im nächsten Abschnitt sehen werden.

02 01 03 Altitude-Angaben

Auf den Luftstraßen der Enroute-Karten bzw. deren Streckensegmenten findet man eine Reihe von Altitude-Angaben, gültig für IFR-Flüge, die wir der Reihe nach besprechen wollen.

Minimum Enroute Altitude. Die Minimum Enroute Altitude (Abk. MEA) ist die wichtigste Altitude-Angabe auf der Karte. Sie gibt die niedrigste Flughöhe an, bei der folgende Bedingungen erfüllt sind:

- Empfang der Funknavigationssignale mindestens im Abstand von 22 NM von der Funknavigationsanlage (VOR)
- IFR-Sicherheitsmindesthöhe (MOCA) garantiert (Definition siehe MOCA)
- Berücksichtigung von Gefahrenzonen und sonstigen Auflagen (ATC)

Jeppesen Nomenklatur (MEA): 6000 (Zahl ohne Zusatz)

Minimum Obstruction Clearance Altitude. Die Minimum Obstruction Clearance Altitude (Abk. MOCA) ist die sichere Mindestflughöhe für IFR-Flüge auf der Strecke. Sie muss mindestens 1.000 ft über dem höchsten Hindernis im Abstand von 8 km vom Kurs der Strecke liegen bzw. bei bergigem Gelände (> 7.000 ft) mindestens 2.000 ft darüber.
Jeppesen Nomenklatur (MOCA): 5000T (Zahl mit Zusatz „T")

Minimum Off-Route Altitude. Die Minimum Off-Route Altitude (Abk. MORA) ist eine Definition von Jeppesen (d.h. MORA ist bei ICAO nicht offiziell bekannt) und eigentlich eine nach oben korrigierte MOCA. Sie wird ähnlich wie MOCA gebildet mit dem Unterschied, dass die Höhen der Hindernisse auf 100 ft Werte aufgerundet werden, bevor man die sichere Mindestflughöhe berechnet. Der seitliche Abstand vom Kurs beträgt 10 NM zu beiden Seiten und bereits bei Hindernissen über 5.000 ft Altitude wird 2.000 ft Sicherheitsabstand eingerechnet.
Jeppesen Nomenklatur (MORA): 4000a (Zahl mit Zusatz klein „a")

Grid Minimum Off-Route Altitude. Die Grid Minimum Off-Route Altitude (Abk. Grid-MORA) wird genauso berechnet wie MORA, bezieht sich allerdings nicht auf ein Streckensegment sondern auf ein Grid von 1° Länge und 1° Breite.
Jeppesen Nomenklatur (Grid-MORA): 7_4 (große 1000er Ziffer, kleine 100er Ziffer)

Maximum Authorized Altitude. Die Maximum Authorized Altitude (Abk. MAA) ist die maximal nutzbare Flugfläche eines Segments. Sie wird nur angezeigt, wenn sie tiefer liegt als die Obergrenze des Airways.
Jeppesen Nomenklatur (MAA): MAA 13000

Minimum Reception Altitude. Die Minimum Reception Altitude (Abk. MRA) sollte man nicht mit MOCA oder MORA verwechseln. Sie hat absolut gar nichts mit Mindestsicherheit zu tun. MRA ist nur definiert für bestimmte durch Waypoints, die ursprünglich durch Kreuzpeilung zu Navigationsanlagen definiert wurden. MRA gibt für solche Waypoints (und nur dort) die niedrigste Altitude an, bei der die NAV-Signale empfangen werden können.
Jeppesen Nomenklatur (MRA): (MRA 7000) notiert am Waypoint

Minimum Crossing Altitude. Die Minimum Crossing Altitude (Abk. MCA) ist die Altitude, die ein Flugzeug mindestens haben muss, das von einem Segment mit niedrigerer MEA in ein Segment mit höherer MEA einfliegt.
Jeppesen Nomenklatur (MCA): kursiv „V-15 5000 SE" (siehe Abbildung 22)

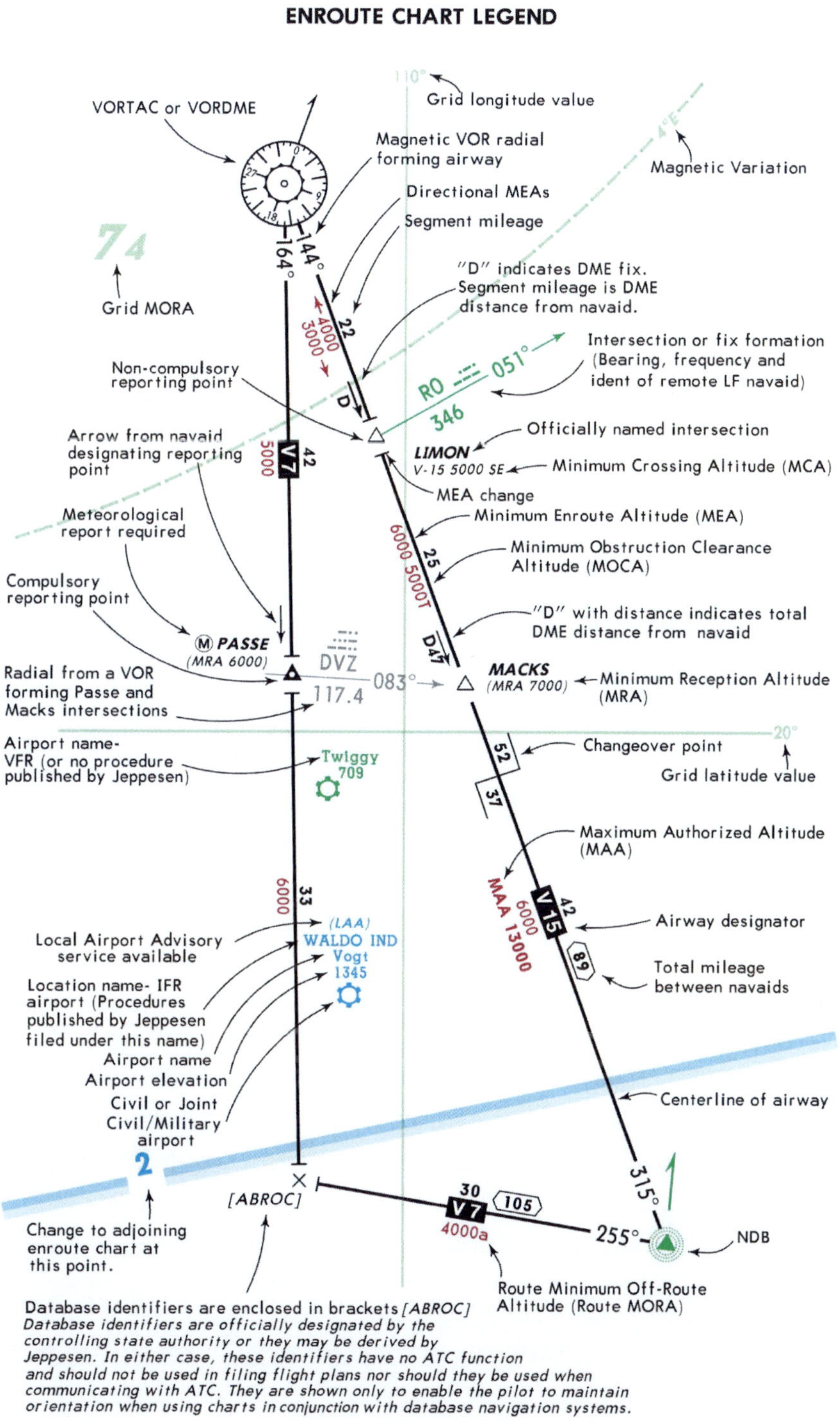

Abbildung 22: Legende der Jeppesen Enroutekarte (Quelle: Jeppesen)

Minimum Holding Altitude. Die Minimum Holding Altitude (Abk. MHA) ist die unterste Altitude in einem Holding.

In unserem T853 Beispiel lassen sich die beiden Zahlenwerte wie folgt interpretieren: MEA beträgt 5.000 ft, MAA ist FL190. Ferner lässt sich bei NOR an der Holdingschleife MHA mit 6.000 ft ablesen.

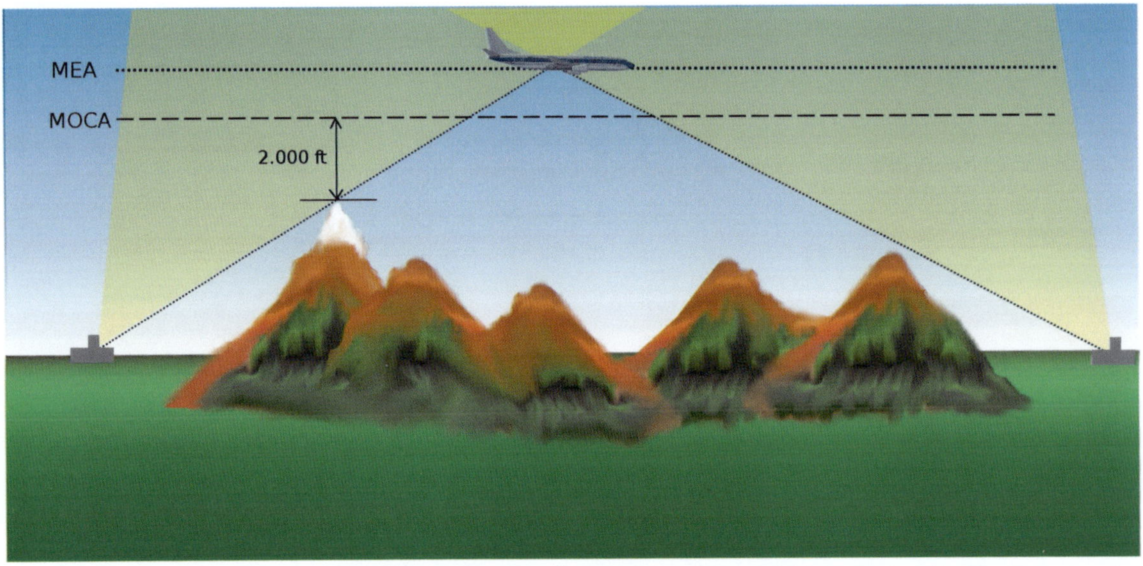

Abbildung 23: MEA und MOCA (Grafik: KLSP)

Im Regelfall kommt die Crew mit Altitudes wie MOCA, MORA oder Grid-MORA nicht direkt in Berührung, denn die Minimum Enroute Altitude liegt standardmäßig über allen diesen Altitudes (siehe Abbildung 23). MOCA, MORA und Grid-MORA kommen aber dann ins Spiel, falls bei einem Flugzeug ein kritisches Triebwerk ausfällt und die Drift-Down Altitude unterhalb von MEA liegt. Die Werte von MOCA, MORA und Grid-MORA geben in einem solchen Fall Auskunft darüber, wie tief man im Notfall und bei IMC-Bedingungen sinken darf und sich trotzdem noch in sicherer Flughöhe befindet.

Zu allen bislang beschriebenen IFR-Altitudegrößen muss man in der Prüfung Definitionen und Bedeutung kennen und darf ferner erwarten, dass in einzelnen Aufgaben gefordert ist, die Daten aus vorhandenen Karten zu entnehmen.

02 01 04 Standard Instrument Departures (SIDs) und Standard Arrival Routes (STARs)

Die Kenntnis der IFR An- und Abflugrouten eines Verkehrsflughafens ist Voraussetzung für den sicheren An- und Abflug. Die möglichen IFR Routen sind in Form einer Reihe von Dokumenten veröffentlicht.

SID. Für den Abflug sind so genannte *Standard Instrument Departures* (Abk. SID) veröffentlicht, die alle Details von Abflugrouten enthalten, die genaue 2D-Routenführung bis zu einem bestimmten Waypoint, von dem aus der Enroute-Teil beginnt, das Steigprofil inklusive der Höhenangaben, die zu verwendeten NAV-Anlagen, Übergaberegeln für den Wechsel von TWR zur nächsten Frequenz (z.B. Langen RADAR) usw. Jede SID hat einen eindeutigen Bezeichner wie z.B. ‚COLA ONE FOXTROT oder ‚NÖRVENICH TWO WHISKEY'. In der Regel besteht ein SID aus einer grafischen Abflugkarte, auf der bestimmte Abflugrouten, je nach Abflugrichtung oder Verfahrensklasse, zusammengefasst sind und aus einem Textteil, der das jeweilige Abflugverfahren textlich beschreibt. Wir werden dies weiter unten noch an einem Beispiel besprechen, doch bleiben wir zunächst bei der Übersicht.

STAR. Als Ankunftsrouten aus dem Enrouteteil sind so genannte *Standard Arrival Routes* (Abk. STAR) veröffentlicht, die alle Details von Ankunftsrouten (engl. arrival routes) beinhalten. Im Unterschied zum SID führen die Arrivalroutes nicht bis zur Landebahn des Flughafens sondern nur bis zu einem Initial Approach Fix, von dem aus dann der Approach stattfinden kann. Initial Approach Fixes (Abk. IAF) sind vorwiegend an einer Navigationsanlage wie z.B. einem VOR eingerichtet, an der man dann zusätzlich eine Warteschleife definiert, sodass Approaches dort bei Bedarf gequeued werden können. IAF können allerdings auch virtuell, d.h. ohne bodengestützte Navigationsanlage, definiert sein.

IFR Approach Charts. Der eigentliche Anflugteil vom IAF bis zur Landung bzw. ggf. weiter zum Missed Approach Teil des Anflugs ist auf einer *IFR Approach Chart* veröffentlicht. Für jede Runway gibt es in der Regel eine Vielzahl solcher Approach Charts, je nach Anflugverfahren unterschiedlich. Bei den Anflugverfahren unterscheidet man zwischen Präzisionsanflugverfahren (engl. precision approaches) wie z.B. ILS, MLS und Nichtpräzisionsanflugverfahren (engl. non-precision approaches) wie z.B. VOR, NDB, RNAV/GPS und andere.

Aktualisierung der Dokumente. Die der für IFR-Flüge benötigten Dokumente lassen sich entweder bei Jeppesen[3] beziehen oder man verwendet die Originaldokumente der nationalen Flugsicherungen (DFS, Belgocontrol, Austrocontrol usw). Der Inhalt wird kontinuierlich alle 28 Tage aktualisiert. Nur die jeweils aktuelle Version ist gültig. Für den IFR-Betrieb eines Flugzeuges ist demnach ein Abonnement zwingend erforderlich. Die vergleichbaren Dokumente der nationalen Flugsicherungen lassen sich auch über Eurocontrol beziehen.

Die Prozeduren auf (SIDs, STARs, Approach Charts) sind abstrakt gezeichnet, der Kurvenradius passt nicht für jedes Flugzeug gleichermaßen. Die Darstellung beim Jeppesen Kleinformat ist ferner nicht maßstabsgetreu (not to scale), bei DFS-Karten schon.

[3] Jeppesen ist ein Tochterunternehmen von Boeing, das weltweit Navigationsdokumente für den Instrumentenflug anbietet und dabei eine Art Monopolstellung innehat.

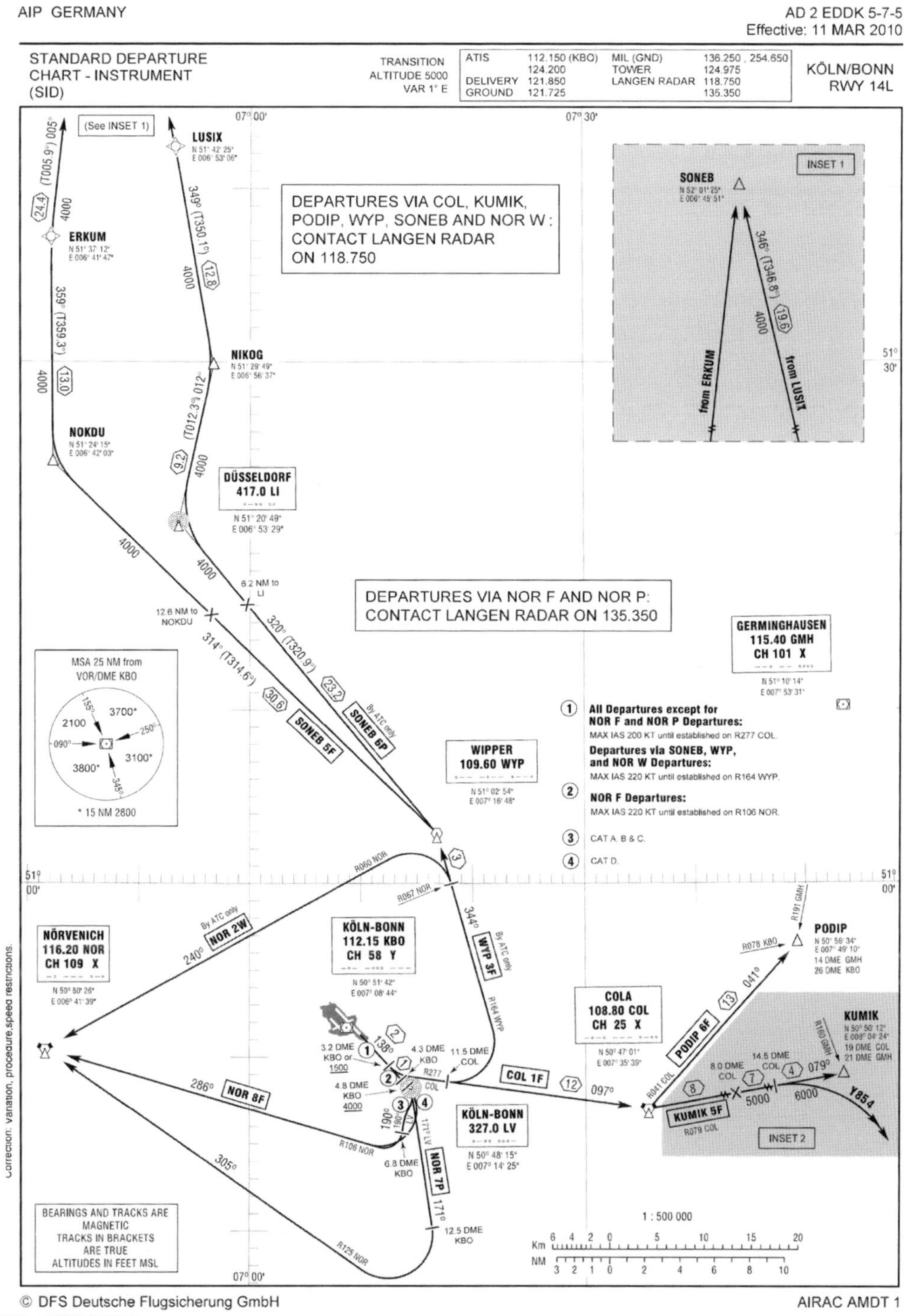

Abbildung 24: SID Runway 14L des Flughafens Köln-Bonn, Daten 2010 (Quelle: Eurocontrol)

Details zur Standard Instrument Departure

Um einige Details zum Standard Instrument Departure kennenzulernen, betrachten wir Abbildung 24. Es handelt sich um die Abflugrouten von EDDK bei einem Start auf Runway 14L.

Routing. Wie man zunächst sieht, sind die möglichen Abflugrouten in Form von dünnen schwarzen Linien dargestellt, die Pfeile geben die Flugrichtung an. Der Flugweg jeder Departure ist aus geraden Segmenten und Bogensegmenten zusammengesetzt.

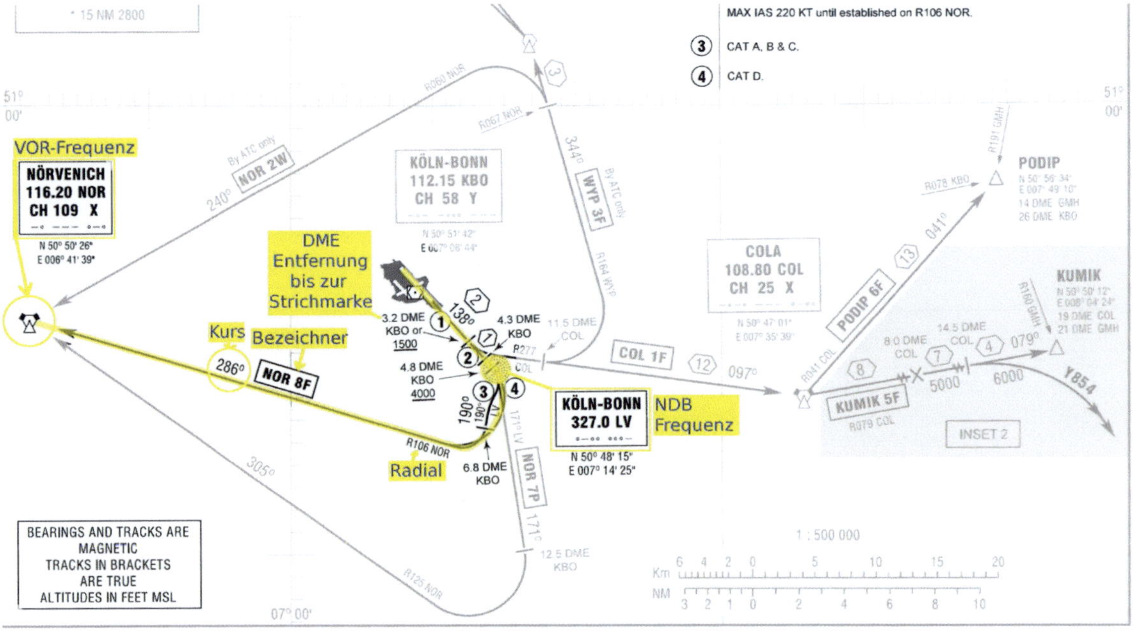

Abbildung 25: Departure Nörvenich Eight Foxtrot (Grafik: KLSP)

Betrachten wir die Departure NOR 8F etwas genauer. Der Abflugkurs von 138° ist beizubehalten bis 4,8 NM DME-Entfernung vom Terminal VOR KBO. Damit ist man so gut wie über dem Lima Victor NDB. Danach findet eine Kursänderung nach rechts statt und zwar auf 190° LV bis 6,8 NM DME KBO (Ausnahme: CAT D Flugzeuge dürfen den kleinen Schlenker weglassen und bleiben in der Rechtskurve). Danach ist das Radial 106° des Nörvenich VORs zu intercepten. Der Rest besteht darin, auf dem Radial 106 auf NOR zuzufliegen, Kurs 286° (MC).

Bereits bei diesem Beispiel lassen sich die meisten Darstellungselemente aufzählen, wobei zu erwähnen ist, dass generell ein paar Unterschiede bestehen zwischen den nationalen Darstellungen und solchen bei Jeppesen. Zunächst einmal ist der Bezeichner als deutliche Markierung (bei DFS schwarz umrahmt, bei Jeppesen ohne Umrahmung) an der Abflugroute. Kurze Querstriche senkrecht zur Flugroute sind Markierungen, für die eine Entfernung angegeben wird. Radials sind in der Form ‚R106 NOR' (DFS) am Kurs markiert (bei Jeppesen als NOR R-106) oder als Eindrehpunkt für den Kurswechsel am Pfeil notiert. Kurse sind Magnetic Courses, die direkt an der Linie der Flugroute stehen, z.B. 286° (bei Jeppesen ist zusätzlich ein Richtungspfeil ergänzt). Nav-Anlagen wie VOR oder NDB sind durch eine Box gekennzeichnet, die die jeweilige Frequenz enthält (bei Jeppesen ist die Box offen, der obere Querbalken enthält den Namen, der untere Querbalken die Position in Form von Länge und Breite).

AD 2 EDDK 5-7-2
Effective: 11 MAR 2010

AIP GERMANY

KÖLN/BONN
RWY 14L

STANDARD DEPARTURE
ROUTES - INSTRUMENT
(SID)

Designator	Route	After Take-Off		Remarks
		Climb to	Contact	
1	2	3	4	5
NOR 8F	**NÖRVENICH EIGHT FOXTROT** On track 138° to 4.8 DME KBO; RT to intercept track 190° LV to 6.8 DME KBO (CAT D replace track 190° LV by continuous RT); RT, on R106 NOR to NOR (△). Cross 4.8 DME KBO at 4000 or above. **GPS/FMS RNAV:** [A700+] - DK133[A4000+; R] - DK134[R] - DK136[K220-] - NOR.	5000 ft	Langen Radar 135.350	1. PDG 15.2% / 924 ft per NM due to airspace structure. If unable to comply, file NOR 7P. 2. Flights intending to proceed above FL190 have to be able to cross FIR/UIR boundary (23.0 DME outbound NOR) at FL200 or above. If unable to comply, contact Delivery prior to start-up. 3. MAX IAS 220 KT until established on R106 NOR.

Abbildung 26: Departure NOR 8F Textteil, modifizierter Ausschnitt (Quelle: Eurocontrol)

Der zweite Teil der DFS-Unterlagen enthält einen Textteil, der den Handlungsablauf der Instrument Departures in Kurzform beschreibt (siehe Abbildung 26). Wie man erkennt, ist die Departureroute in Spalte ‚Route' in Kurzform beschrieben. Es werden dort Abkürzungen wie RT für Right Turn und LT für Left Turn verwendet. Wir erfahren an dieser Stelle auch etwas über Altitudes. 4,8 DME KBO ist mindestens in 4.000 ft zu überfliegen, die initiale Freigabehöhe beträgt 5.000 ft, siehe in Spalte ‚Climb to'. Wir erfahren ferner, dass man nach dem Take-off auf Langen Radar (Frequenz 135.350) umzuschalten hat (am unteren Rand der Seite findet man die Auflage nicht vor 2.000 ft umschalten, hier nicht abgebildet).

In der Spalte ‚Remarks' findet man weitere Auflagen (restrictions). So muss das Flugzeug einen Mindeststeiggradient von 924 ft/NM (15,2 %) leisten können, ansonsten ist die NOR 7P SID zu verwenden und man fliegt den größeren Bogen.

Wie man beim Vergleich mit Abbildung 27 feststellt, ist der Ansatz bei Jeppesen, möglichst alle Informationen auf einer kleinen Seite unterzubringen.

EDDK/CGN
COLOGNE-BONN

JEPPESEN 30 JUL 04 (10-3D) **Eff 5 Aug** COLOGNE-BONN, GERMANY **SID**

LANGEN Radar	*Apt Elev*	
126.32	302'	Trans level: By ATC Trans alt: 5000' **1.** Contact LANGEN Radar immediately after take-off. **2.** SIDs are also minimum noise routings (refer to 10-4B). Strict adherence within the limits of aircraft performance is mandatory. **3.** NOR 5E, 4F: MAX 220 KT during turns.

MSA KBO VOR: 155° 3700' / 250° 2800' / 345° 3700' / 090° 2100' — ❶ 2700' within 20 NM

NORVENICH THREE CHARLIE (NOR 3C)
NORVENICH FIVE ECHO (NOR 5E)
NORVENICH FOUR FOXTROT (NOR 4F)
NORVENICH SIX KILO (NOR 6K)
NORVENICH FIVE PAPA (NOR 5P)
RWYS 14R/L, 07 DEPARTURES

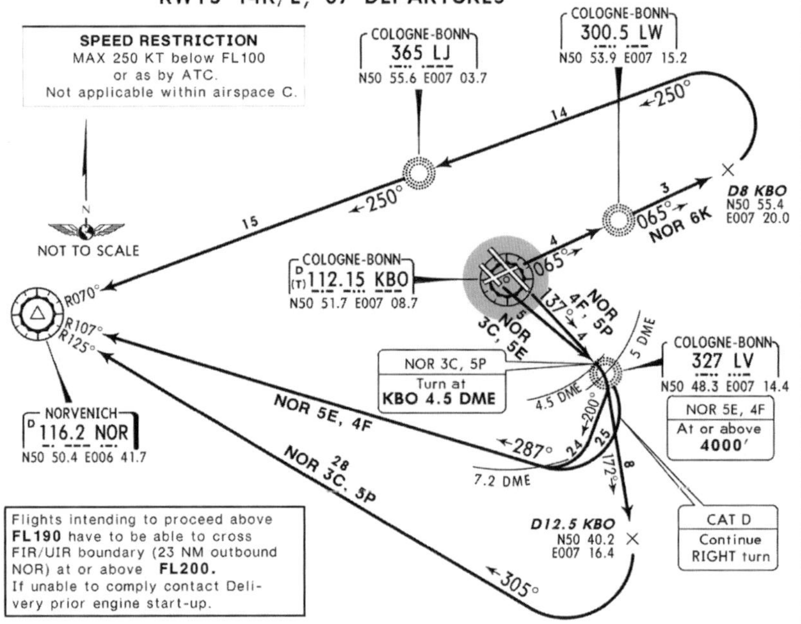

These SIDs require minimum climb gradients of
NOR 5E: 735' per NM (12.1%) due to airspace structure, if unable to comply file SID NOR 3C.
NOR 4F: 881' per NM (14.5%) due to airspace structure, if unable to comply file SID NOR 5P.
NOR 6K: 316' per NM (5.2%) until passing **900'**.

Gnd Speed-KT	75	100	150	200	250	300
881' per NM	1101	1468	2203	2937	3671	4405
735' per NM	919	1225	1838	2451	3063	3676
316' per NM	395	527	790	1053	1317	1580

Initial climb clearance **5000'**

SID	RWY	ROUTING
NOR 3C	**14R**	Towards LV, at KBO 4.5 DME turn RIGHT, intercept 172° bearing from LV to D12.5 KBO, turn RIGHT, intercept NOR R-125 inbound to NOR.
NOR 5E		To LV (KBO 5 DME), turn RIGHT, 200° track (CAT D continue RIGHT turn) to KBO 7.2 DME, turn RIGHT, intercept NOR R-107 inbound to NOR.
NOR 4F	**14L**	Intercept 137° bearing to LV (KBO 5 DME), turn RIGHT, 200° track (CAT D continue RIGHT turn) to KBO 7.2 DME, turn RIGHT, intercept NOR R-107 inbound to NOR.
NOR 6K	**07**	Intercept 065° bearing via LW to D8 KBO, turn LEFT, intercept 250° bearing to LJ, intercept NOR R-070 inbound to NOR.
NOR 5P	**14L**	On 137° track to KBO 4.5 DME, turn RIGHT, intercept 172° bearing from LV to D12.5 KBO, turn RIGHT, intercept NOR R-125 inbound to NOR.

CHANGES: Chart reindexed.

Abbildung 27: Nörvenich Departures auf der Jeppesen Karte, Daten 2004 (Quelle: British Airways)

Neben den klassischen Standard Instrument Departures gibt es zusätzlich so genannte RNAV SIDs (siehe Abbildung 28), welche die Abflugrouten in Form einer Folge von Waypoints beschreiben, die durch das Navigationssystem an Bord des Flugzeuges genutzt werden können. Dies kann ein veraltetes RNAV-Gerät sein, dass auf der Basis der bodengestützten Nav-Anlagen virtuelle VORs nutzen kann, allerdings sind heutzutage vorwiegend modernere Systeme installiert, weshalb auch RNAV (GPS) als Bezeichnung vorkommt. Im einfachsten Fall ist ein für IFR zugelassenes GPS-Gerät erforderlich, bei großen Transportflugzeugen kommt eine Kombination von GPS-Gerät und Trägheitsnavigationssystem (IRS) zum Einsatz. Wie man am Beispiel sieht, sind die einzelnen Waypoints durch Sterne gekennzeichnet. Sterne mit Kreis darum herum sind Fly-over Waypoints, solche ohne Kreis sind Fly-by Waypoints. Die Entfernungsangabe ist jeweils die Entfernung zwischen zwei benachbarten Waypoints auf der Strecke. Weitere Details lassen sich in Band 010 Luftrecht Abschnitt 06 03 00 Abflugverfahren nachlesen.
Im Rahmen der Nutzung eines RNAV Departures für die moderne Flugplanung gibt man die Daten in den intelligenten Flight Management Computer (FMC) ein, wobei die Angabe des Departure-Bezeichners im Regelfall ausreicht.

Insgesamt gibt es im Feb. 2011 bei EDDK neun mögliche Departurerouten:

- SONEB 5F (SONEB FIVE FOXTROT)
- SONEB 6P (SONEB SIX PAPA)
- WYP 3F (WIPPER THREE FOXTROT)
- PODIP 6F (PODIP SIX FOXTROT)
- COL 1F (COLA ONE FOXTROT)
- KUMIK 5F (KUMIK FIVE FOXTROT)
- NOR 2W (NÖRVENICH TWO WHISKEY)
- NOR 8F (NÖRVENICH EIGHT FOXTROT)
- NOR 7P (NÖRVENICH SEVEN PAPA)

Es ist eine gute Übung, sich sämtliche Departure Routes von EDDK einmal genauer anzusehen und genau auf alle Kartendetails zu achten. Prüfungsfragen zum vorliegenden Thema bestehen vielfach aus Fragen zur Bedeutung der Information auf IFR-Karten für An- und Abflug. Zum Beispiel sollte man in der Lage sein, die Box zur Minimum Sector Altitude (MSA) zu interpretieren.

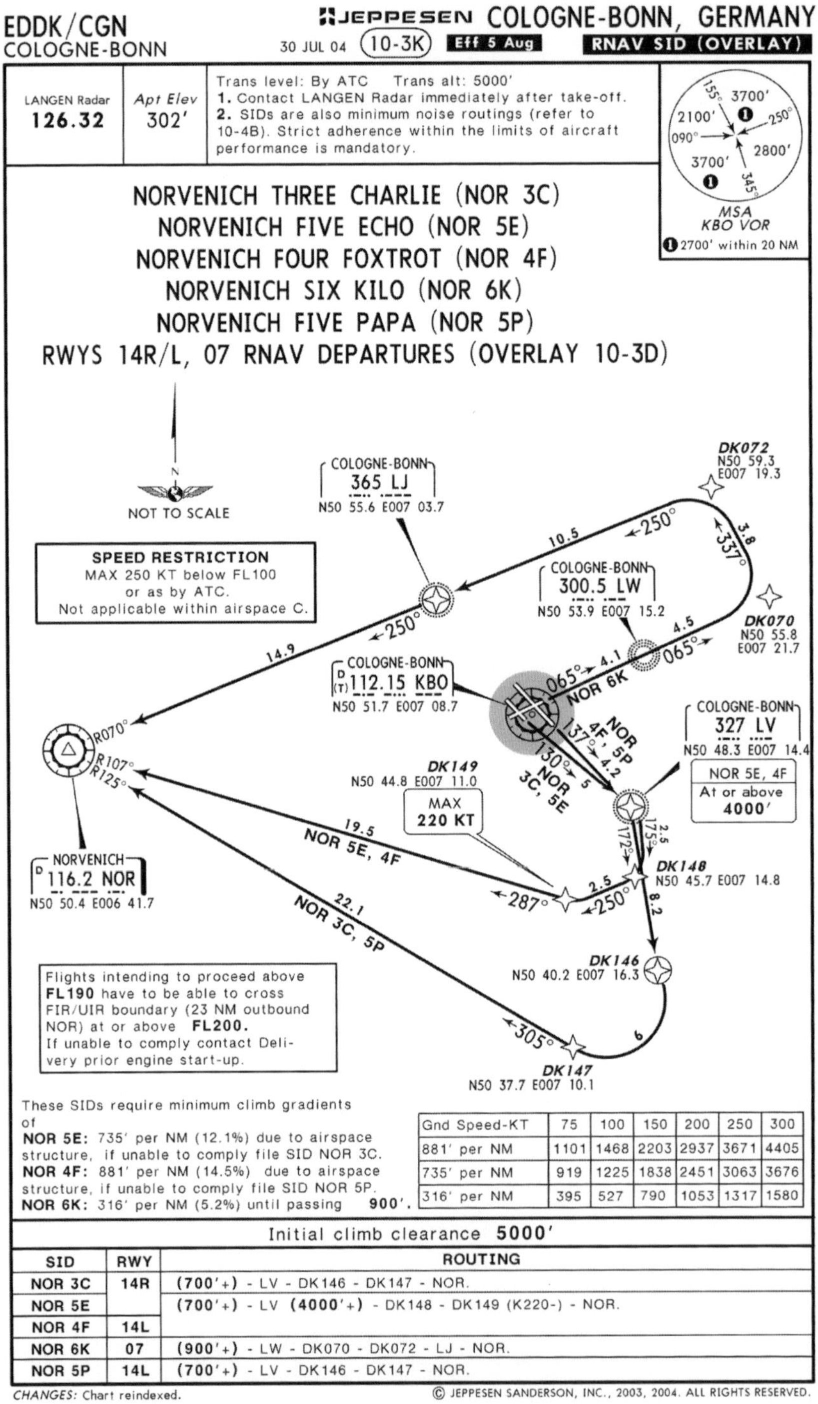

Abbildung 28: Jeppesen Nörvenich RNAV SID Departures, Daten 2004 (Quelle: British Airways)

Details zu Standard Arrival Routes

Kommen wir zum nächsten Bereich der IFR-Dokumentation, den Standard Arrival Routes (Abk. STAR). Die Arrivalroute stellt die Verbindung her zwischen dem Enrouteteil und dem jeweiligen Approach. Der Sinn der Arrival Route ist es, einen vom Enrouteteil entkoppelten Bereich festzulegen, im dem

- Vorbereitungen für den Approach (Altitude, Speed, Konfiguration) stattfinden,
- die Flüge durch ATC bei Bedarf in Warteschleifen gehalten werden,
- die Flüge den einzelnen Runways zugeführt werden.

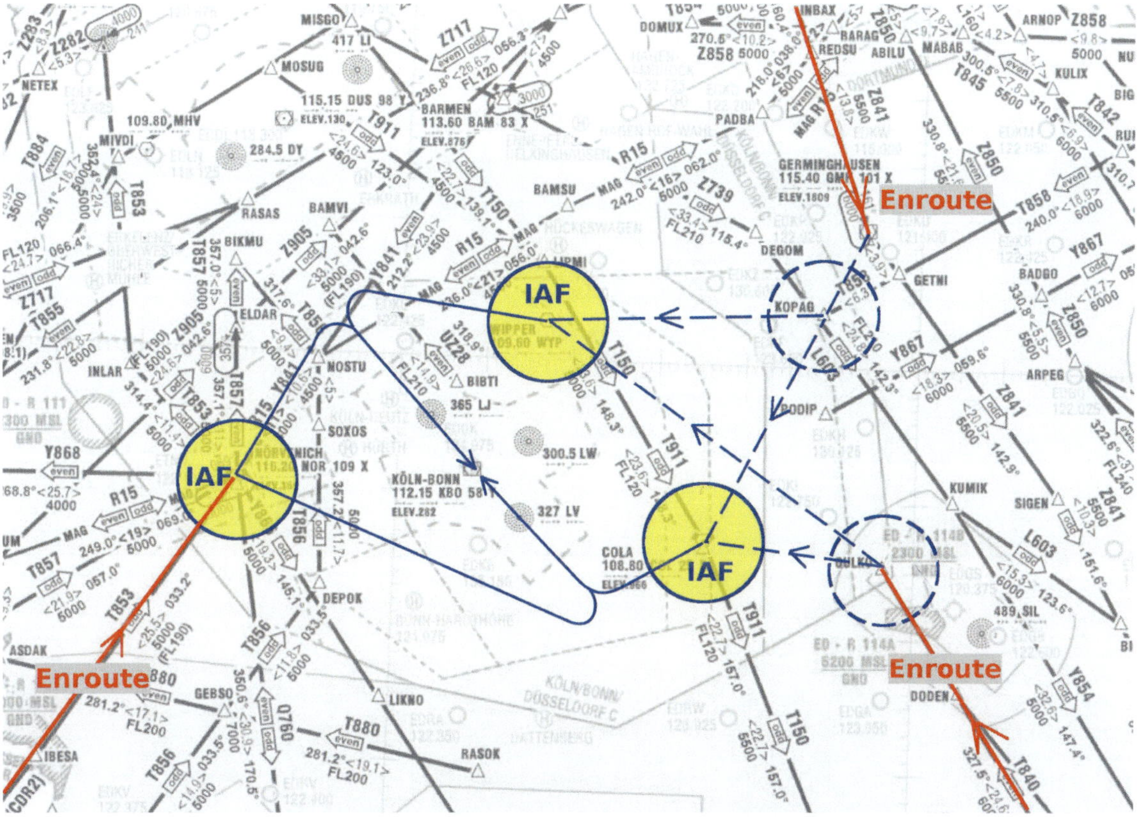

Abbildung 29: Verbindung Enroute Arrival (Grafik: KLSP)

Die Arrival Route besteht im einfachsten Fall aus der Zuführung zu einem einzigen Initial Approach Fix (Abk. IAF) mit einer Warteschleife, der in einem solchen Fall vorwiegend am TVOR positioniert wird. Im Fallbeispiel Köln-Bonn hat man es mit drei IAF zu tun, den VORs COLA, NOR und WYP. Vorgeschaltet sind zwei weitere Einflugpunkte GULKO und KOPAK, welche die Flexibilität erhöhen.

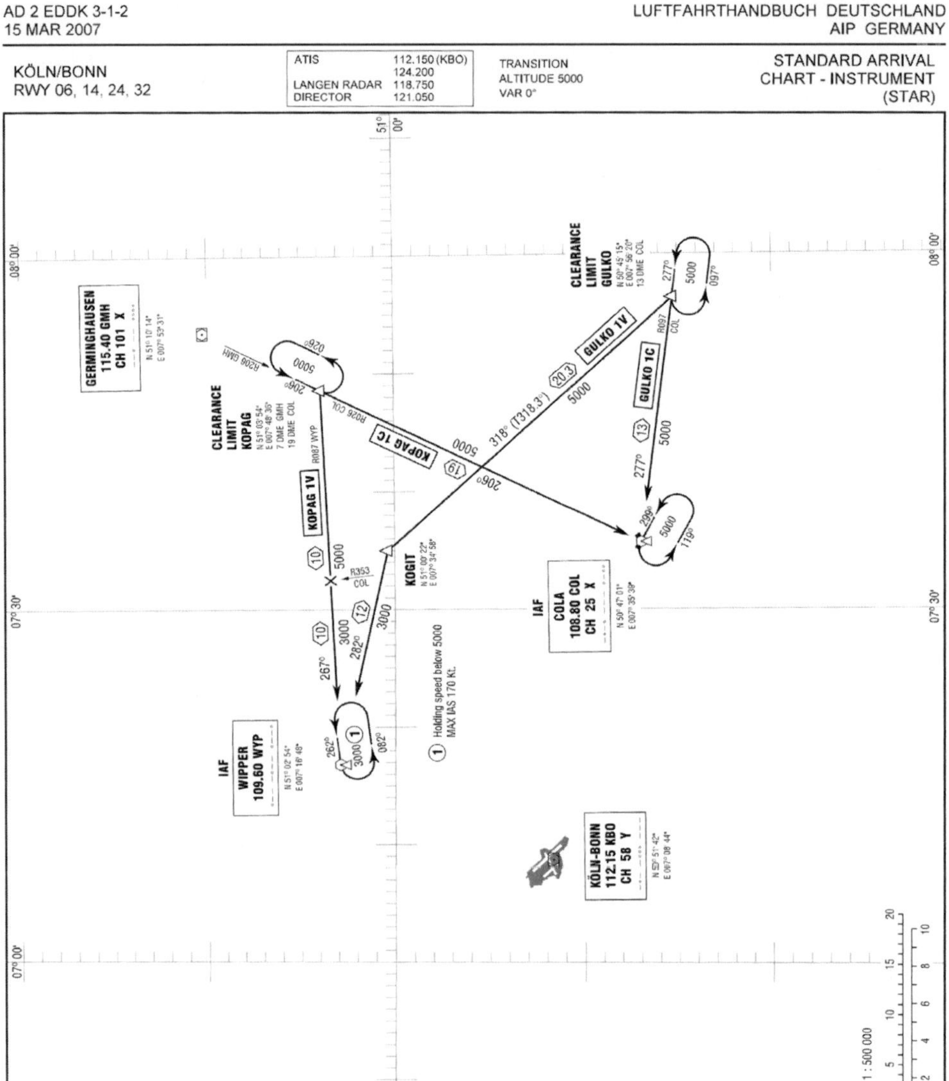

Abbildung 30: EDDK Standard Arrival Route (Quelle: Eurocontrol)

Von beiden Einflugpunkten können Flüge auf beide Landerichtungen geleitet werden, sie dienen folglich als Zuteilpunkte zu den IAFs. Von NOR aus lassen sich direkt beide Richtungen 14L/32R der langen Rollbahn anfliegen.

An allen fünf Punkten der Arrival Route sind Holdings eingerichtet, wobei alle östlichen Holdings linksdrehend sind, NOR ist rechtsdrehend. Die jeweilige Minimum Holding Altitude (MHA) ist in der Holdingschleife notiert. WYP hat wegen der niedrigen MHA (3.000 ft) eine Speedbeschränkung auf 170 KIAS unterhalb 5.000 ft.

02 01 05 Instrument Approach Charts

Nach der Arrival Route Karte benötigt man für den Anflug auf den Zielflughafen die passende Approachkarte, d.h. die Anflugkarte mit der richtigen Landebahn und Landerichtung und für das jeweils genutzte Anflugverfahren. Vorwiegend wird man einen Präzisionsanflug nutzen können, im Regelfall einen ILS-Approach. Wir bleiben bei unserem Beispielflughafen Köln-Bonn und betrachten die Anflugkarte für den ILS-Anflug auf Runway 14L in Abbildung 31.

In der oberen Zeile findet man die benötigte Sprechfunkfrequenz für den Approach, der in diesem Fall Cologne-Bonn Director heißt und auf 121,05 Mhz zuhört. Daneben findet man die Frequenzen für den Tower (124,975 Mhz) und Ground (121,725).

Eine Zeile darunter liest man die ILS-Frequenz ab, hier 110,9 Mhz, Kennung IKES. Weitere Frequenzen der Navaids sind in der Grafik enthalten: Das Terminal VOR KBO hat 112,15 Mhz und das Einflug-NDB Lima Juliett sendet mit 365 kHz.

Der Anflugkurs für das ILS beträgt 138°. Diese Daten findet man ebenfalls im grafischen Teil der Karte. Dort ist neben dem direkten ILS-Anflug der Anflug vom Holding des TVOR aus mittels Baseturn dargestellt. Man beachte die unterschiedlichen Outboundkurse vom TVOR aus entsprechend der verschiedenen Geschwindigkeitsklassen A, B bzw. C, D. Im Regelfall wird man allerdings vom IAF zum ILS „gevectored“, wobei APP den Flug durch Angabe einer Folge von Vektoren (Kursen) an den ILS-Kurs heranführt, der Approach erfolgt also im Regelfall straight-in. Eine genaue Beschreibung der Anflugverfahren findet man in Band 010 06 04 00 Anflugverfahren im Kapitel zu PANS OPS.

Wichtig für die Crew ist die genaue Kenntnis des Gleitpfades, deren wesentliche Eigenschaften in einer Seitenansicht gezeigt werden. Als Erstes ist der Final Approach Point (FAP) zu nennen, der Beginn des Gleitpfads. Im Beispiel liegt er bei D 9,8 KBO (9,8 NM DME Entfernung zu KBO) in 3.000 ft Altitude.

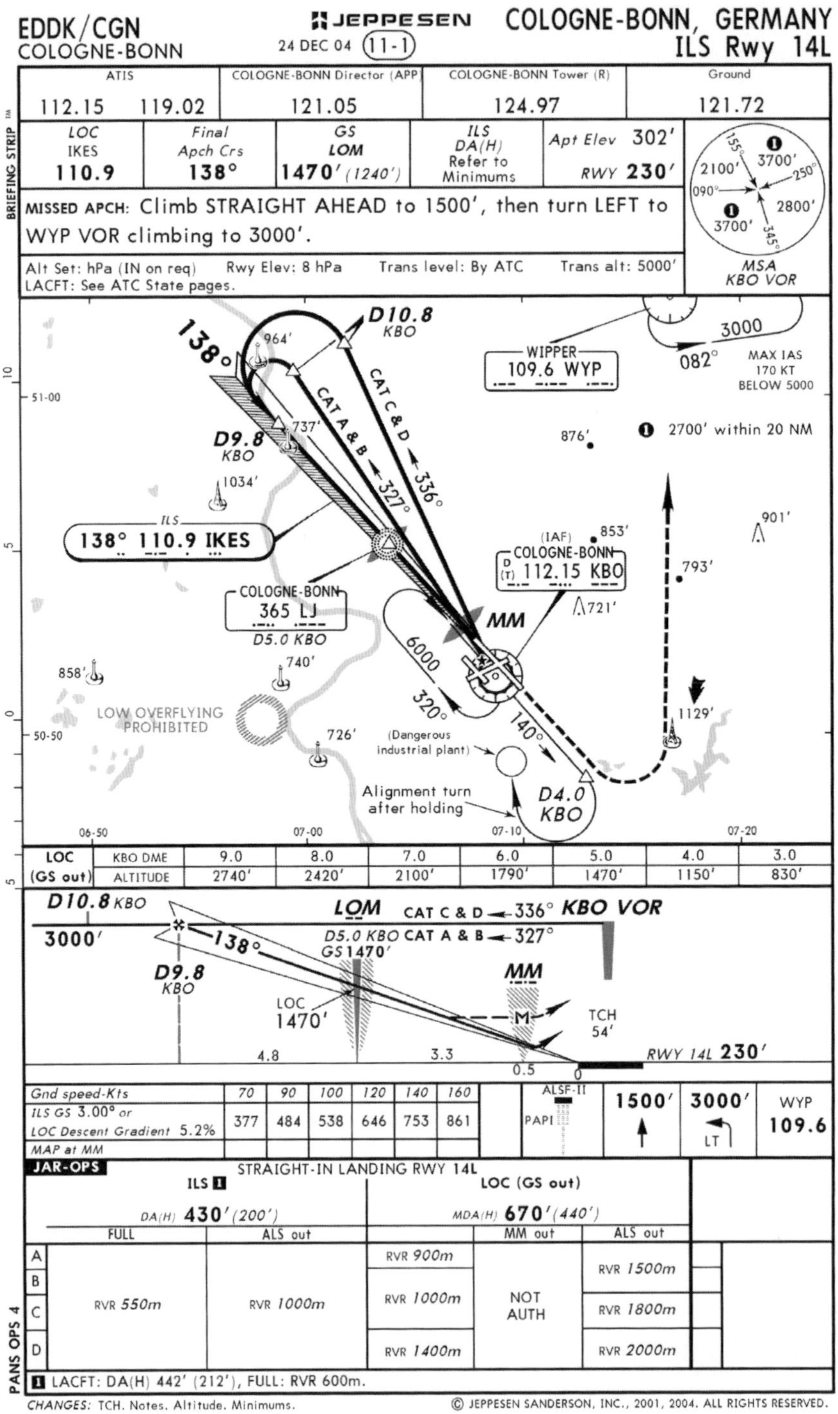

Abbildung 31: Jeppesen Approach Chart des ILS Anfluges auf RWY 14L (Quelle: British Airways)

Ab dem FAP erfolgt der Sinkflug auf dem Gleitpfad des ILS, das standardmäßiges Sinken mit 3° bzw. 5,2 % realisiert, siehe im Abschnitt unter der Schrägansicht. Die Altitude am Outer Marker (LOM) beträgt bei D 5.0 NM KBO 1.470 ft auf dem Gleitpfad.
Der wichtigste Wert für den ILS-Approach ist die Decision Altitude/Height DA (H), deren Wert man im unteren Teil links findet. Im Beispiel beträgt er 430 ft (DA) in 200 ft Höhe über der Schwelle.
Die Sinkrate für den Gleitpfad ist für gängige Groundspeeds unterhalb der Seitenansicht in einer kleinen Tabelle zu sehen, z.B. 753 ft/min bei 140 Kts.
Im Fall, dass das Glidescope ausfällt, wird aus dem Precision Approach ein Non-Precision Approach und es gilt nicht mehr DA/H sondern die Minimum Descent Altitude/Height (MDA/H) als Basis für die Entscheidung Landung oder „Missed Approach".
Diesen Wert findet man unter LOC (GS out) mit 670 ft MDA bzw. 440 ft MDH.
Für die verschiedenen Landegeschwindigkeitsklassen A-D ist die jeweilige Mindestpistensichtweite (Runway Visual Range = RVR) angegeben. Sie beträgt standardmäßig bei CAT I 550 m (aktueller RVR-Wert wird im METAR angegeben). Es gibt Einschränkungen beim Ausfall des Approach Lighting Systems (Abk. ALS). Bei funktionstüchtigem ILS und ALS out wird 1.000 m als minimale Pistensichtweite gefordert. Beim Ausfall des Glidescopes (GS out) sind die weiter rechts angegebenen Werte für RVR gültig. Fällt in diesem Fall auch die Flughafenbeleuchtung aus, gelten die Werte unter Spalte ALS out, also z.B. RVR = 1.500 m für Klasse A. Im Fall, dass zusätzlich der Middle Marker (MM) ausfällt, ist eine Landung nicht mehr zulässig.
Rechts neben der Sinkratentabelle findet man die Art der Anflugbeleuchtung, es handelt sich um ein ALSF-II, ferner ist ein PAPI für den visuellen Anflug vorhanden (Beschreibungen siehe in Band 010 oder in [11]).
Auf der ILS Approach Karte sind ferner Hindernisse (obstructions) dargestellt, die insbesondere beim Triebwerkausfall Bedeutung erlangen können.
Das Missed Approach Verfahren ist sowohl textlich vorhanden, nämlich in der dritten Zeile von oben als auch symbolisch unterhalb der Seitenansicht rechts: Steigflug geradeaus bis 1.500 ft Altitude, Linkskurve mit Steigen auf 3.000 ft und Kurs zum WYP VOR 109,6 Mhz.

Minimum Sector Altitude. Die Minimum Sector Altitude (Abk. MSA) ist die minimale sichere Altitude in einem Umkreis von 25 NM um das zentrale Navaid des Flughafens (in der Regel ein VOR). Wie der Name schon sagt werden die MSA-Werte für Winkelsektoren angegeben. Der MSA-Wert liegt 1.000 ft über dem höchsten Hindernis des zugeordneten Sektors.

Die MSA-Werte findet man bei unserem Beispiel als kleine Grafik rechts oben in der Approachkarte. Der Bezugspunkt KBO VOR ist unter dem Kreis angegeben. Für vier unterschiedliche Winkelbereiche lassen sich die MSA-Werte von 2.100 ft, 3.700 ft, 2.800 ft, 3.700 ft ablesen.

Genaue Informationen zu allen Details, auch zu den weniger bekannten, findet man sehr gut im Jeppesen Training Manual für Navigation Charts (siehe [11]) dargestellt, dass man auf jeden Fall einmal im Hinblick auf eigene Wissenslücken durchsehen sollte.

02 01 06 Frequenzen für Sprechfunk und Funknavigation

Teil der navigatorischen IFR-Flugplanung ist das Notieren aller benötigten Frequenzen für den Sprechfunk und die Funknavigation inklusive Funkrufzeichen bzw. Identifier. Dazu zählen die Frequenzen

- der Flughäfen (Ground/Delivery, Approach, Tower)
- der Navaids (ILS, VOR, NDB)
- Initiale ATC Frequenz im Departure (RADAR)
- Wetterinformation im Flug (VHF-VOLMET, ggf. HF-VOLMET)
- Automatischer Informationsansagedienst von Verkehrsflughäfen, Automatic Terminal Information Service (ATIS)

Den überwiegenden Teil der Frequenzen haben wir im Beispiel des ILS Approaches auf RW14L in EDDK bereits im letzten Abschnitt besprochen.

Die ATIS-Frequenzen findet man ganz links oben im ersten Feld. Wie man erkennen kann, ist die erste Frequenz 112,15 Mhz die des Terminal VORs, über das standardmäßig ATIS ausgesendet wird. Hierzu muss man natürlich den Ton des VORs anschalten. Die Frequenz 119,025 Mhz ist eine dedizierte Sprechfunkfrequenz, die nur ATIS ausstrahlt.

Die Frequenzen zur Wetterinformation im Flug sind in Band 050 Meteorologie in Kapitel besprochen, siehe dort unter 10 03 02 Meteorologische Broadcasts.

NAVIGATION LOG EDDK -> ELLX (Page 1 of 2) — JEPPESEN *FliteMap 9.5.3.0*

REPORT DATE	February 19, 2011	AIRCRAFT TYPE	Cessna 172
NAVDATA EXP. DATE	February 10, 2011	AIRCRAFT TAIL #	N172S
WX DATA OBTAINED		REPORT PRINTED	02/19/2011 14:12Z
WX DATA SOURCE			

ATIS

FILED ROUTE
NOR7D N50515E007069NOR7D.NOR DK020NOR7D NOR POBIX Q760 DEPAX Z104 TALUK VETIL VETI2M LUX VETIL.VETI2M WLU

CLEARANCE

EDDK Cologne-Bonn	ATIS 124.2 TWR (Mil) 2.547 GND (Mil) 2.547 CLNC 121.85	ATIS 112.15 TWR (Mil) 2.530 GND 121.725	TWR 124.975 GND (Mil) 136.25 RAMP 121.95	BLOCK OFF	
				TIME OFF	

WAYPOINTS (FIXES)		ROUTE / MEA/(MORA)	BEG ALT / END ALT	MC / MH	FUEL (Gal) LEG / REM	DIST (NM) LEG / REM	SPD (Kts) TAS / EST GS	ETE / CUMM	ATA / ATE	WIND / OAT	POWER
EDDK Cologne-B... N 50° 51.8' E 07° 08.1'		NOR7D									
					52	121					
244TO N 50° 51.5' E 07° 06.9'	CLIMB		244	244	0	1	73	00:01			Climb Power
		(3800)	700	244	51	120	73	00:01			
DK020 N 50° 50.5' E 07° 03.8'	CLIMB	NOR7D	700	244	0	2	74	00:02			Climb Power
		(3800)	1894	244	51	118	74	00:02			
NOR Norvenich N 50° 50.4' E 06° 41.6' 116.2	CLIMB		1894	270	2	14	78	00:11			Climb Power
		(4300)	7738	270	49	104	78	00:13			
POBIX N 50° 20.0' E 06° 49.6'	CLIMB		7738	170	0	1	82	00:01			Climb Power
		(4300)	8000	170	48	103	82	00:14			
	CRUISE		8000	170	2	27	106	00:15			2400
		(4300)	8000	170	46	76	106	00:29			
	CLIMB		8000	171	0	3	83	00:02			Climb Power
		(4300)	9000	171	46	73	83	00:31			
ULMEN N 50° 13.3' E 06° 52.5'	CRUISE	Q760	9000	165	0	7	105	00:04			2400
		7000	9000	165	46	66	105	00:35			
DEPAX N 50° 05.6' E 06° 53.5'	CRUISE	Q760	9000	175	1	8	105	00:04			2400
		7000	9000	175	45	58	105	00:40			

NAVIGATION LOG EDDK -> ELLX (Page 2 of 2) — JEPPESEN *FliteMap 9.5.3.0*

REPORT DATE	February 19, 2011	AIRCRAFT TYPE	Cessna 172
NAVDATA EXP. DATE	February 10, 2011	AIRCRAFT TAIL #	N172S
WX DATA OBTAINED		REPORT PRINTED	02/19/2011 14:13Z
WX DATA SOURCE			

WAYPOINTS (FIXES)		ROUTE / MEA/(MORA)	BEG ALT / END ALT	MC / MH	FUEL (Gal) LEG / REM	DIST (NM) LEG / REM	SPD (Kts) TAS / EST GS	ETE / CUMM	ATA / ATE	WIND / OAT	POWER
DEPAX N 50° 05.6' E 06° 53.5'		Q760									
		7000			45	58					
TALUK N 50° 05.3' E 06° 38.9'	DESCNT	Z104	9000	268	0	5	146	00:02			Descent Power
		5000	8000	268	45	53	146	00:42			
	CRUISE	Z104	8000	268	0	5	106	00:03			2400
		5000	8000	268	45	49	106	00:44			
VETIL N 49° 45.9' E 06° 31.9'	CRUISE		8000	193	1	18	106	00:10			2400
		(4300)	8000	193	43	30	106	00:55			
	DESCNT		8000	193	0	1	152	00:01			Descent Power
		(3800)	7716	193	43	29	152	00:55			
LUX Luxembourg N 49° 38.4' E 06° 14.8' 112.25	DESCNT	VETI2M	7716	236	0	13	138	00:06			Descent Power
		(3800)	4795	236	43	15	138	01:01			
WLU Luxembourg N 49° 34.1' E 06° 03.2' 346	DESCNT	VETI2M	4795	240	0	9	132	00:04			Descent Power
		(3800)	2835	240	42	7	132	01:05			
ELLX Luxembourg N 49° 37.4' E 06° 12.3'	DESCNT	VETI2M	2835	360	0	7	129	00:03			Descent Power
		(3800)	1234	060	42	0	129	01:08			
ROUTE TOTALS					9	121		01:08			

ELLX Luxembourg	ATIS 134.75	TWR 118.1	APP 118.9	TIME ON	
				BLOCK ON	

NOTES:

NOT FOR NAVIGATION

Abbildung 32: IFR Flugnavigationsplan (Quelle: Print aus FliteMap)

02 01 07 Komplettierung des Flugnavigationsplans

Nachdem man die benötigten Karten für den geplanten Flug zusammengestellt hat, benötigt man, ähnlich wie bei VFR, noch eine Auflistung der kompletten Flugroute mit Waypoints, Kursen, Entfernungen und erwarteten Überflugzeiten (Expected Time Enroute, Abk. ETE), ergänzt mit allen benötigten Sprechfunk- und Navaid-Frequenzen, d.h. einen kompletten Flugnavigationsplan. Bei IFR gibt es dafür keinerlei Standardformat, das offiziell vorgeschrieben wäre, man darf sich als Pilot selbst ein passendes Format erstellen und nutzen.

Beim Flugnavigationsplan gilt es, die Kurse und Entfernungen der einzelnen Legs zu ermitteln, mittels Variationswerten die jeweiligen MC-Werte zu berechnen und jeweils in die Tabelle einzutragen. Die Geschwindigkeiten im Steig-, Reise- und Sinkflug (TAS-Werte anhand Altitude und OAT) lassen sich aus den Tabellen des Flughandbuchs ermitteln, für die Prüfung kommen sie aus CAP 697. Top of Climb und Top of Descent lassen sich auf die bereits beschriebene Methode berechnen.

Aus den Windvektoren auf der Strecke berechnet man für jeden Leg den jeweiligen WCA und die Groundspeeds, auch dies haben wir bereits beschrieben.

Anstelle der Sicherheitsmindesthöhe tritt bei der IFR-Flugplanung eine Reihe von Altitudegrößen, deren Definitionen wir bereits kennen. Die Altitudes sind je nach Position des Flugzeugs auf der Route unterschiedlich relevant:

- Bei An- und Abflug (MSA, im Umkreis von 25 NM vom TVOR des Flughafens)
- überall sonst auf der Strecke
    - sichere Mindesthöhen bei Emergency (MOCA, MORA)
    - operativ relevante Altitudes (MEA, MRA, MCA, MAA)

Die Altitudewerte sind für jeden Leg in den Flugnavigationsplan zu übernehmen.

Am Ende der Zusammenstellung wird man die Entfernungen und Zeiten der Legs zu Gesamtgrößen aufaddieren und für die Treibstoffplanung nutzen (wir kommen im nächsten Kapitel darauf zu sprechen).

Zur Übung sollte man ein paar Flugnavigationspläne selbst erstellen, alle Daten ermitteln und die Rechnungen nur mit den Hilfsmitteln der Prüfung durchführen, d.h. mit einem wissenschaftlichen Taschenrechner und/oder Drehmeier.

Exkurs: Softwaregestützte Flugplanung[4]

Die IFR-Flugplanung wird heutzutage im täglichen Flugbetrieb durch den Computer realisiert.

Im Bereich der privaten Luftfahrt und dem Bedarfsflugverkehr, bei dem es oft um die Planung von Einzelflügen geht, wird man vorwiegend auf gängige Softwareprodukte wie beispielsweise Jeppesen FliteMap (siehe Abbildung 32) zurückgreifen, die einen IFR Flugnavigationsplan computergestützt erstellen und ausdrucken können. Ein Routepack aus Departurekarte, Navigationsplan, Arrival- und Approachkarte und den sonstigen Briefingunterlagen (NOTAMs plus Wetter) ist so schnell erstellt.

Abbildung 33: Flywize Flugnavigationsplan für den Flug von Wien nach Fuerteventura (Quelle: www.austrianaviationart.org)

[4] Kein Bestandteil des Syllabus 033. Dieser Punkt ist als Ergänzung zum Thema zu verstehen.

Bei vorhandenem GPS-Navigationssystem sind die Navdaten für den Flug einzugeben bzw. auszuwählen, sie werden dann bei Bedarf vom Autopiloten für die Navigation verwendet. Der Unterstützung durch moderne computerbasierte Navigationssysteme geht in manchen Flugzeugen der General Aviation so weit, dass sie in manchen Ländern kommerziell für Single Pilot Betrieb zugelassen sind.

Abbildung 34: Route im FMS der B737-800 der Lauda-Air (Quelle: www.austrianaviationart.org)

Im kommerziellen Regelflugbetrieb werden die IFR-Flugnavigationspläne einer Fluggesellschaft vorwiegend durch geschulte Experten mittels spezialisierter Software erstellt. Es sind entweder Mitarbeiter der Airline oder man bezieht die komplette Flight Planning Dienstleistung von einem Flight Operations Services Anbieter.

Im Großen und Ganzen sind folgende Dienstleister und Softwareprodukte im Bereich Flight Planning allgemein bekannt (in alphabetischer Reihenfolge, ohne Anspruch auf Vollständigkeit):

- f:wz flywize (f:wz, Wien, gehört seit 2010 zu Sabre)
- Jeppesen Jetplanner & Jet.plan (Web-basiert), früher Jeppesen Onsite
- Lufthansa Systems Lido/FPLS
- Navtech Dispatch Pro
- Sabre AirPath
- SITA GraFlite
- Skyplan

Die Besonderheiten der Flugplanungssoftware für den kommerziellen Einsatz sind im Wesentlichen darin begründet, dass die Software im Unterschied zu einfacheren Systemen die genauen Daten der vielen Varianten großer Transportflugzeuge kennt, Dauerflugpläne bearbeiten kann, Atlantiküberquerungen nach ETOPS Vorschriften bewältigt und ferner den gesetzlichen Vorschriften nach OPS 1 z.B. im Hinblick auf die erforderliche Archivierung und Ähnlichem genüge tut. Ein vom Computer erstellter Flugplan sieht vorwiegend so aus wie in Abbildung 35 exemplarisch dargestellt, bietet also in der Regel wenig für die Optik, allerdings sind auch grafische Plots möglich, siehe folgende Abbildungen auf Seite 73.

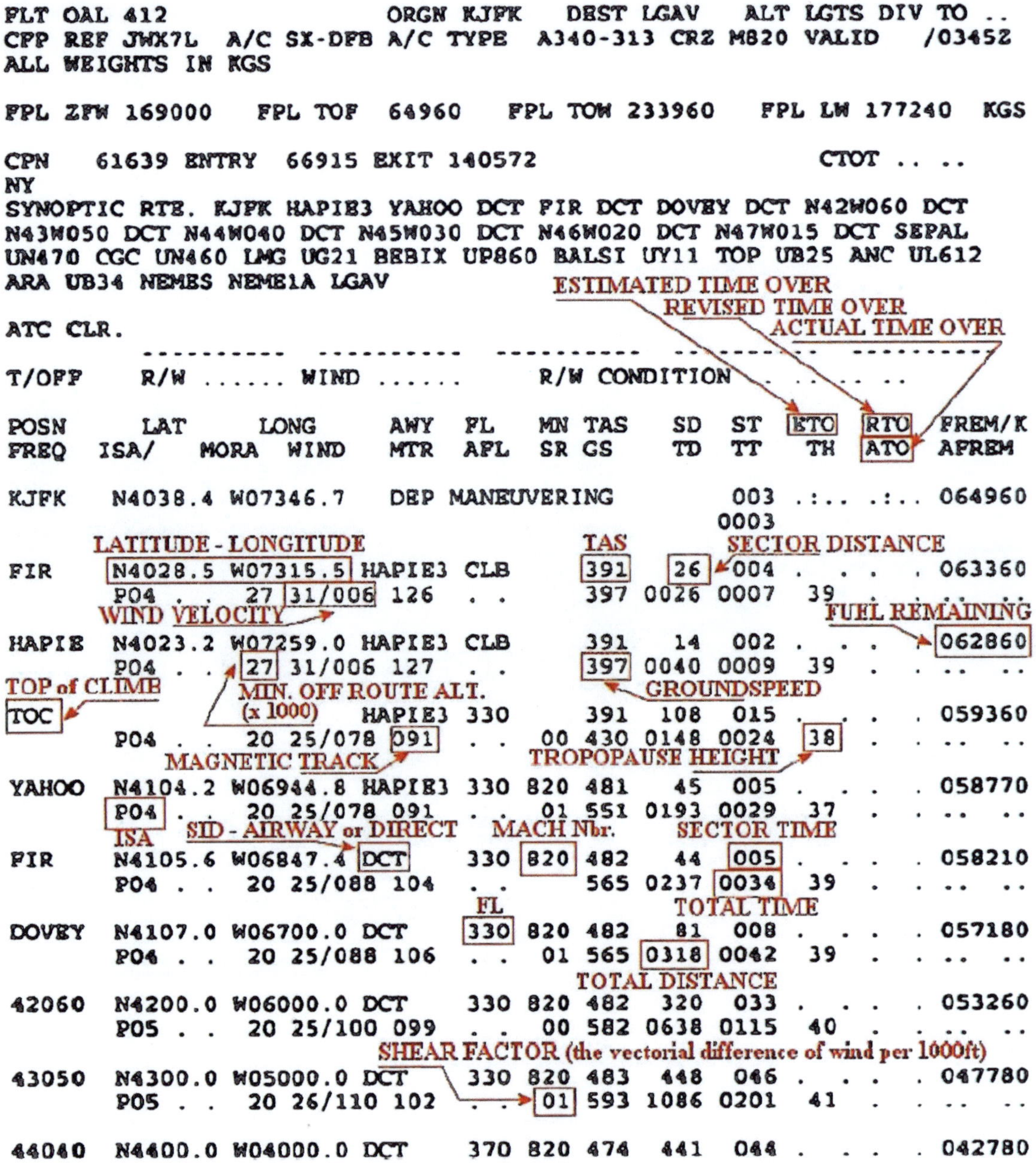
FLT OAL 412 ORGN KJFK DEST LGAV ALT LGTS DIV TO ..
CFP REF JWX7L A/C SX-DFB A/C TYPE A340-313 CRZ M820 VALID /03452
ALL WEIGHTS IN KGS

FPL ZFW 169000 FPL TOF 64960 FPL TOW 233960 FPL LW 177240 KGS

CPN 61639 ENTRY 66915 EXIT 140572 CTOT .. ..
NY
SYNOPTIC RTE. KJFK HAPIE3 YAHOO DCT FIR DCT DOVEY DCT N42W060 DCT
N43W050 DCT N44W040 DCT N45W030 DCT N46W020 DCT N47W015 DCT SEPAL
UN470 CGC UN460 LMG UG21 BEBIX UP860 BALSI UY11 TOP UB25 ANC UL612
ARA UB34 NEMBS NEMB1A LGAV

ATC CLR.

T/OFF R/W ...... WIND ...... R/W CONDITION ......

POSN LAT LONG AWY FL MN TAS SD ST ETO RTO FREM/K
FREQ ISA/ MORA WIND MTR AFL SR GS TD TT TH ATO AFREM

KJFK N4038.4 W07346.7 DEP MANEUVERING 003 .:.. .:.. 064960
0003

FIR N4028.5 W07315.5 HAPIE3 CLB 391 26 004 063360
P04 . . 27 31/006 126 . . 397 0026 0007 39 . . .. ..

HAPIE N4023.2 W07259.0 HAPIE3 CLB 391 14 002 062860
P04 . . 27 31/006 127 . . 397 0040 0009 39 . . .. ..

TOC HAPIE3 330 391 108 015 059360
P04 . . 20 25/078 091 . . 00 430 0148 0024 38 . . .. ..

YAHOO N4104.2 W06944.8 HAPIE3 330 820 481 45 005 058770
P04 . . 20 25/078 091 . . 01 551 0193 0029 37 . . .. ..

FIR N4105.6 W06847.4 DCT 330 820 482 44 005 058210
P04 . . 20 25/088 104 . . 565 0237 0034 39 . . .. ..

DOVEY N4107.0 W06700.0 DCT 330 820 482 81 008 057180
P04 . . 20 25/088 106 . . 01 565 0318 0042 39 . . .. ..

42060 N4200.0 W06000.0 DCT 330 820 482 320 033 053260
P05 . . 20 25/100 099 . . 00 582 0638 0115 40 . . .. ..

43050 N4300.0 W05000.0 DCT 330 820 483 448 046 047780
P05 . . 20 26/110 102 . . 01 593 1086 0201 41 . . .. ..

44040 N4400.0 W04000.0 DCT 370 820 474 441 044 042780

Abbildung 35: Auszug aus einem Computerflugplan für einen Flug von New York (KJFK) nach Athen (LGAV)
(Quelle: aus [23])

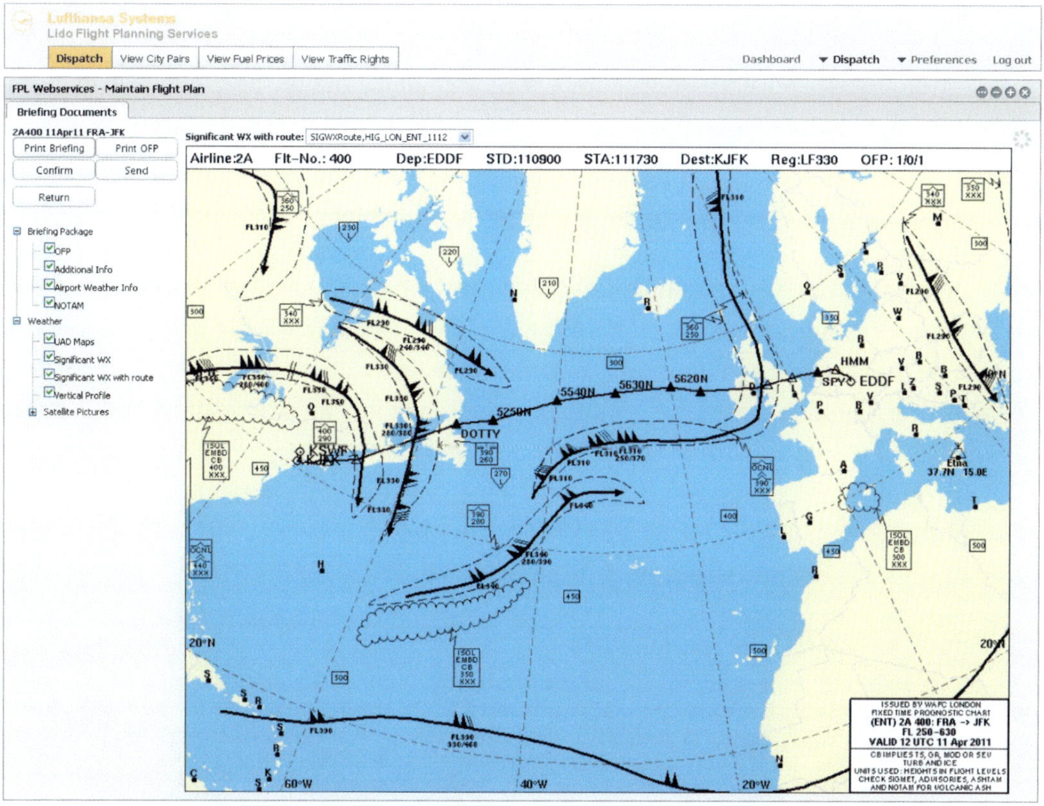

Abbildung 36: Screen bei Lufthansa Systems Lido/FPLS (Quelle: Lufthansa Systems)

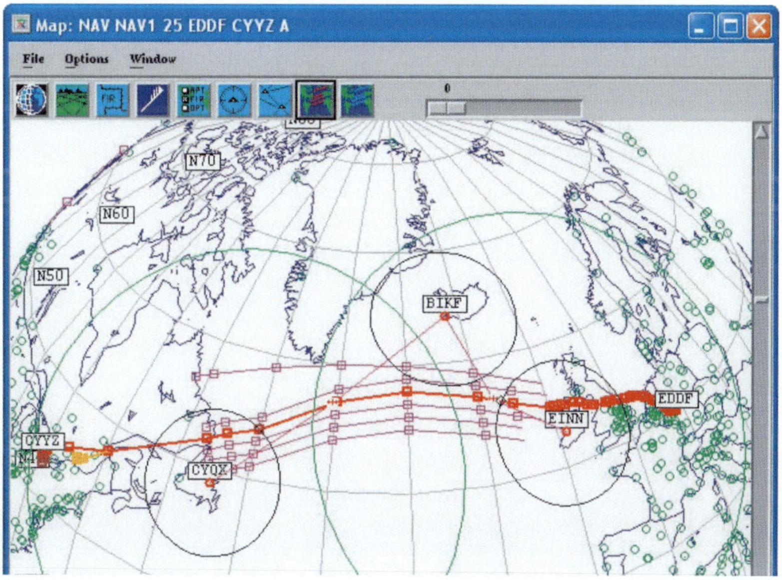

Abbildung 37: Screen bei Navtech Dispatch Pro (Quelle: Navtech)

Exkurs: Elektronische AIP-Daten für die Flugplanung

Noch vor wenigen Jahren war es für die Crews notwendig, umfangreiche und zum jeweiligen Flug passende Papierdokumente mit ins Cockpit zu schleppen. Mittlerweile kann man bei SIDs, Enroute Charts, STARs, Approach Charts auf elektronische Daten in einem Electronic Flight Bag und/oder im Bordcomputer zurückgreifen, das paperless Cockpit hat sich größtenteils durchgesetzt. Allerdings sind die Lizenzen für das kontinuierliche Update der Produkte teilweise mit hohen Kosten verbunden.
Für die eigene Flugplanung lässt sich sehr gut auch der Zugriff auf die Eurocontrol AIS Database (EAD) nutzen. Über das dort angebotene Portal kann jeder Pilot nach Registrierung alle europäischen durch die nationalen Behörden herausgegebenen AIP-Daten in elektronischer Form herunterladen. Der Zugriff auf die Daten erfolgt mittels PAMS Light, einer kleinen Java-Applikation, die im Browser automatisch aufgerufen wird (siehe Abbildung 38). Der Zugriff auf EAD ist insbesondere für Privatpiloten für den gelegentlichen IFR-Auslandsflug ein schätzenswerter Service.

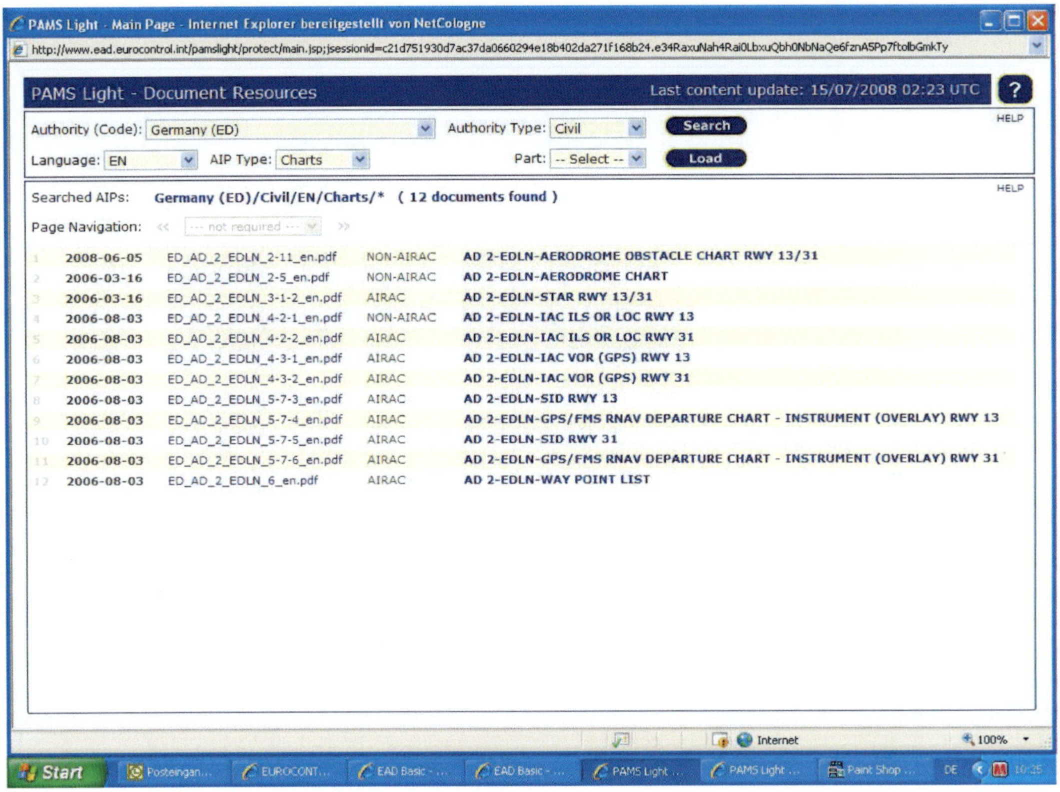

Abbildung 38: Eurocontrol-Portal zum Download nationaler AIP-Dokumente (Quelle: Eurocontrol)

03 00 00
Planung der Treibstoffmenge

03 01 00 Allgemeine Grundlagen

Bei der Berechnung der Treibstoffmenge für einen Flug kommen zum Teil unterschiedliche Messgrößen und Maßeinheiten zum Einsatz. Man muss als Pilot in der Lage sein, die Messgrößen und ihre Maßeinheiten ineinander umzurechnen.
Die Treibstoffmenge wird entweder als Volumengröße oder als Massengröße angegeben. Gängige Volumengrößen sind Liter oder Gallone. Der Liter ist die metrische Volumengröße des physikalischen Maßsystems. Er hat 1.000 cm^3 oder 1 dm^3. Die US Gallone[5] ist eine Volumengröße im englischen Maßsystem. Zur Umrechnung merkt man sich:

1 US Gallone = 3,785 Liter

Eine US Gallone besteht übrigens aus 4 Quarts, eine Einheit, die man beim Nachfüllen von Motoröl bei Kolbentriebwerken benötigt.
Die Messgröße der Masse ist im physikalischen Maßsystem das kg. Im englischen Maßsystem nutzt man das Pfund, abgekürzt als lbm (m für mass). Das m unterscheidet die Masse vom Gewicht für das man lbf (f für force) verwendet. Das m wird meistens weggelassen und zur Umrechnung dient:

1 lb = 0,4536 kg

Zur Umrechnung einer Volumengröße einer Flüssigkeit in eine Massengröße benötigt man die Dichte der Flüssigkeit. Die physikalische Definitionsgleichung lautet: Die Dichte ρ ist gleich Masse m durch Volumen V:

$$\rho = \frac{m}{V}$$

[5] Es gibt ferner die britische Gallone (= 4,546 Liter), die in der Luftfahrt kaum eine Rolle spielt.

Die Dichte von Wasser beträgt 1g/cm³, sodass 1 Liter Wasser einer Masse von 1 kg entspricht. Als Pilot sollte man die Dichtewerte von zwei weiteren Flüssigkeiten kennen, nämlich die für Avgas und Kerosin.
Die Dichte von Avgas beträgt ca. 0,72 g/cm³ und die für Kerosin ca. 0,78-0,84 g/cm³, respektive 720 g/Liter bzw. 780 - 840 g/Liter. Die Umrechnung von Liter zu kg und umgekehrt ist eine leichte Aufgabe, jedenfalls, sofern man nicht mit unsinnigen tautologischen Fragestellungen konfrontiert ist.

> Beispiel: Für ein zweimotoriges Turbopropflugzeug wird als Wert für ‚maximum usable fuel' 550 Gallonen angegeben. Wie viel Liter und wie viel kg entspricht diese Treibstoffmenge, wenn man die Dichte von Kerosin mit 0,80 g/cm³ ansetzt?
> Lösung:
> 550 Gallonen *3,785 Liter/Gallone = 2.081,75 Liter
> 2.081,75 Liter*0,8 kg/Liter = 1.665,4 kg

> Beispiel: Bei der Flugplanung errechnet ihr Bordcomputer eine benötigte Treibstoffmenge von 29.500 lb Kerosin? Der Tankwart erwartet von Ihnen eine Literangabe, wie viel Bedarf geben Sie ihm an (Dichte = 0,8 kg/L)?
> Lösung:
> 29.500 lb *0,4536 kg/lbm = 13.381,2 kg
> 13.381,2 kg/ 0,8 kg/L = 16.726,5 Liter

Fuel Flow. Eine wichtige Größe bei der Treibstoffberechnung als auch beim Monitoring während des Fluges ist die Durchflussmenge pro Stunde (engl. Fuel Flow, Abk. FF), für die es entweder ein separates Anzeigeinstrument gibt oder die auf einer bestimmten Displayseite des Bordcomputers angezeigt werden kann. Als Einheiten werden vorwiegend die massenbezogenen Einheiten Pounds per Hour (Abk. PPH), kg/h oder Tonnen/h verwendet, aber auch volumenbezogene Einheiten wie Gal/h oder Liter/h kommen vor.
Kennt man den aktuellen Fuel Flow, lässt sich die Restflugzeit sogar durch Kopfrechnen abschätzen. Hat eine B737 beispielsweise 10 Tonnen Resttreibstoff an Bord und beträgt der Fuel Flow in FL300 beim aktuellen Thrustsetting eine Tonne pro Seite und Stunde, so kann man grob von einer maximalen Restflugdauer von fünf Stunden (10 Tonnen geteilt durch 2 Tonnen pro Stunde) ausgehen. Der Fuel Flow lässt sich natürlich auch für wesentlich exaktere Berechnungen nutzen, denn die Werte sind im Flugzeughandbuch für die gängigen Bedingungen tabellarisch gelistet. Es gilt folglich:

$$Flugzeit\,[h] = \frac{FuelMasse \quad [lb\ oder\ kg]}{FuelFlow \quad [lb/h\ oder\ kg/h]}$$

Prinzipiell lässt sich aus zwei gegebenen Größen die dritte Größe berechnen. Zwei typische Aufgaben dazu:

Beispiel (Berechnung restliche Flugzeit aus Fuel Flow):
Die Treibstoffmenge an Bord einer B737 betrug beim Start 15 metrische Tonnen (15.300 kg). Die Take-off Mass betrug 52.100 kg. Für den Steigflug auf FL 350 wurden 2.100 kg verbraucht. Wie lange darf die Flugzeit dauern, wenn man 5.000 kg Total Reserve Fuel am Ende des Streckenteils zurückbehalten muss und im Streckenteil mit einem anfänglichen Fuel Flow von 2.800 kg/h rechnet, wobei der Verbrauch jede Stunde um 10 % abnimmt.
Lösung:
Am Top of Climb Punkt hat das Flugzeug ein Inflight Gross Mass von 50.000 kg bei einer restlichen Gesamttreibstoffmenge von 15.300 kg -2.100 kg = 13.200 kg.
Im Streckenteil dürfen folglich 8.200 kg verbraucht werden.
In der ersten Stunde verbraucht die B737 2.800 kg, macht noch 5.400 kg für die verbleibende Strecke. In der zweiten Stunde minus 2.520 kg, das ergibt 2.880 kg, in der dritten Stunde minus 2268 kg, das ergibt 612 kg, was am Ende nicht mehr für eine volle Stunde reicht.
Für die Restzeit gilt dann 612kg/2041,2 kg/h = 0,2998 h = 17,989 min = 18 Minuten (gerundet)
Die Flugzeit für den Streckenteil darf maximal 3 Stunden und 18 Minuten betragen.

Beispiel (Berechnung Treibstoffmenge aus Fuel Flow und Zeit):
Die reguläre Flugzeit eines geplanten Fluges mit dem einmotorigen Kolbenflugzeug SEP soll unter den gegebenen meteorologischen Bedingungen auf 8.000 ft bei ISA-Temperatur plus 20°C im Streckenteil 2 Stunden und 15 Minuten betragen. Ermitteln Sie den Fuel Flow in den Planungsunterlagen (CAP 697) und berechnen Sie die für den Streckenteil zu planende Treibstoffmenge bei einem Power Setting von 25 inch Ladedruck und 2.500 U/min (lean mixture) in Litern.
Lösung:
In CAP 697 lässt sich aus Figure 2.2 (Section 2 page 4) ein Verbrauchswert von 12,7 Gal/h ermitteln. Damit ergibt sich die Treibstoffmenge für den Streckenteil zu:
2,25 h * 12,7 Gal/h = 28,575 Gallonen *3,785 Liter/Gal = 108,156 Liter

Eine etwas kompliziertere Aufgabe aus diesem Bereich, bei der zusätzlich die Berechnung der jeweiligen Groundspeed (numerisch oder mittels Drehmeier) zu leisten ist, lautet wie folgt:

<u>Beispiel</u> (Berechnung Treibstoffmenge):
True Airspeed: 170 KTAS
Wind: 270°/40 Kts
Gegeben der Navigationslog rechts für den Flug via ARD via TGJ nach BULEN.
Das Flugzeug muss über BULEN wegen Schlechtwetter umkehren, und fliegt dieselbe Strecke zurück.
Der Verbrauch im Turn ist 20 Liter.
Wie groß ist der Gesamtverbrauch bis Overhead ARD?

POSITION	TRUE TRACK (°)/ DISTANCE	FUEL CONSUMPTION (litres)
ARD		432
	124/112	
TGJ		633
	123/131	
BULEN		869

<u>Lösung</u>:
Die Fuel consumption ARD-> TGJ beträgt 633 l – 432 l = <u>201 Liter</u>.
Groundspeed auf diesem Leg ist 202 kts (201,68 bei numerischer Berechnung).
Für die 112 NM werden 33 min 16 sec benötigt.
Fuel consumption TGJ -> BULEN ist 869 l – 633 l = <u>236 Liter</u>.
Groundspeed auf diesem Leg ist 202 kts (202,15 bei numerischer Berechnung).
Für die 131 NM werden 38 min 55 sec benötigt.
Insgesamt 437 l auf 72 min 11sec, das bedeutet als Stundenverbrauch 363,24 l/h.
Groundspeed auf dem Leg BULEN -> TGJ (Gegenwind, TC= 303°) ist 135 kts (135,05).
Für die 131 NM werden 58 min 13 sec benötigt. Fuel consumption ist <u>352,4 Liter</u>.
Die Groundspeed auf dem Leg TGJ-> ARD ist 135 kts (135,36).
Für die 112 NM werden 49 min 47 sec benötigt.
Fuel consumption ist <u>301,4 Liter</u>.

In der Summation ergibt das:
869 l +20 l (turn) + 352,4 l + 301,4 l = <u>1542,8 Liter</u>

Man muss bei dieser Aufgabe beachten, nicht nur die Verbräuche der einzelnen Legs zu addieren sondern auch das Anfangsoffset von 432 Liter zu berücksichtigen.

03 02 00 Treibstoffplanung bei kommerziellen Flügen

Die Berechnungsgrundlagen der Treibstoffmasse für kommerzielle Flüge sind im EU OPS 1 Dokument für Betriebsverfahren definiert und zwar unter OPS 1.255. Wir wollen im Folgenden die Begriffe inklusive des Zusammenhangs erläutern.

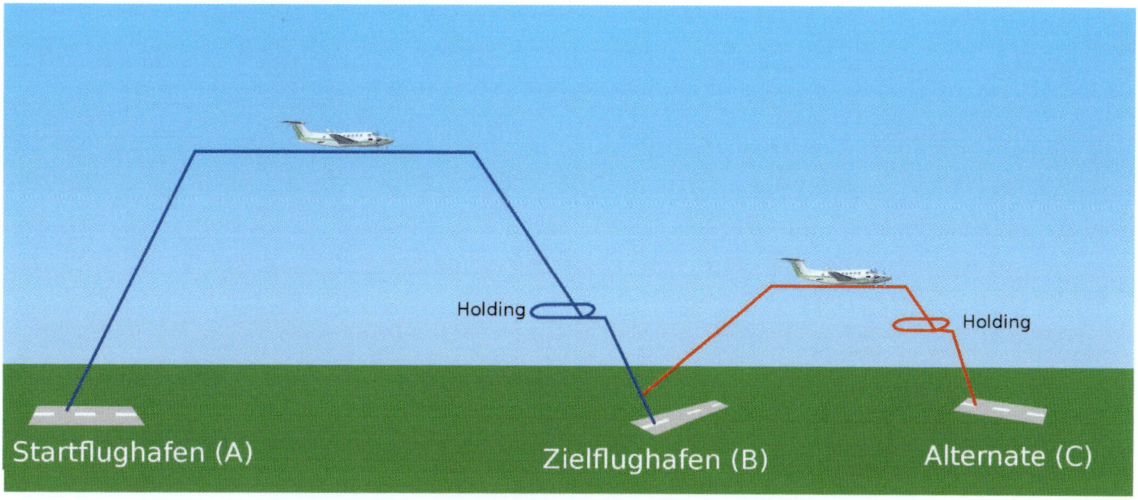

Abbildung 39: Treibstoffszenerio bei OPS 1 (Grafik: KLSP)

Die Überlegungen bei EU OPS gehen von einem Szenario aus, bei dem ein Trip von A nach B geplant ist und gegebenfalls wegen Schlechtwetterbedingungen zum Alternate C ausweichen und eventuell dort noch für eine bestimmte Zeit im Holding warten muss (siehe Abbildung 39). Die Gesamtmasse des Treibstoffs für einen geplanten Flug wird als Block Fuel (zum Teil auch als ramp fuel) bezeichnet. Block Fuel wird als Summe mehrerer Bestandteile geplant. Wir wollen uns die einzelnen Bestandteile näher ansehen.

03 02 01 Taxi Fuel

Der erste Bestandteil ist Taxi Fuel, also die Menge Treibstoff, die für den Rollvorgang zur Startposition geplant ist.

Bei kleineren Flugzeugen mit Kolbentriebwerken ist Taxi Fuel eine überschaubare Größe und fließt im Regelfall mit einer festen Anzahl Litern (z.B. 1 Gallone pro Triebwerk) in die Planung ein, die man im Flugzeughandbuch erfahren kann.

Bei Flugzeugen mit Turbinenantrieb ist Taxi Fuel signifikant größer, da Turbinen auch bei Ground Idle einen gewaltigen Durst haben. Bei der B737 im CAP 697 Dokument wird ein Verbrauch von 11 kg/Minute veranschlagt. Maximal sind 260 kg an Taxi Fuel erlaubt.
Es sei hier erwähnt, dass auch die APU-Turbine ebenfalls Treibstoff verbraucht, solange sie angeschaltet ist. Bei der B737 wird in CAP 697 ein Verbrauch von 115 kg/h angegeben.

03 02 02 Trip Fuel

Trip Fuel (TF) ist die Treibstoffmenge, die für die Flugstrecke vom Startflughafen A zum Zielflughafen B unter den herrschenden Bedingungen (Streckenführung, Wetter) geplant ist. Trip Fuel ist also der Treibstoff, der für Departure, Enroutestrecke, Arrivalstrecke und Approach für den Flug von A nach B insgesamt zu veranschlagen ist.

03 02 03 Reserve fuel und seine Komponenten

Im Block Fuel ist neben der Treibstoffmenge für den Rollvorgang und die Flugstrecke eine Reserve erforderlich, da man eventuell bei Schlechtwetterbedingungen ein Alternate anfliegen und/oder Zeit im Holding verbringen muss.

Reserve Fuel besteht aus den folgenden vier Blöcken:

- Contingency Fuel ist die stille Reserve für den Streckenteil
- Alternate Fuel für die Strecke vom Zielort zum Alternate
- Final Reserve Fuel als letzte Reserve am Alternate z.B. im Holding
- Additional Fuel ist bei bestimmten Betriebsverfahren erforderlich z.B. bei isolierten Flughäfen oder bei Flügen unter ETOPS

Die Reserve kann durch Entscheidung des Kapitäns durch Extra Fuel weiter vergrößert werden, wenn die Crew beim Flug weitere Unwägbarkeiten berücksichtigen will. Zusammen mit Extra Fuel wird die Reservemenge als Total Reserve Fuel bezeichnet.

Die geplante Gesamtmenge an Treibstoff beim Start bezeichnet man als Take-Off Fuel (TOF). Abbildung 40 gibt einen Gesamtüberblick (Aeroplane).

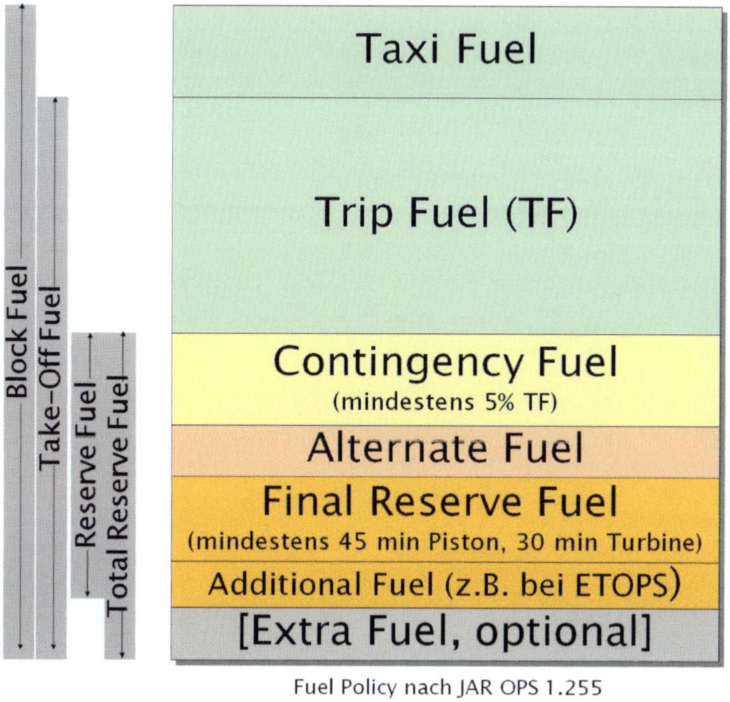

Abbildung 40: Definition der Treibstoffmassen für Aeroplanes nach EU OPS1 (Grafik: KLSP)

Der geplante Treibstoff ist für diese einzelnen Phasen unter allen Umständen fest zugeordnet, d.h. er darf auch während des Fluges zum Beispiel wegen unkalkuliert starkem Gegenwind und Überschreiten der Contingency Fuel Reserve nicht mehr anders zugeordnet werden. Im diesem Fall muss man zum Nachtanken einer näher liegenden Flughafen anfliegen. Kommen wir zu weiteren Details.

Contingency Fuel

Contingency Fuel ist, wie bereits erwähnt, die stille Reserve für den Streckenteil. OPS 1 gibt hierfür eine Vorschrift für die Mindestmenge, nämlich im Regelfall 5 % des Trip Fuels, die bei kommerziellen Flügen in die Planung einfließen muss.

IEM OPS 1.255 (c)(3)(i) gibt Auskunft über die Situationen, die mit dem Vorhandensein von Contingency Fuel zu kompensieren sind:

- Abweichungen von den erwarteten Verbrauchswerten (z.B. erhöhter Verbrauch wegen Fehler in der FADEC-Steuerung der Triebwerke)

- Abweichungen von der Wettervorhersage (z.B. mehr Gegenwind als vorhergesagt)
- Abweichungen von der geplanten Route und/oder Flight Levels bzw. Altitudes (z.B. keine Freigabe für die geplante Reiseflughöhe)

Zitat aus IEM OPS 1.255(c)(3)(i), siehe [8]:
„Contingency Fuel
See JAR-OPS 1.255(c)(3)(i)

1. At the planning stage, not all factors which could have an influence on the fuel consumption to the destination aerodrome can be foreseen. Therefore, contingency fuel is carried to compensate for items such as:
   i. Deviations of an individual aeroplane from the expected fuel consumption data;
   ii. Deviations from forecast meteorological conditions; and
   iii. Deviations from planned routings and/or cruising levels/altitudes."

Die Mengenregelung findet man in OPS 1.255. Sie lautet:

Zitat aus OPS1.255, siehe [6]:
„Contingency Fuel –
Fuel that is not less than 5 % of the planned trip fuel or, in the event of in-flight replanning, 5 % of the trip fuel for the remainder of the flight;„

Tatsächlich wurde diese Regelung auf Drängen der Airlines aufgeweicht, sodass bei bestimmten Bedingungen Contingency Fuel reduziert werden darf. Es gilt:

Zitat aus IEM bei AMC OPS 1.255 Fuel Policy siehe [8]:
„Contingency Fuel, which should be the higher of (a) or (b) below:

a. Either:
   i. 5% of the planned trip fuel or, in the event of in-flight replanning, 5% of the trip fuel for the remainder of the flight; or
   ii. Not less than 3% of the planned trip fuel or, in the event of in-flight replanning, 3% of the trip fuel for the remainder of the flight, provided that an en-route alternate is available according to ACJ OPS 1.295, or
   iii. An amount of fuel sufficient for 20 minutes flying time based upon the planned trip fuel consumption provided that the operator has established a fuel consumption monitoring programme for individual aeroplanes and uses valid data determined by means of such a programme for fuel calculation; or
   iv. An amount of fuel based on a statistical method approved by the Authority which ensures an appropriate statistical coverage of the deviation from the planned to the actual trip fuel. This method is used to monitor the fuel consumption on each city pair/aeroplane combination and the operator uses this data for a statistical analysis to calculate contingency fuel for that city pair/aeroplane combination.

b. An amount to fly for 5 minutes at holding speed at 1 500 ft (450 m) above the destination aerodrome in Standard Conditions."

An der zitierten Stelle gibt es weitere Details zur statistischen Methode, die uns an dieser Stelle aber nicht weiter interessieren.

Alternate Fuel

Alternate Fuel ist die zu planende Menge Treibstoff für die Strecke vom Zielflughafen (B) zum Alternate (C). Die Streckensegmente umfassen dabei den vollständigen Missed Approach, Climb auf das neue Cruise Level, Enroute vom Top of Climb bis zum Top of Descent, Arrivalroute und Approachsegment des Alternates.

Zitat aus [8]:
„1.4 Alternate fuel, which should be sufficient for:

a. A missed approach from the applicable MDA/DH at the destination aerodrome to missed approach altitude, taking into account the complete missed approach procedure;
b. A climb from missed approach altitude to cruising level/altitude;
c. The cruise from top of climb to top of descent;
d. Descent from top of descent to the point where the approach is initiated, taking into account the expected arrival procedure; and
e. Executing an approach and landing at the destination alternate aerodrome selected in accordance with JAR-OPS 1.295 [Alternate innerhalb eines Kreises mit 20 % der Trip distance.].
f. If, in accordance with JAR-OPS 1.295(d), two destination alternates are required, alternate fuel should be sufficient to proceed to the alternate which requires the greater amount of alternate fuel.“

Final Reserve Fuel

Final Reserve Fuel ist die Reserve, die ein Flugzeug am Alternate noch als Reserve in den Tanks haben muss, um eine vorgegebene Mindestflugzeit im Holding verbringen zu können.

- Für Flugzeuge mit Kolbentriebwerken beträgt die Mindestflugzeit 45 Minuten,
- bei Flugzeugen mit Turbinenantrieb 30 Minuten bei Holding Speed in 1.500 ft Höhe über der Elevation des Alternates und bei der geschätzten Inflight Gross Mass im Arrivalsegment.

Zitat aus [8]:
„1.5 Final reserve fuel, which should be:

a. For aeroplanes with reciprocating engines, fuel to fly for 45 minutes; or
b. For aeroplanes with turbine power units, fuel to fly for 30 minutes at holding speed at 1 500 ft (450 m) above aerodrome elevation in standard conditions, calculated with the estimated mass on arrival at the alternate or the destination, when no alternate is required.“

Additional Fuel

Additional Fuel ist immer dann zu ergänzen, wenn es sich um bestimmte Sonderfälle handelt. Dazu zählen

- Flüge zu isolierten Flughäfen (z.B. auf einer abgelegenen Insel oder in einer geografischen Region mit extrem weit voneinander entfernten Flughäfen)
- Flüge nach ETOPS mit langen Streckenabschnitten über Ozeane

Isolated Aerodromes. Ob ein Flughafen isoliert ist oder nicht ist natürlich keine generell beantwortbare Frage sondern hängt von der Reichweite des jeweiligen Flugzeuges ab. Ein Flugzeug ohne Reichweitenbegrenzung kennt keine isolierten Flughäfen. Ein Flughafen ist für ein bestimmtes Flugzeug „isoliert", wenn bei Erreichen des Flughafens die restliche Treibstoffmenge an Bord nicht mehr ausreicht, um irgendeinen Alternate zu erreichen, der in diesem Fall natürlich weiter entfernt liegen muss als 20 % der Strecke, ansonsten wäre es ein generelles Reichweitenproblem des Flugzeugs.
Der Grund bzw. Nutzen von Addition Fuel liegt darin, dass der Zielflughafen zeitweise nicht anfliegbar sein könnte z.B. wegen eines verunglückten Flugzeugs auf der Rollbahn oder einem Gewitter direkt über dem Flughafen. Additional Fuel nutzt dagegen wenig, wenn der Flughafen wegen dauerhaftem Schlechtwetter nicht anfliegbar ist, man denke etwa an Narsarsuaq auf Grönland.
Die Berechnung der Treibstoffmenge und des Additonal Fuel erfolgt anders als im Normalfall. Neben der geänderten Berechnung der Treibstoffmenge für diesen Sonderfall, schreibt EU OPS 1 das Verfahren vor, nach der die Crew die Entscheidung zu fällen hat, ob sie den isolierten Flughafen anfliegen soll oder nicht. Wir behandeln den Fall unter Punkt 03 03 02 genauer.

ETOPS. Bei Flügen nach ETOPS (Extended-Range Twin Operating Performance Standards) geht es darum, mit zweistrahligen Transportflugzeugen Streckenführungen zum Beispiel über Atlantik oder Pazifik nutzen zu dürfen, bei denen die an der Strecke liegenden Ausweichflughäfen im Fall eines Triebwerkschadens weiter als eine Stunde Flugzeit (unter One Engine Inoperative Bedingungen) entfernt liegen. Die Genehmigung dazu wird nur unter bestimmten Auflagen erteilt, eine davon ist das Mitführen von Additional Fuel. Auch diesen Fall werden wir weiter unten im Abschnitt ETOPS Verfahren auf Seite 93 genauer behandeln.

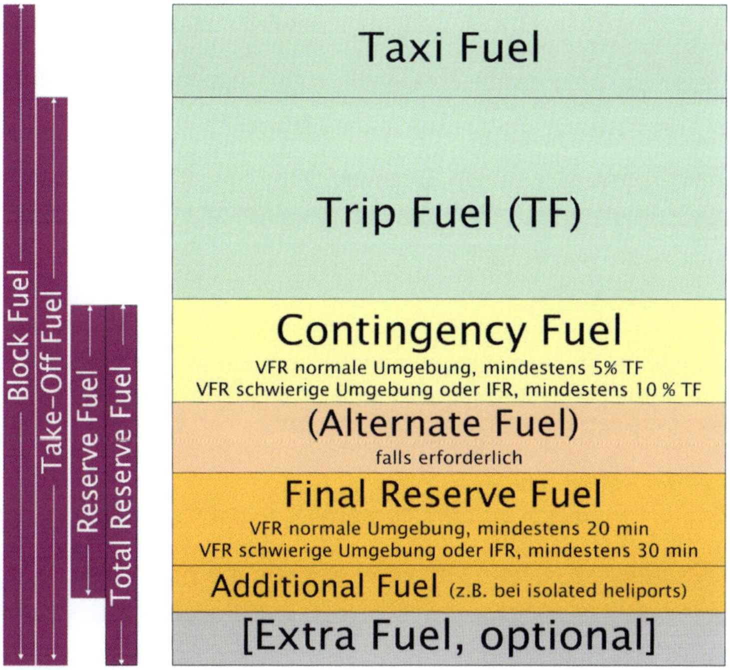

Abbildung 41: Definition der Treibstoffmassen für Helicopter nach JAR OPS 3.255 (Grafik: KLSP)

Contingency Fuel (Helicopter)

Contingency Fuel hat für Helikopterflüge dieselbe Bedeutung wie für kommerzielle Flüge von Flugzeugen.

Zitat aus IEM OPS 3.255(c)(3)(i), siehe [10]:
„Contingency Fuel
See JAR-OPS 3.255(c)(3)(i)

1. At the planning stage, not all factors which could have an influence on the fuel consumption to the destination heliport can be foreseen. Therefore, contingency fuel is carried to compensate for items such as:
   i. Deviations of an individual helicopter from the expected fuel consumption data;
   ii. Deviations from forecast meteorological conditions; and
   iii. Deviations from planned routings and/or cruising levels/altitudes."

Die zu planende Menge Contingency Fuel ist für Helikopter etwas anders vorgeschrieben. Für IFR-Flüge und VFR-Flüge in schwieriger Umgebung (engl. hostile environment) gilt: 10 % des Trip Fuels.

Bei VFR-Flügen in normaler Umgebung gilt: 5 % des Trip Fuels.

Zitat aus AMC OPS 3.255 Fuel Policy See JAR-OPS 3.255, siehe [10]:
„1.3 Contingency Fuel, which should be:
a. For IFR flights, or for VFR flights in a hostile environment, 10% of the planned trip fuel; or
b. For VFR flights in a non-hostile environment, 5% of the planned trip fuel;“

Alternate Fuel (Helicopter)

Die Bedeutung von Alternate Fuel ist identisch mit der bei Flugzeugen.

Zitat aus [10]:
„1.4 Alternate fuel, which should be:
a. Fuel for a missed approach from the applicable MDA/DH at the destination heliport to missed approach altitude, taking into account the complete missed approach procedure;
b. Fuel for a climb from missed approach altitude to cruising level/altitude;
c. Fuel for the cruise from top of climb to top of descent;
d. Fuel for descent from top of descent to the point where the approach is initiated, taking into account the expected arrival procedure; and
e. Fuel for executing an approach and landing at the destination alternate heliport selected in accordance with JAR-OPS 3.295.
f. For helicopters operating to or from helidecks located in a hostile environment, 10% of a. to e. above.“

Alternate Fuel ist in der Planung dann zu berücksichtigen, falls ein Alternate erforderlich ist.

Zitat aus JAR-OPS 3.255 Fuel policy (c)(3)(ii):
„Alternate fuel, if a destination alternate is required (This does not preclude selection of the departure heliport as the destination alternate);“

Final Reserve Fuel (Helicopter)

Final Reserve Fuel ist die Reserve, die ein Helicopter am Alternate oder am Zielort noch als Reserve in den Tanks hat.

- Sie beträgt bei VFR-Flügen am Tag und ausreichender Sicht <u>20 Minuten</u> restliche Mindestflugzeit.
- Bei VFR-Flügen bei nicht ausreichender Sicht, bei Nacht oder bei IFR-Flügen beträgt sie mindestens <u>30 Minuten</u> in 1.500 ft Höhe über dem Heliport, bei Holding speed und der für das Arrival geschätzten Masse.

Final reserve fuel, which should be:
a. For VFR flights navigating by day with reference to visual landmarks, 20 minutes fuel at best range speed; or
b. For IFR flights or when flying VFR and navigating by means other than by reference to visual landmarks or at night, fuel to fly for 30 minutes at holding speed at 1 500 ft (450 m) above the destination heliport in standard conditions calculated with the estimated mass on arrival above the alternate, or the destination, when no alternate is required.

Additional Fuel (Helicopter)

Ähnlich wie bei Flugzeugen wird für Flüge zu isolierten Heliports (isolated heliports) Additional Fuel geplant, d.h. falls kein Alternate vorhanden ist, plant man wie folgt:

- Taxi Fuel
- Trip Fuel
- Contingency Fuel
- Additional Fuel, bei Turbinenantrieb nicht weniger Treibstoff als für zwei Stunden Flugzeit bei normaler Cruisegeschwindigkeit über dem Zielort benötigt wird, beim Kolbentriebwerk Treibstoff für 45 Minuten plus 15 % der Streckenflugzeit.

03 02 04 Extra Fuel

Sofern weitere Unwägbarkeiten meteorologischer oder sonstiger Art existieren, die zu einer unsicheren Situation am Zielort führen können, hat der Captain oder Commander des Luftfahrzeugs das Recht, zusätzlich zur normalen Treibstoffplanung Extra Fuel einzuplanen. Die Entscheidung hierüber obliegt allein ihm (im Englischen: „the decision is at the captain's discretion"), weshalb man diesen Bestandteil auch ‚Captain's Discretion' nennt.

03 02 05 Berechnung der Treibstoffgesamtmenge (Fuel log)

Am Ende der Treibstoffberechnung steht die Summenbildung aller genannten und für den jeweiligen Fall anzuwendenden Bestandteile, die man für den geplanten Flug in einem Fuel Log zusammenfasst. Entsprechend dem Fuel Log erfolgt das Betanken des Luftfahrzeugs. Der Fuel Log lässt sich später im Flug für das Fuel Monitoring nutzen, wie wir in Kapitel 6 (Flugmonitoring) noch sehen werden.

> Beispiel: Ein Turbinen-Transportflugzeug plant eine Stecke mit 2,5 h. Es verbraucht im Cruise 4.000 kg/h. In der Warteschleife sind es 2.140 kg/h. Taxi Fuel 60 kg. Alternate Fuel 750 kg. Contingency Fuel wird mit 5 % TF geplant. Wie groß ist die Block fuel Menge?

Taxi Fuel	60 kg
Trip Fuel	10.000 kg (2,5h *4.000 kg/h)
Contingency Fuel	500 kg
Alternate	750 kg
Final reserve fuel	1.070 kg (0,5h*2.140 kg/h)
Total Block fuel	12.380 kg

03 03 00 Besondere Prozeduren bei der Treibstoffplanung

03 03 01 Entscheidungspunktverfahren (Decision Point Procedure)

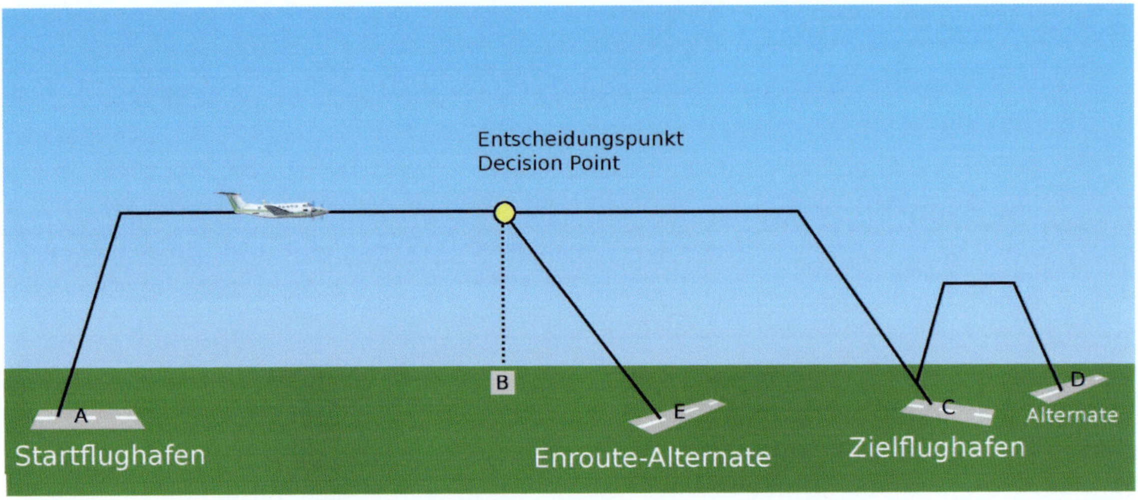

Abbildung 42: Decision Point Procedure (Grafik: KLSP)

Das Entscheidungspunktverfahren (engl. Decision Point Procedure, Abk. DPP) ermöglicht bei einem Langstreckenflug, die nach OPS 1 für den Normalfall vorgeschriebene Treibstoffmenge zu reduzieren. Die Situation ist dabei, dass man den Flug ohne die Reduktion nicht durchführen könnte. Bei DPP plant man daher eine kürzere Strecke von A zu einem Enroute-Alternate E (siehe Abbildung 42), für das man ausreichend Reservetreibstoff an Bord hat (3 % Contingency Fuel für die Strecke A->E). Am Decision Point, d.h. am TOD für Flughafen E entscheidet man dann während des Fluges, ob man hinreichend Reservetreibstoff hat, um das eigentliche Ziel C zu erreichen. Falls man während des Fluges die Contingency Fuel Menge nicht nutzen musste, wird dies der Fall sein.

Gemäß Vorgaben in AMC OPS 1.255 ist bei diesem Verfahren der größere Wert folgender beiden Summen F_1 und F_2 als Block Fuel zu planen:

$$F_1 = Taxi_A + Trip_{AC} + 5\%Trip_{BC} + Alternate_{CD} + Holding_D$$
$$F_2 = Taxi_A + Trip_{AE} + 3\%Trip_{AE} + Holding_E$$

Formal zzgl. Additional Fuel und Extra Fuel, obwohl unter den genannten Umständen wenig sinnvoll. Wenn das Enroute-Alternate nahe an der Strecke liegt, wird F_1 der größere Wert sein. Aus der Summe lässt sich ablesen, dass man gegenüber einer regulä-

ren Planung 5% $Trip_{AB}$ spart, also das normale Contingency Fuel für diesen Streckenabschnitt.
Das Decision Point Verfahren wird zum Teil auch genutzt, um die Nutzlast eines Flugzeugs zu erhöhen, was eigentlich nicht der Sinn des Verfahrens ist.

03 03 02 Verfahren für isolierte Flughäfen (Isolated aerodrome procedure)

Beim Verfahren für isolierte Flughäfen (engl. isolated aerodrome procedure) ist ein Alternate nicht vorhanden bzw. für das Luftfahrzeug ab einem bestimmten Raum-Zeit-Punkt nicht mehr erreichbar. Da es kein Alternate gibt, gibt es auch kein Alternate Fuel. Final Reserve Fuel wird in diesem Fall mit dem Additional Fuel zusammengelegt, d.h. man plant außer dem Streckenteil für den Zeitraum ab Erreichen des Zielflughafens zusätzlich direkt die Gesamtmenge an Additional Fuel nach folgender Mindestvorgabe:

- Für Flugzeuge mit Kolbentriebwerken Treibstoff für 45 Minuten plus 15 % der Streckenflugzeit im Cruising Level oder zwei Stunden, was immer weniger ist;
- Für Flugzeuge mit Turbinenantrieb Treibstoff für zwei Stunden bei normalen Verbrauch im Cruiseteil der Strecke.

Zitat aus [8]:
„3 Isolated aerodrome procedure.
If an operator's fuel policy includes planning to an isolated aerodrome for which a destination alternate does not exist, the amount of fuel at departure should include:
3.1 Taxi Fuel;
3.2 Trip Fuel;
3.3 Contingency Fuel calculated in accordance with sub-paragraph 1.3 above;
3.4 Additional Fuel if required, but not less than:
a. For aeroplanes with reciprocating engines, fuel to fly for 45 minutes plus 15% of the flight time planned to be spent at cruising level, or two hours, whichever is less; or
b. For aeroplanes with turbine engines, fuel to fly for two hours at normal cruise consumption after arriving overhead the destination aerodrome, including final reserve fuel; and
3.5 Extra Fuel if required by the commander."

Zitat AMC to Appendix 1 to JAR-OPS 1.375(b)(2):
„Flight to an isolated aerodrome
When approaching the last possible point of diversion to an available en-route aerodrome, unless the fuel expected to remain overhead the isolated aerodrome is at least equal to the Additional Fuel calculated as being required for the flight, or unless two separate runways are available at the isolated aerodrome and the expected weather conditions at that aerodrome comply with those specified for planning in JAR-OPS 1.297(b)(2), the commander should not proceed to the isolated aerodrome. In such circumstances, the commander should instead proceed to the en-route alternate unless according to information he has at that time, such a diversion appears inadvisable."

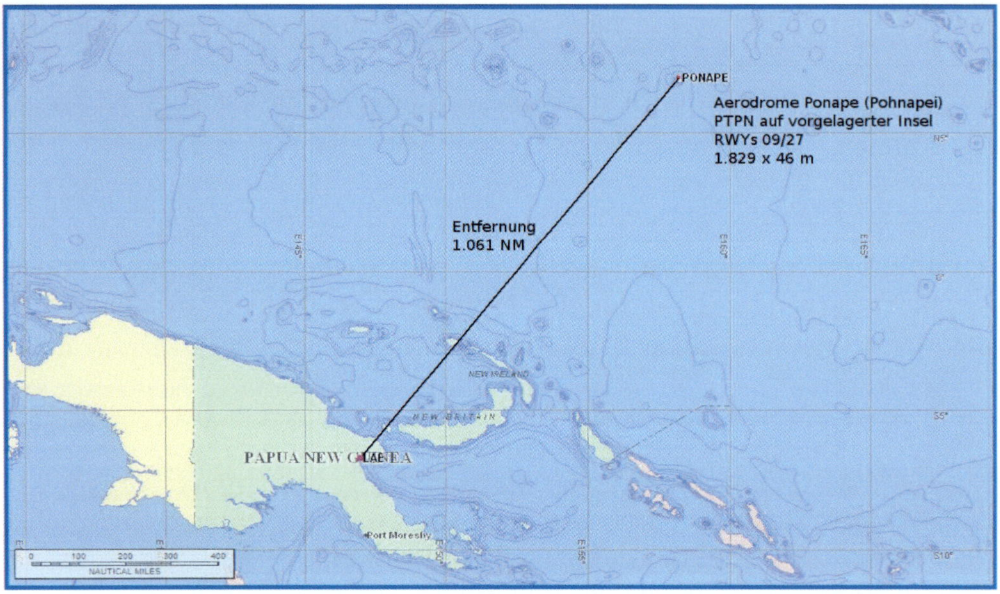

Abbildung 43: Beispiel eines isolierten Flughafens im Pazifik (Grafik: KLSP)

Beispielaufgabe: Sie planen einen kommerziellen Flug von Lae in Neuguinea zur Insel Ponape (Pohnapei) mit einem Very Light Jet, der unter den geplanten Bedingungen eine maximale Reichweite von 1.380 NM hat. Als Trip Fuel errechnen Sie 285 Gallonen Kerosin für die Stecke von 1.061 NM, wobei im Cruise 92 Gal/h verbraucht werden. Die maximal nutzbare Treibstoffmenge beträgt 410 Gallonen Take-off Fuel. Dürfen Sie den Flug durchführen?

Lösung:

Trip Fuel: 285 Gallonen

Contingency Fuel (5 %): 285 Gallonen *0,05 = 14,25 Gallonen

Additional Fuel (2 h bei Cruiseverbrauch) = 184 Gallonen

Total Fuel (benötigt): 483,25 Gallonen, die Antwort ist daher nein.

03 03 03 Verfahren für zwei Flughäfen mit gemeinsamem Wegpunkt (Pre-determined point procedure)

Beim Verfahren mit gemeinsamem Wegpunkt (engl. Pre-determined point procedure) lässt sich sowohl der Zielflughafen als auch der Alternate nur über einen ganz bestimmten Wegpunkt erreichen. Man geht dann davon aus, dass die Entscheidung für den Weiterflug zum Zielort oder zum Alternate an diesem Punkt getroffen wird (siehe Abbildung 44). Das Szenario wird quasi so behandelt wie zwei isolierte Flughäfen. Bei der Treibstoffplanung nimmt man den größten Wert der beiden Einzelrechnungen.

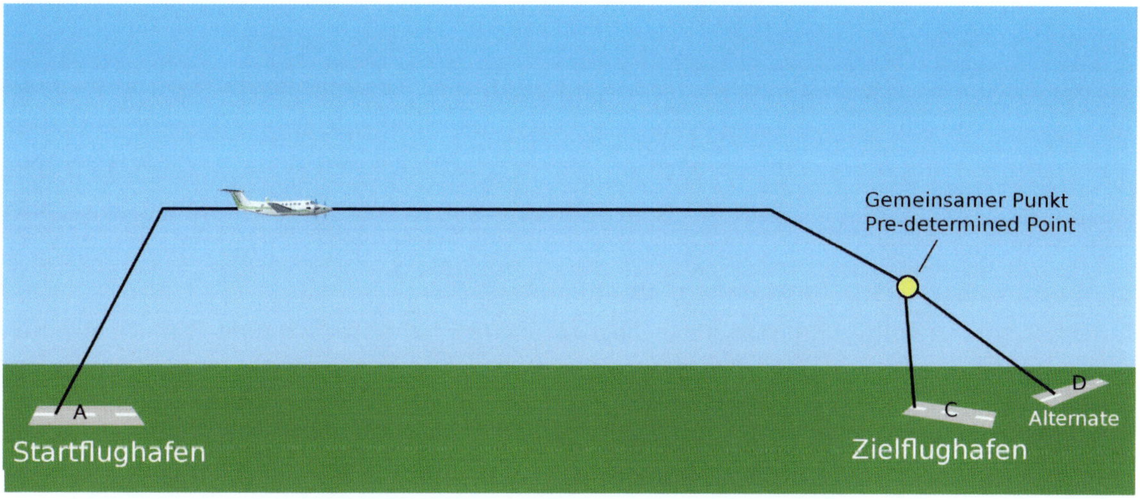

Abbildung 44: Pre-determined Point (Grafik: KLSP)

Zitat aus [8]:
„Pre-determined point procedure.
If an operator's fuel policy includes planning to a destination alternate where the distance between the destination aerodrome and the destination alternate is such that a flight can only be routed via a predetermined point to one of these aerodromes, the amount of fuel should be the greater of 4.1 or 4.2 below:

4.1 The sum of:
a. Taxi Fuel;
b. Trip Fuel from the departure aerodrome to the destination aerodrome, via the predetermined point;
c. Contingency Fuel calculated in accordance with sub-paragraph 1.3 above;
d. Additional Fuel if required, but not less than:
   i. For aeroplanes with reciprocating engines, fuel to fly for 45 minutes plus 15% of the flight time planned to be spent at cruising level or two hours, whichever is less; or
   ii. For aeroplanes with turbine engines, fuel to fly for two hours at normal cruise consumption after arriving overhead the destination aerodrome, including Final Reserve Fuel; and
e. Extra Fuel if required by the commander; or

4.2 The sum of:
a. Taxi Fuel;
b. Trip Fuel from the departure aerodrome to the alternate aerodrome, via the predetermined point;
c. Contingency Fuel calculated in accordance with sub-paragraph 1.3 above;
d. Additional Fuel if required, but not less than:
   i. For aeroplanes with reciprocating engines: fuel to fly for 45 minutes; or
   ii. For aeroplanes with turbine engines: fuel to fly for 30 minutes at holding speed at 1 500 ft (450 m) above aerodrome elevation in standard conditions; including Final Reserve Fuel; and
e. Extra Fuel if required by the commander."

03 03 04 Bunkern von Treibstoff (Fuel tankering)

Das Bunkern von Treibstoff (engl. fuel tankering), d.h. das Mitnehmen von Extra Fuel über die vorgeschriebene Menge hinaus, kann ökonomisch sinnvoll sein, falls der Treibstoffpreis inklusive aller Steuern an einem Startflughafen A im Vergleich zu den Kosten am nächsten Zielflughafen B extrem günstig ist wie z.B. in Dschidda, Saudi Arabien. Es lässt sich die Frage stellen unter welchen Bedingungen sich Fuel Tankering lohnt und welche Treibstoffmenge man bunkern sollte.

Zunächst einmal sollte klar sein, dass man für Extra Fuel natürlich eine Penalty in Form des Mehrverbrauchs und seiner Kosten bezahlt. Ein ökonomischer Vorteil entsteht folglich erst jeweils oberhalb einer Hürde. Je höher die Preisdifferenz, desto eher lohnt es sich auch bei einer größeren Strecke. Falls die Preisdifferenz zu gering oder die Strecke zu groß ist, dann wird es sich allerdings nicht mehr rechnen. Im Regelfall sind tabellarische Aufstellungen oder Diagramme im Aeroplane Operating Handbook zu finden.

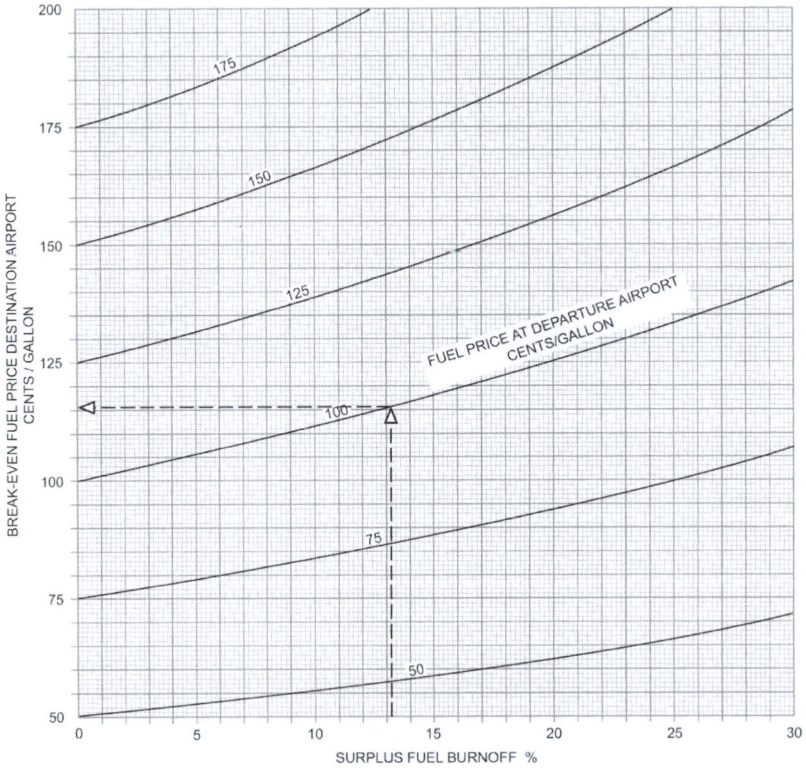

Abbildung 45: Diagramm zum Fuel Tankering (Quelle: aus [4])

Abbildung 45 gibt ein Diagramm aus CAP 697 wieder, bei dem das Preisverhältnis in Abhängigkeit des Mehrverbrauchs (Surplus) dargestellt ist. Im Pfeilbeispiel lohnt sich Fuel Tankering dann, wenn der Preis am Zielflughafen um mehr als 16 % teurer ist. Dabei erhält man der Surplus-Wert, im Beispiel 13,2 %, aus einem zweiten Diagramm als Funktion von Entfernung und Landegewicht.

03 03 05 Verfahren für isolierte Heliports (Isolated heliport procedure)

Beim Verfahren für isolierte Heliports (engl. isolated heliport procedure) ist ein Alternate nicht vorhanden bzw. für den Helicopter ab einem bestimmten Raum-Zeit-Punkt nicht mehr erreichbar. Das Verfahren für isolierte Heliports wie beispielsweise solche auf weit von der Küste entfernt liegenden Ölförderplattformen ist in AMC OPS 3.255 definiert.

Zitat aus AMC OPS 3.255:

„2 Isolated heliport IFR procedure.
If an operator's fuel policy includes planning to an isolated heliport flying IFR, or when flying VFR and navigating by means other than by reference to visual landmarks, for which a destination alternate does not exist, the amount of fuel at departure should include:
   a. Taxi Fuel;
   b. Trip Fuel;
   c. Contingency Fuel calculated in accordance with sub-paragraph 1.3 above;
   d. Additional Fuel to fly for two hours at holding speed including final reserve fuel; and
   e. Extra Fuel at the discretion of the commander.

3 Sufficient fuel should be carried at all times to ensure that following the failure of a power unit which occurs at the most critical point along the route, the helicopter is able to:
   a. Descend as necessary and proceed to an adequate heliport; and
   b. Hold there for 15 minutes at 1 500 ft (450 m) above heliport elevation in standard conditions; and
   c. Make an approach and landing. (See IEM OPS 3.500(a)(5) and IEM OPS 3.530(a)(5)).“

ETOPS Verfahren[6]

Beim ETOPS Verfahren geht es ähnlich wie im Fall eines isolierten Flughafens darum, Additional Fuel zu berechnen. Allerdings werden folgende kritische Szenarien bei der Treibstoffplanung mit berücksichtigt:

- Druckverlust der Kabine am kritischen Punkt
- Druckverlust der Kabine und Triebwerksausfall eines kritischen Triebwerks am kritischen Punkt

---

[6] Kein Bestandteil des Syllabus 033. Wegen der Bedeutung in der Praxis wurde dieser Punkt ergänzt.

Der kritische Punkt[7] ist dabei der Punkt auf der Flugroute, der am weitesten von den jeweils erreichbaren Enroute-Alternates entfernt ist (siehe Abbildung 46). Die Entfernung kann dabei bis zu maximal 180 Minuten bei OEI Cruisespeed reichen, abhängig von der ETOPS-Zulassung des Flugzeugs für die jeweils betroffene Strecke.

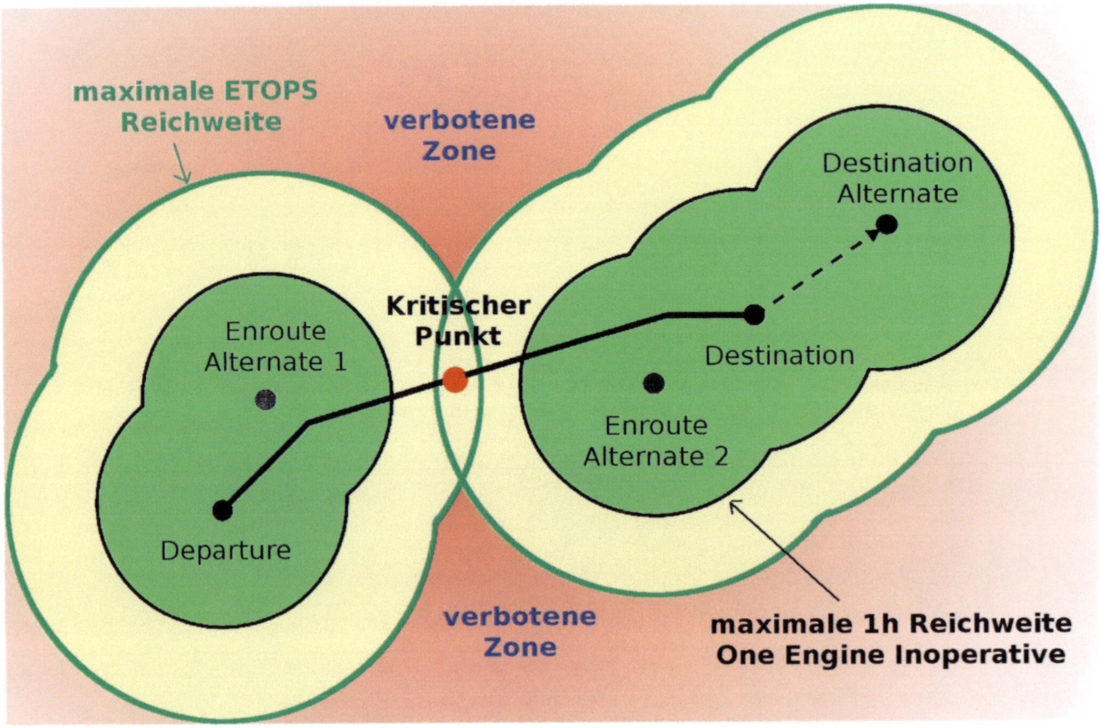

Abbildung 46: Kritischer Punkt bei ETOPS (Grafik: KLSP)

Falls eins der genannten kritischen Szenarien Wirklichkeit wird, muss das nach ETOPS zugelassene Flugzeug mindestens folgendes Verfahren realisieren können:

- Sinkflug auf FL100 (Downdrift oder Emergency Descent)
- Weiterflug auf diesem Cruise Level in Richtung Enroute-Alternate
- Sinken auf 1.500 ft beim Anflug auf den Flughafen
- Warten im Holding für mindestens 15 Minuten
- Ggf. einen Missed Approach abfliegen und
- einen zweiten Anflug durchführen
- Landen.

[7] Siehe auch ‚Kritischer Punkt bei ETOPS (CP)' auf Seite 159.

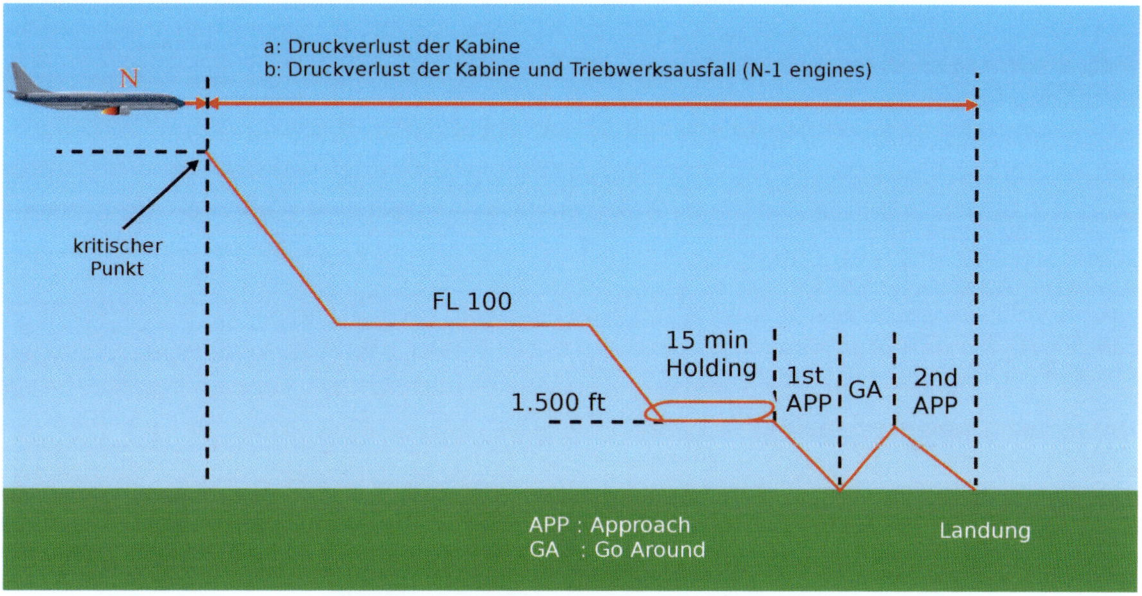

Abbildung 47: ETOPS-Verfahren (Grafik: KLSP)

An Treibstoff muss für einen ETOPS-Flug folgende Mindestmenge geplant werden. Der größere Wert einer Standardtreibstoffplanung für dieselbe Flugstrecke und der ETOPS-Treibstoffmenge, die wie folgt zur berechnen ist:

- Taxi Fuel
- Trip Fuel vom Abflugort bis zum kritischen Punkt (all engines operative)
- Trip Fuel vom kritischen Punkt zum passenden Enroute Alternate,
- Folgende Reserven für die kritischen Szenarien:
    - 5 % Trip Fuel für unvorhersehbare Wetteränderungen
    - 5 % Trip Fuel (oder ein anderer nachgewiesener Faktor) zur Kompensation der schlechteren Flugleistung
    - Weitere x % Trip Fuel (x abhängig vom Flugzeugtyp) zur Kompensation des Mehrverbrauchs bei Anti-Icing Betrieb
    - APU Treibstoffverbrauch, sofern die APU im Notfall verwendet wird
    - Treibstoff für 15 Minuten im Holding in 1.500 ft
    - Treibstoff für das jeweils relevante Missed Approach Verfahren
    - Treibstoff für den zweiten Approach inklusive Landung

Standardtreibstoffberechnung

Die Berechnung der Treibstoffmenge in einem Standardfall bietet in Aufgabenstellungen wenig Spielraum für Variationen, sodass solche Aufgaben allesamt ähnlich zu lösen sind, in dem man die Größen geordnet zusammenstellt und daraus die zu berechnende Größe ermittelt.

> Beispiel:
> Gegeben sind folgende Werte
> Dry Operating Mass = 33.510 kg
> Traffic Load = 7.600 kg
> Trip Fuel= 2.040 kg
> Final Reserve Fuel = 983 kg
> Alternate Fuel = 1.100 kg
> Contingency Fuel = 5 % TF
> Wie groß ist die voraussichtliche Landemasse am Zielort?
> Lösung:
> Am Zielort wird man das Trip Fuel verbraucht haben, bei der Landemasse muss man folglich nur allen anderen Größen aufaddieren.
> 33.510 + 7.600 + 1.100 + 983 + 102 = 43.295 kg

> Beispiel:
> Gegeben sind folgende Werte
> Dry Operating Mass = 33.510 kg
> Traffic Load = 7.600 kg
> Final Reserve Fuel = 983 kg
> Alternate Fuel = 1.100 kg
> Contingency Fuel = 102 kg
> Wie groß ist die voraussichtliche Landemasse am Alternate?
> Lösung:
> Das hier das Trip Fuel null ist, soll uns nicht weiter stören, man stelle sich die Situation am Ende des Trips vor, bei der man das Contingency Fuel nicht verbraucht hat.
> Am Alternate wird man das Alternate Fuel verbraucht haben, bei der Landemasse muss man folglich nur allen anderen Größen aufaddieren.
> 33.510 + 7.600 + 983 + 102 = 42.195 kg

Da sich vielfach die Prüfungsfragen auf der Basis der in CAP 697 vorhandenen Daten und Diagramme beziehen, wollen wir im folgenden einen kleinen Überblick geben ohne gleich das komplette Dokument der englischen CAA Behörde zu wiederholen. Die Unterlagen enthalten für jeden der drei Flugzeugtypen SEP (Piper Lance), MEP (Piper Navajo) und MRJT (B737-400) jeweils die maximale Treibstoffmenge, Verbrauchsmengen bei Taxi, Climb und Descent, Verbrauchsmengen im Cruise bei bestimmten Power- und Schubsettings sowie Altitudes und atmosphärischen Bedingungen und Diagramme mit denen man relativ einfach die jeweilige Treibstoffplanung durchführen kann.

Musterberechnungen beim Single Engine Piston (SEP)

Abbildung 48: Piper PA-32R Lance (Quelle: Wikipedia Commons)

Exkurs PA-32: Das erste Modell der Piper PA-32 wurde 1965 als Piper Cherokee Six mit einem 260 PS Lycoming O-540-E Triebwerk und festem Fahrwerk herausgebracht. Es folgte 1966 die PA-32-300 mit stärkerem 300 PS Triebwerk. 1967 erschien die PA-32R Variante mit Einziehfahrwerk, die man als Piper Lance bezeichnete. Aus der Piper Lance entstand 1980 als überarbeitete Variante die Piper Saratoga, deren Produktion 1985 eingestellt wurde. Nach dem General Aviation Revitalization Act von 1994 brachte New Piper das Flugzeug 2003 als Piper 6X und 6XT noch einmal auf den Markt, stellte aber die Produktion 2007 wegen fehlendem Kundeninteresse wieder ein.

Das SEP Flugzeug (Piper Lance) hat ein maximales Treibstoffvolumen von 74 US Gallonen, respektive 280 Liter. Der Dichtewert für den Avgas-Treibstoff wird für alle Aufgaben mit 6 lb/US Gal festgelegt, was in metrischen Einheiten einem Wert von 0,719 kg/Liter entspricht.

Time, Fuel, Distance Aufgabe

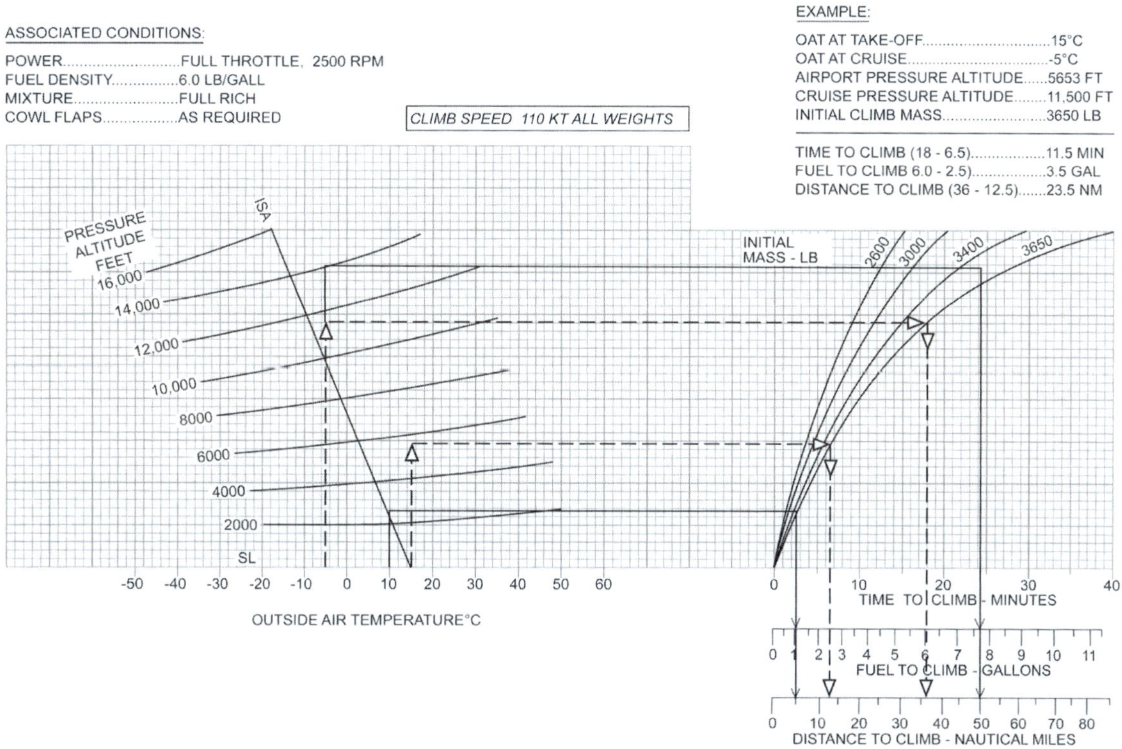

Abbildung 49: Steigflugzeit, Verbrauch, Entfernung (Quelle: aus [4], SEP Fig 2.1)

<u>Beispiel</u>:

Verwenden Sie SEP fig. 2.1 aus CAP 697 (siehe Abbildung 49).

Gegeben:

Aerodrome elevation: 2.500 ft

OAT +10 °C

Startmasse 3.500 lb

Steigen auf FL 140 (OAT -5 °C)

Wie groß sind Steigflugzeit, Verbrauch und zurückgelegte Strecke?

<u>Lösung</u>:

Man liest im Diagramm (siehe Abbildung 49) die Werte zu 14.000 ft/-5°C und 2.500 ft/ 10°C ab und bildet die Differenz. Wie im Pfeilbeispiel dargestellt, sind die Werte für den „Steigflug“ zur Elevation abzuziehen.

Die Werte der Aufgabe sind als durchgezogene Linien eingezeichnet.

Bei 14.000 ft / -5°C abgelesene Werte: 24,5 min / 7,7 Gal / 50 NM

> Bei 2.500 ft / 10 °C abgelesene Werte: 2,5 min / 1,1 Gal / 5 NM
> Abziehen ergibt 22 min, 6,6 Gal, 45 NM.
> Angeblich richtiges Ergebnis laut [1]: 22 min, 6,5 Gallonen, 46 NM.

Cruise Aufgabe

Für den Cruise gibt es vier Tabellen mit Manifold pressure, Fuel flow und Airspeed, wobei jede Tabelle zu einem bestimmten Powersetting (Ladedruck/RPM) gehört:

- 25.0 inch Ladedruck oder Vollgas; 2500 RPM
- 25.0 inch Ladedruck oder Vollgas; 2100 RPM
- 23.0 inch Ladedruck oder Vollgas; 2300 RPM
- 21.0 inch Ladedruck oder Vollgas; 2100 RPM

Die Tabellen sind in drei Temperaturbereiche geteilt, oben ISA -20°C, in der Mitte ISA 0°C und unten ISA +20°C. Die Werte sind für Altitudes in 2.000 ft Stufen vorhanden. Der schattierte Bereich stellt Vollgaswerte dar. Korrekte Zwischenwerte lassen sich durch Interpolation errechnen, was bei der Lösung von Prüfungsaufgaben auch erwartet wird.

> Beispiel:
> Nutzen Sie SEP fig. 2.2.3:
> Gegeben: FL75, OAT +10 °C, Lean Mixture, 2.300 RPM.
> Finden Sie den Fuel Flow in Gal/h und die TAS.
> Lösung:
> ISA-Abweichung ermitteln: ISA = 15 - 7,5*2 = 0 °C, ISA Abweichung: ISA +10 °C.
> Ablesen bei ISA+0 für für 6.000 + 8.000 ft: 12/11,9 und 159/160.
> Interpolieren für 7.500 ft ergibt: 11,925 und 159,75.
> Ablesen bei ISA+20 für 6.000 + 8.000 ft: 11,5/11,4 und 158/160.
> Interpolieren für 7.500 ft ergibt: 11,425 und 159,5.
> Interpolieren für 10 °C ergibt: 11,675 Gal/h + 159,625 KTAS.

Table 2.2.3 **23.0 in. Hg (or full throttle) @ 2,300 rpm**
Off-peak EGT Cruise lean mixture @ cruise weight 3,400 lb

ISA Dev.	Press. Alt.	IOAT		Man. Press.	Fuel Flow		Airspeed	
°C	Feet	°C	°F	In. Hg	PPH	GPH	KIAS	KTAS
-20	0	-3	26	23.0	67.6	11.3	152	144
	2,000	-7	20	23.0	69.7	11.6	152	149
	4,000	-11	13	23.0	72.1	12.0	153	154
	6,000	-15	6	23.0	74.4	12.4	153	158
	8,000	-18	-1	22.4	73.8	12.3	150	160
	10,000	-23	-9	20.7	68.4	11.4	143	157
	12,000	-27	-16	19.2	63.8	10.6	135	153
	14,000	-31	-23	17.8	60.0	10.0	127	148
	16,000	-35	-31	16.4	56.3	9.4	117	141
0	0	17	62	23.0	65.4	10.9	147	145
	2,000	13	56	23.0	67.4	11.2	147	149
	4,000	9	49	23.0	69.4	11.6	148	154
	6,000	5	42	23.0	71.7	12.0	148	159
	8,000	2	35	22.4	71.1	11.9	145	160
	10,000	-3	27	20.7	66.2	11.0	137	157
	12,000	-7	20	19.2	61.8	10.3	129	152
	14,000	-11	13	17.8	58.5	9.8	120	146
	16,000	-15	5	16.4	55.3	9.2	109	137
+20	0	37	98	23.0	63.2	10.5	142	145
	2,000	33	92	23.0	65.1	10.9	143	149
	4,000	29	85	23.0	67.1	11.2	143	154
	6,000	25	78	23.0	69.0	11.5	142	158
	8,000	22	71	22.4	68.5	11.4	140	160
	10,000	17	63	20.7	64.0	10.7	132	156
	12,000	13	56	19.2	60.0	10.0	123	151
	14,000	9	48	17.8	57.1	9.5	113	142
	16,000	-	-	-	-	-	-	-

Abbildung 50: Cruise Tabelle SEP (Quelle: aus [4])

Range Aufgabe

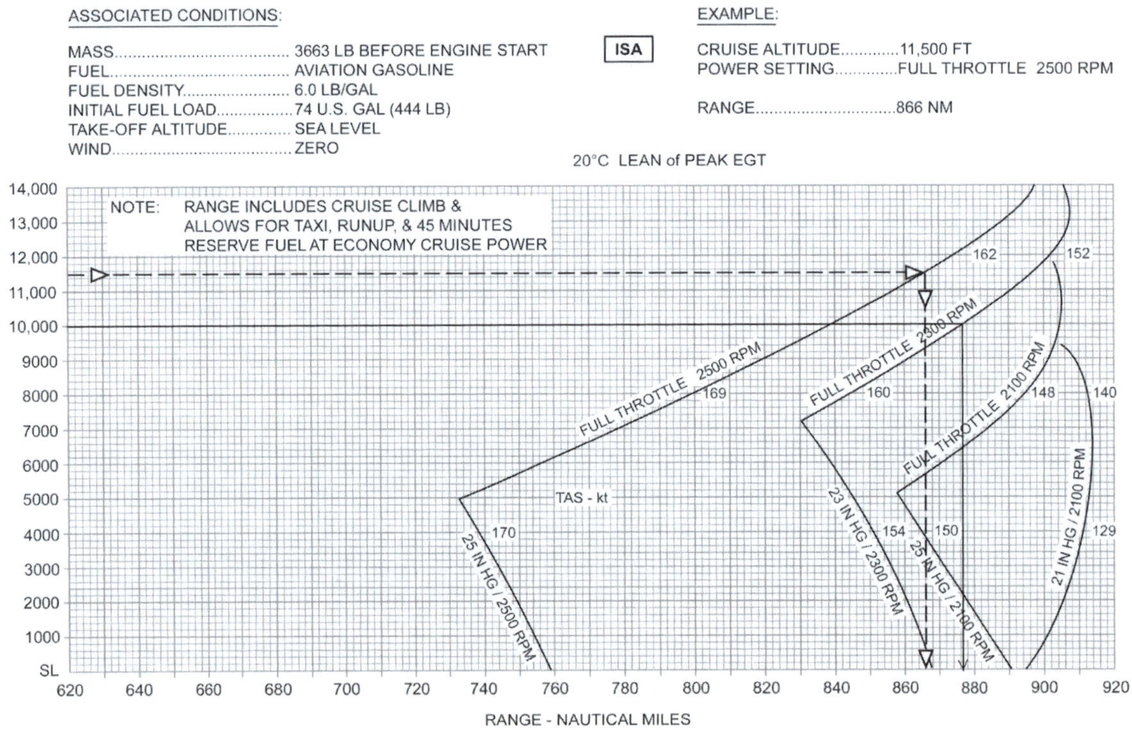

Abbildung 51: SEP Range Diagramm (Quelle: aus [4])

Das Range Diagramm ermöglicht die Bestimmung der maximalen Reichweite des SEP Flugzeugs ohne Wind bei einer Startmasse von 3663 lb, vollen Tanks (74 Gal) und dem Start auf Meereshöhe unter ISA-Bedingungen. Die TAS-Werte sind an den jeweiligen Kurven bei 4.000, 8.000 und 12.000 ft abzulesen. Zwischenwerte müssen interpoliert werden.

> Beispiel:
>
> Gegeben: Cruising Pressure Altitude 10.000 ft; Power setting full throttle bei 2.300 RPM; Wind 50 kts Gegenwind. Berechnen Sie die maximale Reichweite über Grund.
>
> Lösung:
>
> Ablesen des Wertes aus dem Diagramm ergibt: 876 NM ohne Wind (siehe durchgezogene Linie). Zur Ermittlung der Reichweite bei Gegenwind benötigen wir die TAS. Sie lässt sich mit 156 KTAS interpolieren. Bei 50 kts Gegenwind ist die Geschwindigkeit über Grund folglich 106 Kts. Die maximale Reichweite über Grund ermittelt man durch Proportionalrechnung: 876 *106/156 = 595,2 NM

Endurance Aufgabe

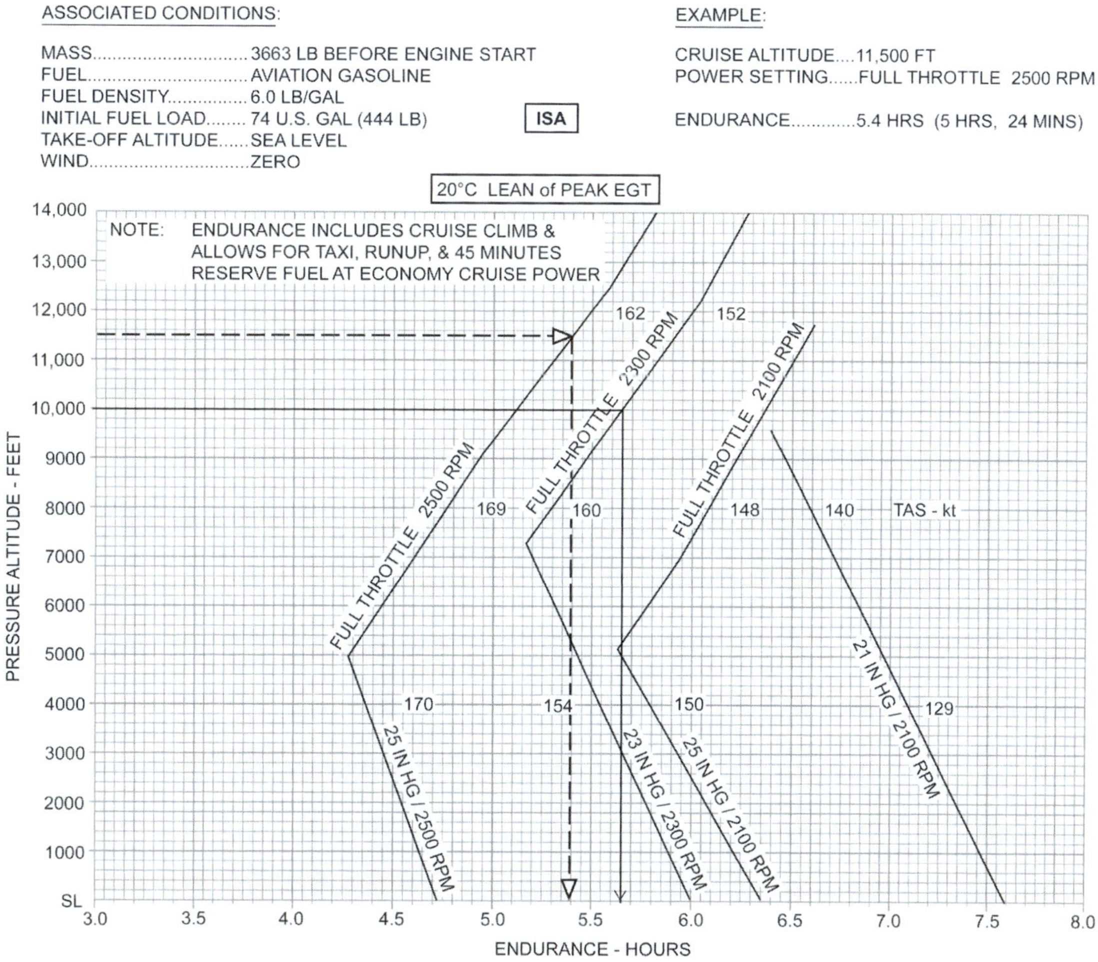

Abbildung 52: SEP Endurance Diagramm (Quelle: aus [4])

Das Endurance Diagramm ermöglicht die Bestimmung der sicheren maximalen Flugdauer (engl. safe endurance), d.h. der maximalen Flugdauer mit 45 Minuten Reserve des SEP Flugzeugs bei einer Startmasse von 3663 lb, vollen Tanks (74 Gal) und dem Start auf Meereshöhe unter ISA-Bedingungen. Die TAS-Werte sind an den jeweiligen Kurven bei 4.000, 8.000 und 12.000 ft abzulesen. Zwischenwerte müssen interpoliert werden.

Beispiel:
Gegeben: Cruising Pressure Altitude 10.000 ft; Power setting full throttle at 2.300 RPM. Bestimmen Sie die TAS in Knoten und die sichere maximale Flugdauer und die maximale Flugdauer in Stunden und Minuten.
Lösung:
Der TAS-Wert ergibt sich durch Interpolation der Werte an der 2300 RM Kurve zu 156 KTAS. Ablesen des Wertes auf der 2300 RPM Kurve bei 10.000 ft ergibt 5,65 Stunden sichere maximale Flugdauer. Ergebnis (safe endurance) = 5,65 h = 5 h 39 min.
Addiert man die restlichen 45 Minuten Reserve erhält man die maximale Flugdauer (maximum endurance) zu 6 h 24 min.

☞ Bei Aufgaben dieses Typs muss man sorgfältig zwischen safe endurance und maximum endurance unterscheiden.

Musterberechnungen beim Multi Engine Pistion (MEP)

Abbildung 53: Piper PA-31 Navajo (Quelle: Wikipedia Commons)

Exkurs PA-31: Pipers PA-31 Navajo erschien nach vierjähriger Entwicklungsarbeit 1966 auf dem Markt. Sie wurde von zwei turboaufgeladenen Lycoming TIO-540-A von jeweils 310 PS angetrieben. 1967 folgte die PA-31-300 als Variante mit IO-540-M1A5 Triebwerken ohne Turbolader. 1969 brachte Piper die Navajo PA-31P mit Druckkabine und 425 PS starken Triebwerken heraus.
1972 folgte die PA31-350 Navajo Chieftain mit verlängertem Rumpf. Die zuletzt produzierte Version war die PA-31P-350 Navajo Mojave, welche die Kolbentriebwerksvariante der von zwei PT6A-28 angetriebenen PA-31T1 Cheyenne I Turbopropversion darstellte.

Wir beginnen wieder mit den Basisdaten des MEP Syllabus-Flugzeugs (Piper Navajo), die man in CAP 697 vorfindet. Die maximale Startmasse (MTOM) des MEP beträgt 4.750 lb, die maximale Zero Fuel Mass (MZFM) liegt bei 4.470 lb und die maximale Landemasse wird mit 4.513 lb angegeben. Das maximale Treibstoffvolumen beträgt 123 US Gallonen, was 738 lb entspricht, wenn man mit 6 lb per US Gallone umrechnet.

Time, Fuel, Distance Aufgabe

Das folgende Diagramm ermöglicht die Bestimmung von Steigflugzeit, Verbrauch, Entfernung beim MEP-Flugzeug. Die Bedingungen sind links oben im Diagramm dargestellt.

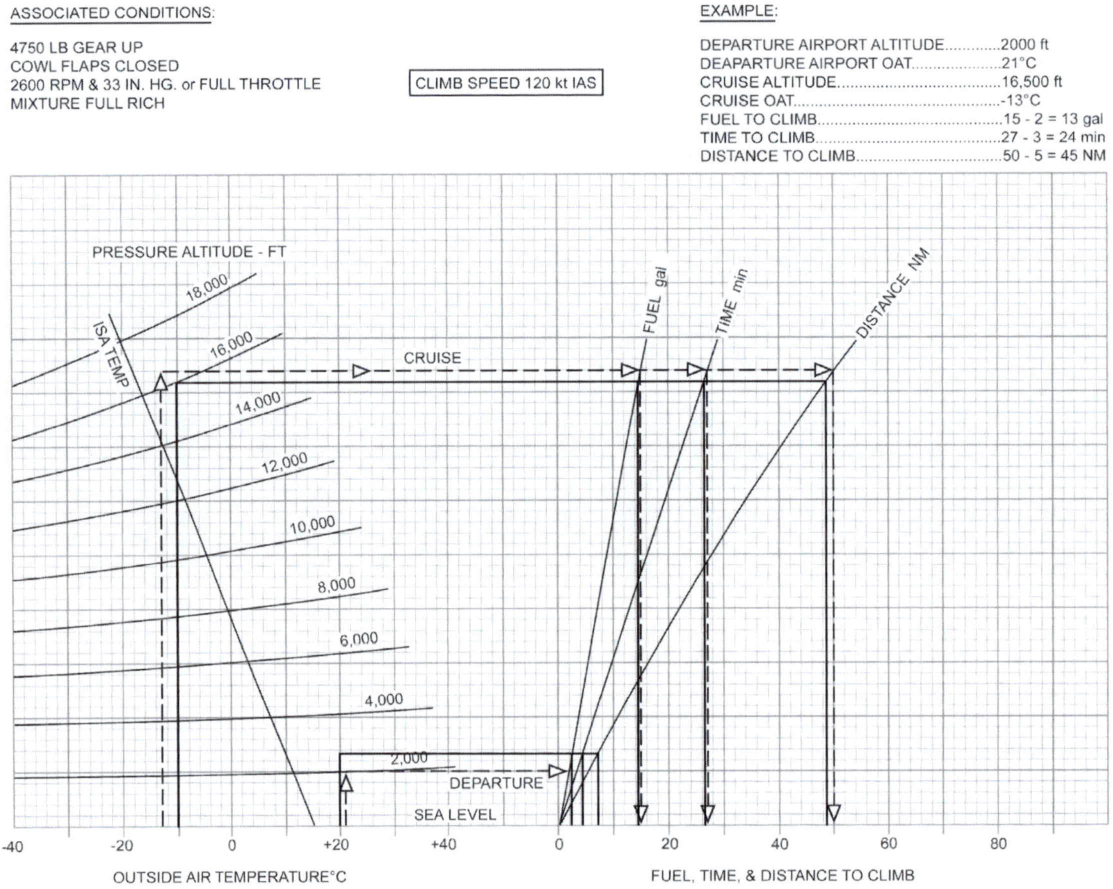

Abbildung 54: Steigflugzeit, Verbrauch, Entfernung beim MEP (Quelle: aus [4])

> Beispiel:
> Gegeben: Aerodrome Elevation 2.000 ft; QNH 993 hPa; Temperatur +20°C;
> Cruise bei 16.000 ft Pressure Altitude; Temperatur –10°C;
> Mittlere Windstärke 20 kts Rückenwind.
> Berechnen Sie Steigflugzeit, Verbrauch und zurückgelegte Strecke des Steigflugs.
> Lösung:

Bei dieser Aufgabe muss man zunächst die Elevation in Pressure Altitude umrechnen.
$Alt_{1013} = Alt_{QNH} + (1013 - QNH)*27 = 2000 + 20*27 = 2.540$ ft
Wir lesen für Verbrauch, Zeit und Strecke folgende Werte ab:

	Gallonen	Minuten	NM
Bei 16.000 ft/-10°C	14,5	26,5	48,5
Bei 2540 ft/+20°C	2,3	4,3	7,2
Differenz	12,2	22,2	41,3

Bei der Korrektur der Strecke aufgrund des Rückenwindes benötigt man die Groundspeed im Verhältnis zur TAS.
Climb Speed 120 KIAS. Die TAS nimmt bekanntlich mit zunehmender Altitude kontinuierlich zu. Bei korrekter Rechnung müsste man demnach ein Integral berechnen.
Wir beschränken uns aber und verwenden die TAS zu 120 KIAS in der mittleren Höhe zwischen den beiden Altitudes: 2540 +(16.000+2540)/2 = 9.270 ft und interpolieren dort als Temperatur 0° C.
Die TAS kann man dabei mittels Drehmeier berechnen: 139,5 KTAS .
Die Groundspeed beträgt demnach 159,5 Kts.
Damit lässt sich die Strecke mit 41,3 *159,5/139,5 = 47,2 NM abschätzen.
Ergebnis: 12,2 Gallonen, 22,2 Minuten, 47,2 NM

Cruise Aufgabe

Die Tabelle 3.3 in CAP 697 (siehe Abbildung 55) ermöglicht die Bestimmung des Stundenverbrauchs im Cruise bei einer bestimmten Drehzahl-Ladedruck Kombination und bei einer bestimmten Pressure Altitude. Die Werte gelten bei ISA-Bedingungen.
Manifold Pressure (MAP) kann korrigiert werden, indem man 1 % pro 6 °C über ISA addiert bzw. unterhalb ISA subtrahiert. MAP ist im Cruise auf maximal 34 inch Hg begrenzt.

Beispiel:
Gegeben:
Cruise Pressure Altitude 15 000 ft;
Power Setting 65%; 2600 RPM;
Temperatur –5°C;
Wind 30 kts Rückenwind.
Berechnen Sie Flugzeit, Ladedruck und Treibstoffverbrauch in Gallonen, Liter und kg bei einer Strecke von 700 nm.

POWER		75%		65%			55%						45%					
FUEL FLOW		29.0 GPH		23.3 GPH			18.7 GPH						16.0 GPH					
RPM		2,500	2,600	2,400	2,500	2,600	2,100	2,200	2,300	2,400	2,500	2,600	2,100	2,200	2,300	2,400	2,500	2,600
PRESS ALT (ft)	ISA 0°C	MANIFOLD ABSOLUTE PRESSURE (Hg in) (MAP)																
0	15	34.0	33.0	33.8	32.0	31.0	31.2	30.3	29.4	28.2	27.2	26.3	27.1	26.4	25.5	24.3	23.3	22.5
2,000	11	33.8	32.7	33.2	31.7	30.7	30.5	29.7	28.8	27.8	26.8	26.0	26.4	25.8	24.6	23.7	22.8	22.1
4,000	7	33.6	32.4	32.8	31.5	30.5	30.0	29.2	28.3	27.4	26.4	25.6	25.8	25.0	24.0	23.2	22.3	21.8
6,000	3	33.4	32.2	32.5	31.2	30.3	29.7	28.8	28.0	27.0	26.2	25.3	25.3	24.5	23.5	22.8	21.9	21.5
8,000	-1	33.1	32.0	32.3	31.0	30.1	29.4	28.4	27.7	26.8	25.7	25.0	24.8	24.0	23.0	22.4	21.6	21.2
10,000	-5	33.0	31.9	32.0	30.9	30.0	-	28.3	27.5	26.5	25.5	24.7	24.4	23.7	22.8	22.0	21.4	21.0
12,000	-9	32.5	31.8	31.8	30.7	29.8	-	28.3	27.2	26.3	25.3	24.6	24.0	23.3	22.5	21.7	21.2	20.9
14,000	-13	-	31.7	-	30.5	29.7	-	-	27.1	26.1	25.2	24.4	-	23.0	22.3	21.4	21.1	20.8
16,000	-17	-	31.6	-	30.4	29.5	-	-	-	25.9	25.0	24.3	-	-	22.0	21.3	21.0	20.6
18,000	-21	-	-	-	-	29.4	-	-	-	-	25.0	24.2	-	-	-	21.2	20.9	20.5
20,000	-25	-	-	-	-	29.3	-	-	-	-	-	24.2	-	-	-	21.2	20.8	20.4
22,000	-28	-	-	-	-	-	-	-	-	-	-	24.1	-	-	-	-	-	20.4
MAX EGT		1,525°F		1,650°F														
24,000	-33	-	-	-	-	-	-	-	-	-	-	-	-	-	-	-	-	20.4
25,000	-34	-	-	-	-	-	-	-	-	-	-	-	-	-	-	-	-	20.4

Abbildung 55: MEP Cruise Tabelle (Quelle: aus [4])

Lösung:

Die Abbildung 3.4 in CAP 697 (siehe Abbildung 56) erleichtert die Bestimmung der TAS. Dort lässt sich die TAS mit 187 KTAS ablesen (durchgezogene Linie). Zusammen mit dem Rückenwind ergibt dies eine Groundspeed von 217 Kts.
Die Strecke von 700 NM ist in 3,2258 h = 3h und 13,5 min geschafft.

MAP bei 65 %, 2.600 RPM ISA lässt sich mit 29,6 inch Hg im Kopf interpolieren.
ISA Abweichung: ISA (15.000 ft) = -15 °C, Abweichung folglich ISA +10 °C
Es gilt also MAP mit 1% pro 6°C zu korrigieren bzw. 1,6667 % bei 10°C.
29,6*1,016667 = 30,093 in Hg

Verbrauch ist 23,3 GPH *3,2258 h = 75,16 Gallonen = 284,5 Liter
284,5 Liter *0,719 kg/Liter = 204,5 kg Treibstoffmasse

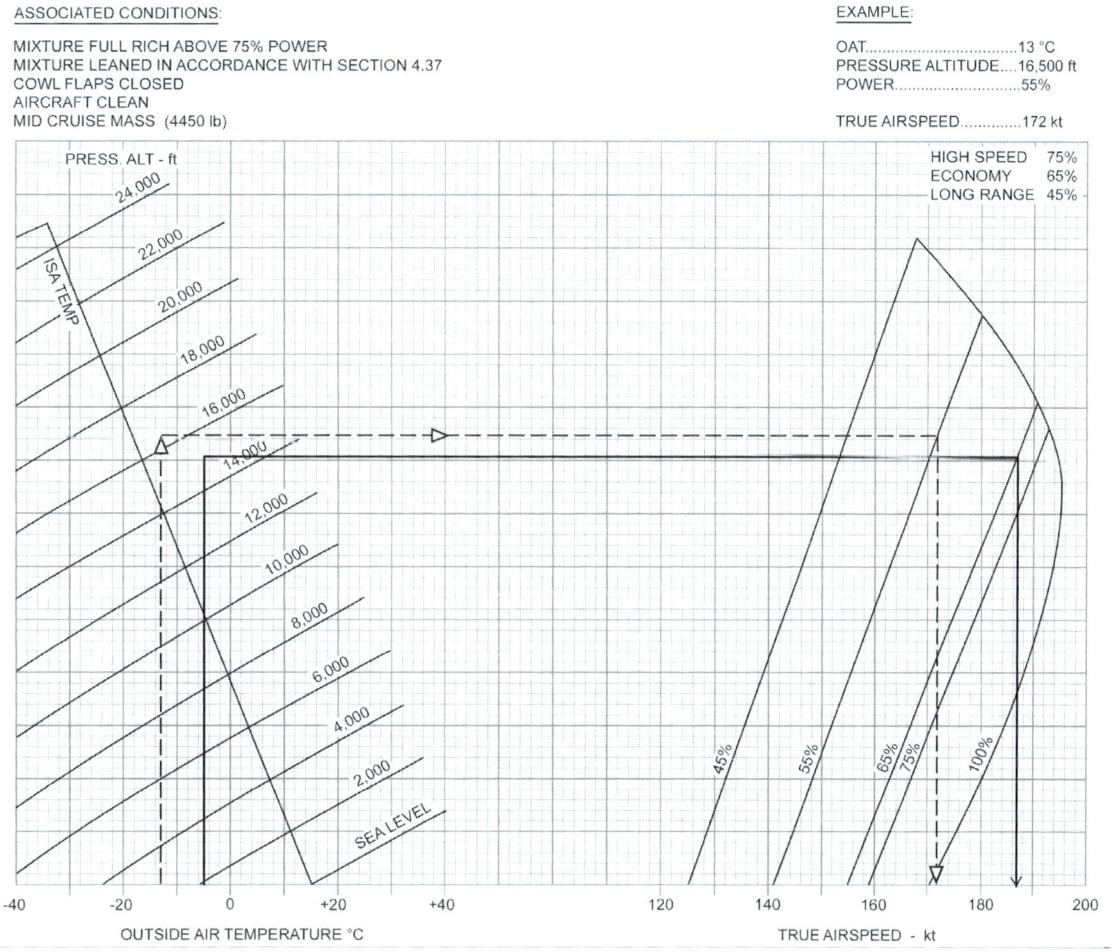

Abbildung 56: MEP TAS Tabelle (Quelle: aus [4])

Range Aufgabe

Range Aufgaben beim MEP basieren auf dem Range-Diagramm (siehe Abbildung 57). Dort sind jeweils vier Kurven für Powersettings von 75, 65 ,55 und 45 % dargestellt. Auf der linken Seite lässt sich die jeweilige maximale VFR-Reichweite bei vollen Tanks (123 Gallonen) und den weiteren genannten Bedingungen und mit 45 Minuten Reserve bei 45 % Powersetting ablesen. Auf der rechten Seite, bei den gestrichelten Linien, lässt sich die physikalisch maximale Reichweite ermitteln, d.h. die Tanks sind am Ende des Fluges leer. Die Werte gelten unter ISA Bedingungen. Bei Abweichungen sind Korrekturen anzubringen und zwar für jedes 1 °C oberhalb von ISA ist 1 NM zu addieren bzw. unterhalb von ISA zu subtrahieren.

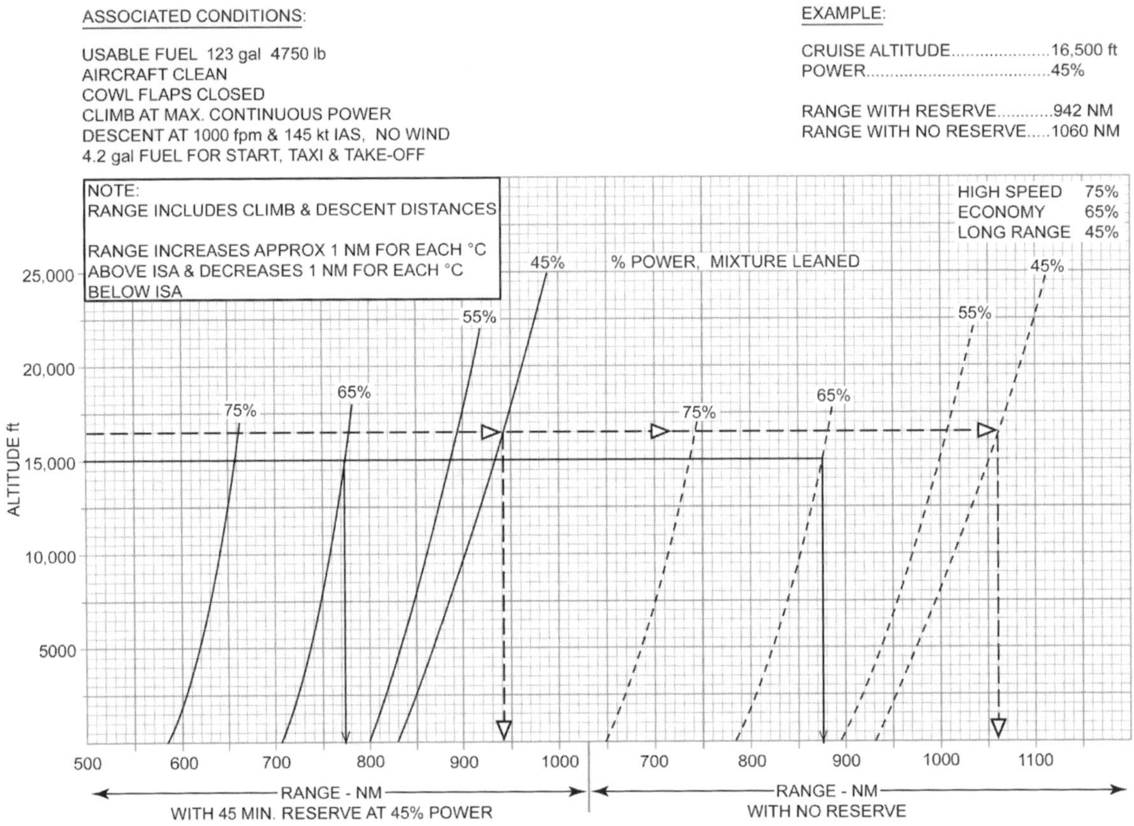

Abbildung 57: MEP Range Diagramm (Quelle: aus [4])

<u>Beispiel</u>:
Gegeben:
Cruise Pressure Altitude 15 000 ft;
Power Setting 65%;
Temperatur –5°C;
Wind 30 kts Rückenwind.
Berechnen Sie die maximale VFR-Reichweite und die maximale physikalische Reichweite.
<u>Lösung</u>:
Folgende Werte lesen wir ab: 773 NM VFR Reichweite, 875 NM physikalische Reichweite.
ISA Abweichung: ISA (15.000 ft) = -15 °C, Abweichung folglich ISA +10 °C
Folglich 783 NM VFR Reichweite, 885 NM physikalische Reichweite mit Korrektur.
TAS lässt wie in der letzten Aufgabe mit 187 KTAS ermitteln (siehe Abbildung 56) und damit beträgt auch die Groundspeed wieder 217 Kts.

> Die Reichweite verlängert sich mit dem Verhältnis von GS/TAS.
> 783*217/187 = 908 NM maximale VFR Reichweite
> 885 *217/187 = 1027 NM maximale physikalische Reichweite

Endurance Aufgabe

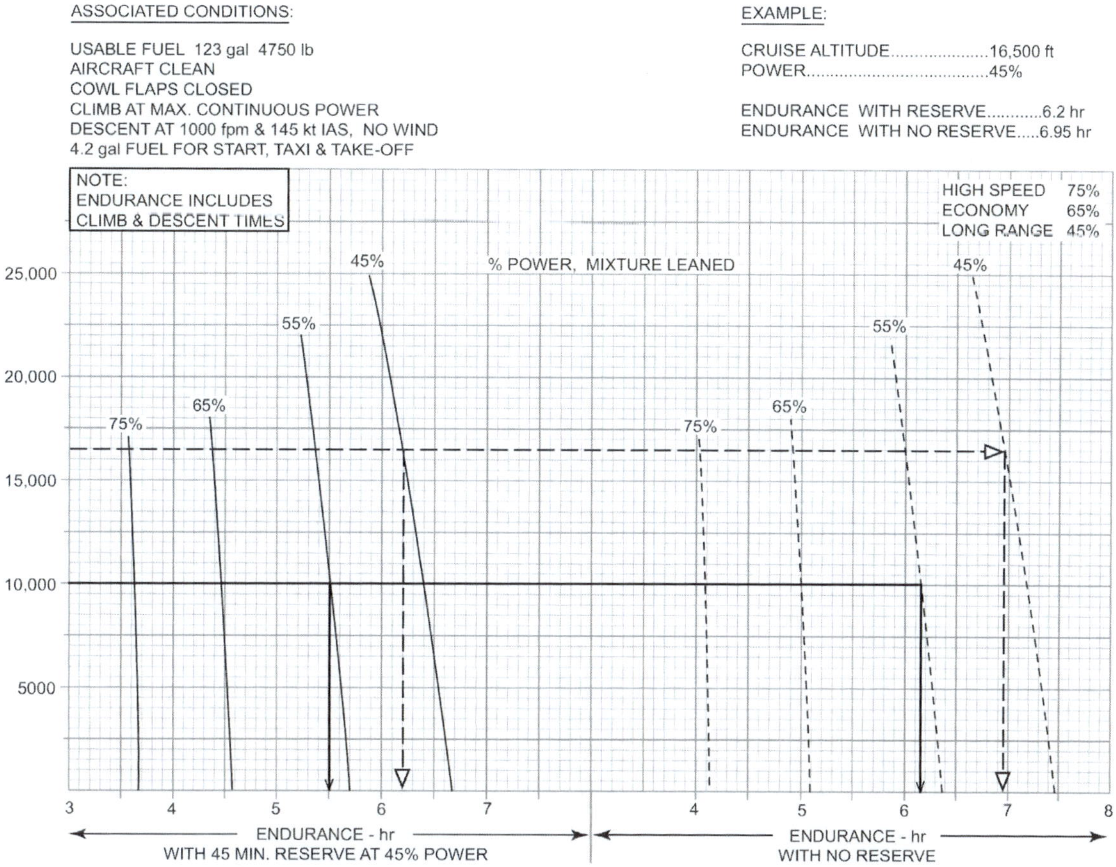

Abbildung 58: MEP Endurance Diagramm (Quelle: aus [4])

Endurance Aufgaben beim MEP basieren auf dem Endurance-Diagramm (siehe Abbildung 58). Dort sind genau wie beim Range-Diagramm jeweils vier Kurven für Powersettings von 75, 65 ,55 und 45 % dargestellt. Auf der linken Seite lässt sich die jeweilige sichere maximale Endurance bei vollen Tanks (123 Gallonen) und den weiteren genannten Bedingungen und mit 45 Minuten Reserve bei 45 % Powersetting ablesen. Auf der rechten Seite, bei den gestrichelten Linien, lässt sich die physikalisch maximale Endurance ermitteln, d.h. die Tanks sind am Ende des Fluges leer. Die Werte gelten unter ISA Bedingungen.

> Beispiel:
> Gegeben:
> Cruise Pressure Altitude 10 000 ft; Power Setting 55%; Temperature 0°C;
> Wind 20 kts Gegenwind.
> Bestimmen Sie die sichere und physikalische maximale Flugdauer und die jeweils zurückgelegte Strecke über Grund.
> Lösung:
> Ablesen der Werte (siehe durchgezogene Linie):
> Sichere maximale Endurance : 5,5 h = 5 Stunden 30 Minuten
> Physikalisch maximale Endurance 6,15 h = 6 Stunden 9 Minuten
> Dies sind nur 39 statt 45 Minuten Reserve, da das Powersetting 55 % und nicht 45 % ist.
> Die TAS lässt sich mit 160 KTAS ablesen, d.h. die Groundspeed beträgt 140 Kts.
> Zurückgelegte Strecken:
> 5,5 h * 140 Kts = 770 NM
> 6,15 h * 140 Kts = 861 NM

Descent Aufgabe

Das folgende Diagramm ermöglicht die Bestimmung von Sinkflugzeit, Verbrauch, Entfernung beim MEP-Flugzeug. Die Art des Diagramms ist identisch mit jenem für den Steigflug. Die Bedingungen sind wieder links oben im Diagramm dargestellt.

> Beispiel:
> Gegeben:
> Aerodrome Elevation 4.000 ft; QNH 1023 hPa; Temperatur +20°C;
> Cruise Pressure Altitude 14.000 ft; Temperatur –20°C;
> Mittlerer Wind 25 kts Rückenwind.
> Bestimmen Sie den Treibstoffverbrauch, die benötigte Zeit und die zurückgelegte Strecke im im Sinkflug.
> Lösung:
> Zunächst muss man wiederum die Pressure Altitude der Elevation berechnen.
> $Alt_{1013} = Alt_{QNH} + (1013 - 1023)*27 = 4000 + (-10)*27 = 3.730$ ft

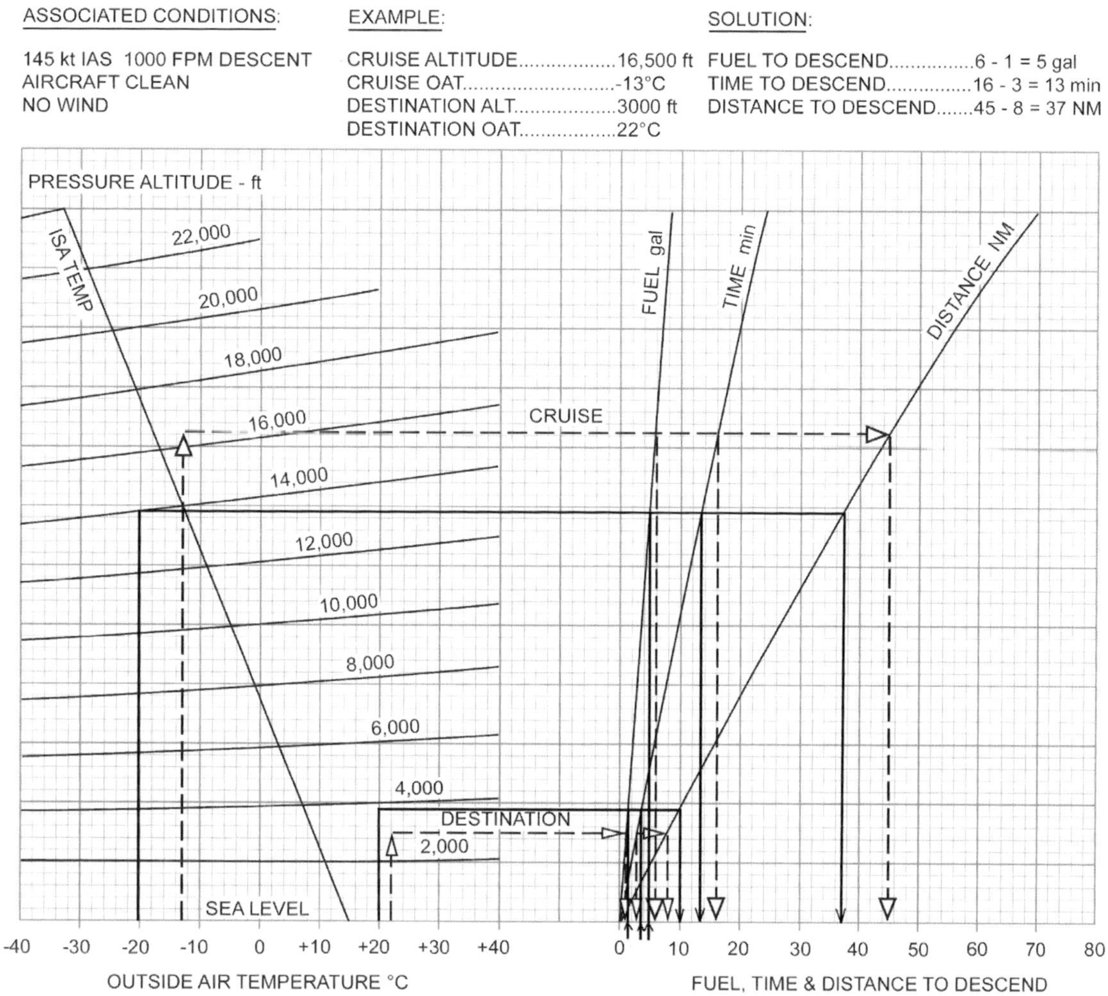

Abbildung 59: MEP Descent Diagramm (Quelle: aus [4])

	Gallonen	Minuten	NM
Bei 14.000 ft/-20°C	5	13,4	37
Bei 3.730 ft/+20°C	1,5	3,4	10
Differenz	3,5	10	27

Die zurückgelegte Strecke ist wieder mit der Groundspeed zu korrigieren.

Wir nehmen die TAS in der mittleren Altitude von 8.865 ft bei interpolierten 0°C.

Mit dem Drehmeier errechnet man 167 KTAS. Die Groundspeed beträgt 192 Kts (167+25 Kts). Damit korrigiert sich die Strecke zu 27*192/167= 31,04 NM.

Ergebnis: <u>3,5 Gal, 10 Minuten, 31 NM</u>.

Musterberechnungen beim MRJT

Abbildung 60: Boeing 737-400 (Quelle: Wikipedia Commons)

Exkurs B737: Der Erstflug der Boeing 737 fand am 9 April 1967 statt. Es handelte sich um den Prototyp der B737-100, heute im Besitz der NASA. Ausgeliefert wurden die Urversionen B737-100 und -200 ab 1968, die Lufthansa zählte zu den ersten Kunden. Die Urversionen wurden von zwei für heutige Maßstäbe extrem lauten P&W JT8D Turbojet-Triebwerken angetrieben, deutlich erkennbar an Umfang und Länge der Triebwerke. Die Urversion -200 war sehr erfolgreich und wurde bis 1988 produziert (ca. 1.100 Stück). Danach folgten die „Klassiker". So werden die Versionen -300, -400 und -500 genannt, wobei der wesentliche Entwicklungssprung der Wechsel zum sparsameren und stärkeren CFM56 Turbofan war. Da Passagierzahl und Reichweite deutlich erhöht werden konnten, änderte sich das Einsatzgebiet bis hin zur Mittelstrecke. Ab 1993 fand bei Boeing als Antwort auf den A320 von Airbus eine grundlegende Modernisierung der B737 vor allem bei der Avionik statt, sodass die Versionen ab -600 bis -900 unter dem Label „Next Generation" (abgekürzt NG) firmieren. Die B737 Typenreihe ist mit 8.824 ausgelieferten Flugzeugen (Dez. 2010) der meistgebaute Passagierjet der Welt.

Basisdaten

Der Mid-Range Jet Transport (MRJT) des Syllabus ist eine Boeing 737-400. Wir beginnen wie immer mit ein paar Basisdaten. Die maximalen strukturellen Grenzwerte sind wie folgt:

- Maximum Taxi mass - 63.060 kg
- Maximum Take-off mass (MTOM) - 62.800 kg
- Maximum Landing mass (MLM) - 54.900 kg
- Maximum Zero fuel mass - 51.300 kg
- Maximum Fuel mass - 16.145 kg (5.311 US gallons)
- Maximum Operating Pressure Altitude - 37.000 ft.

Der MRJT hat ein maximales Treibstoffvolumen von 5.311 Gallonen respektive eine maximale Treibstoffmasse von 16.145 kg bei einer Umrechnung mit 3,04 kg/Gal.
Insgesamt sind folgende Cruise Modes verfügbar:

- Longe-Range Cruise (LRC)
- Mach 0.74 Cruise (M0.74)
- Mach 0.78 Cruise (M0.78)
- Low-Level 300 KIAS Cruise
- Stepped Climb
- Alternate Cruise (LRC)

Optimale Reiseflughöhe

Die optimale Reiseflughöhe (engl. optimum cruise altitude, Abk. Opt-Alt) ist die Altitude, bei der die spezifische Reichweite (eng. specific (air) range, Abk. SR oder SAR), d.h. die Größe NM/(kg Fuel) maximal ist (SR_{max}). Der Wert hängt im Wesentlichen von der Masse des Flugzeuges ab (genauere Erklärung siehe in Band 032).
Für den MRJT lässt sich die optimale Altitude aus einem einfachen Diagramm ermitteln. Auf der X-Achse ist die Inflight Gross Mass aufgetragen und auf der Y-Achse lässt sich auf der Kurve der Opt-Alt-Wert ablesen (siehe Abbildung 61). Alternativ kann man auch von der Brake Release Mass ausgehen, siehe untere Skala.
In einer Zusatztabelle lässt sich die Penalty d.h. die Verbrauchszunahme bzw. SR-Abnahme ermitteln wenn man unterhalb oder oberhalb der Opt-Alt fliegt. Natürlich gilt das nicht in jedem Fall. Wenn man in Opt-Alt mehr Gegenwind hat als in einer Flugfläche unterhalb, kann sich SR_{max} verschieben.

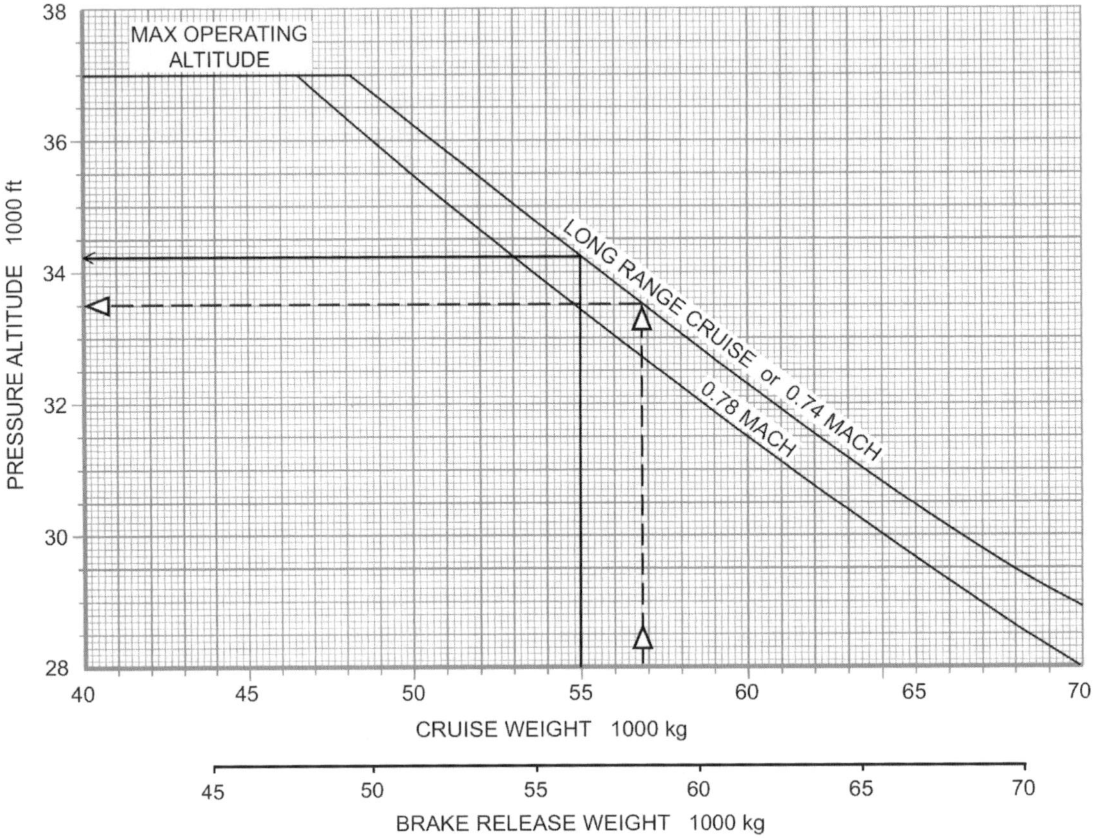

Abbildung 61: Optimale Cruise Altitude (Quelle: aus [4])

Off-Optimum Condition	Fuel Mileage Penalty %	
	LRC or Mach 0.74	**Mach 0.78**
2,000 ft above	-1	-1
Optimum	0	0
2,000 ft below	-1	-2
4,000 ft below	-4	-4
8,000 ft below	-10	-11
12,000 ft below	-15	-20

Abbildung 62: Verbrauchszunahme über/unter der optimalen Altitude (Quelle: aus [4])

Beispiel:
Bestimmen Sie die Opt-Alt bei 55 to Gesamtmasse im Flug (runden Sie bei Bedarf auf die nächst höhere Flugfläche auf). Wie nimmt der Treibstoffverbrauch in kg/NM zu, wenn Sie bei LRC-Setting 4.000 ft tiefer fliegen?
Lösung:
Ablesen in Abbildung 61 ergibt FL 345, aufgerundet FL350.
Der Treibstoffverbrauch nimmt bei FL305 um 4% zu, bei FL310 d.h. 3.500 ft unterhalb, erhält man bei linearer Interpolation 3,25 % Mehrverbrauch.

Reiseflughöhe bei Kurzstrecken

Bei Kurzstrecken kleiner als 230 NM macht es keinen Sinn, auf die optimale Reiseflug höhe zu steigen, da es ökonomisch ungünstiger ist als tiefer zu fliegen.

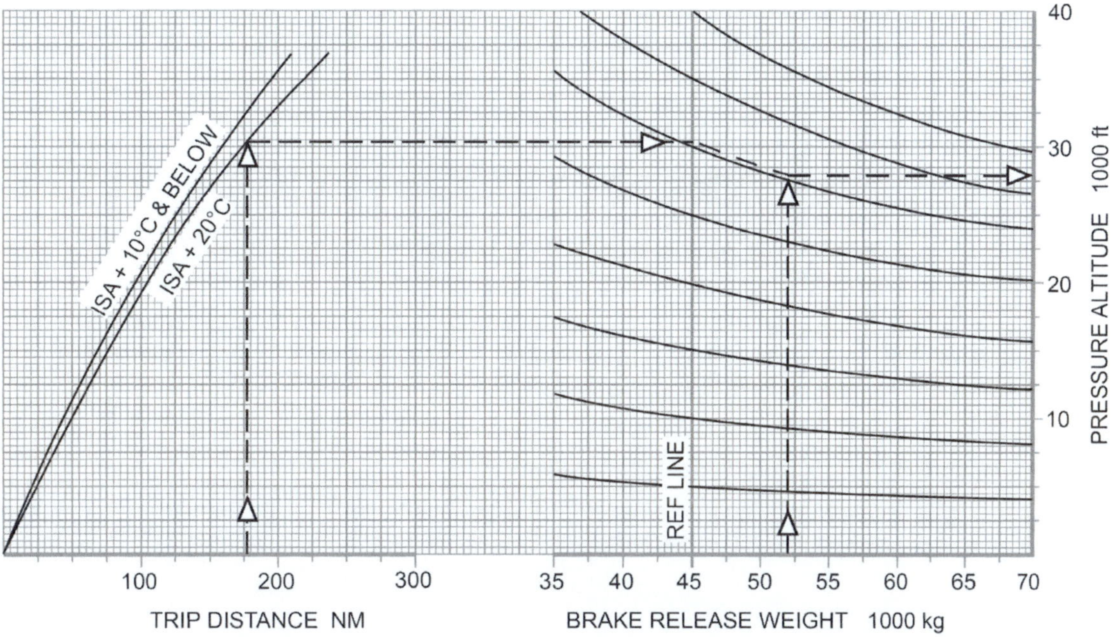

Abbildung 63: Kurzstrecken Cruise Altitude (Quelle: aus [4])

Im entsprechenden Diagramm des CAP697-Dokuments lässt sich diese niedrigere Cruise Altitude bestimmen. Im Pfeilbeispiel wird eine Strecke von 177 NM bei einer Brake Release Masse von 52.000 kg angenommen. Man erhält bei ISA+20°C 28.000 ft als Ergebnis. Man beachte die besonderen Maßstäbe. Wir verzichten auf ein weiteres Beispiel, da die Prozedur trivial ist.

☞ Hinweis: Bei Diagrammen mit Reference Line geht man immer zuerst zur Referenzlinie und markiert dort den Referenzpunkt. Danach sucht man auf der durch Referenzpunkt gehenden Kurve (ggf. die Kurve im Kopf parallel verschieben oder einzeichnen) den eigenen X-Wert auf und liest danach den Y-Wert ab. Im Umkehrfall muss man diese Prozedur genau umkehren.

Vereinfachte Treibstoffplanung

Für den MRJT ist in CAP697 auf den Seiten 37-48 eine Reihe von Diagrammen für die vereinfachte Bestimmung der benötigten Treibstoffmasse und der Flugzeit vorhanden. Die Diagramme spiegeln die bereits erwähnten Cruise Modes wieder.

Seite	Cruise Modus	Cruise Strecke
37	Long-range	100 - 600
38	Long-range	200 - 1200
39	Long-range	1000 - 3000
40	M0.74	100 - 600
41	M0.74	200 - 1200
42	M0.74	1000 - 3000
43	M0.78	100 - 600
44	M0.78	200 - 1200
45	M0.78	1000 - 3000
46	Low-level 300 KIAS	0 - 1000
47	Stepped climb	1000 - 4000
48	Alternate LRC	0 - 500

Die vereinfachte Planung der Treibstoffmenge basiert auf einem Standardclimb mit 280 KIAS/M0.74 und einem Standarddescent mit M0.74/250 KIAS. Wir betrachten ein Beispiel.

> Beispiel:
> Gegeben:
> Long-range Cruise Mode; Strecke 1.000 nm; Optimum Cruise Altitude
> Take-off Mass (TOM) 60.000 kg
> Geschätzte Landemasse (Estimated Landing Mass): 54.000 kg
> Wind 50 kts Rückenwind; ISA Abweichung +10°C.
> Berechnen Sie die benötigte Treibstoffmenge und die Flugzeit in Stunden und Minuten.
> Lösung (siehe Abbildung 64):
> Opt-Alt Wert aus Kurve ermitteln: 32.900 ft (FL330).
> Pfade einzeichnen und ablesen: 5.700 kg Treibstoff, Flugzeit 2 Stunden und 12 Minuten.

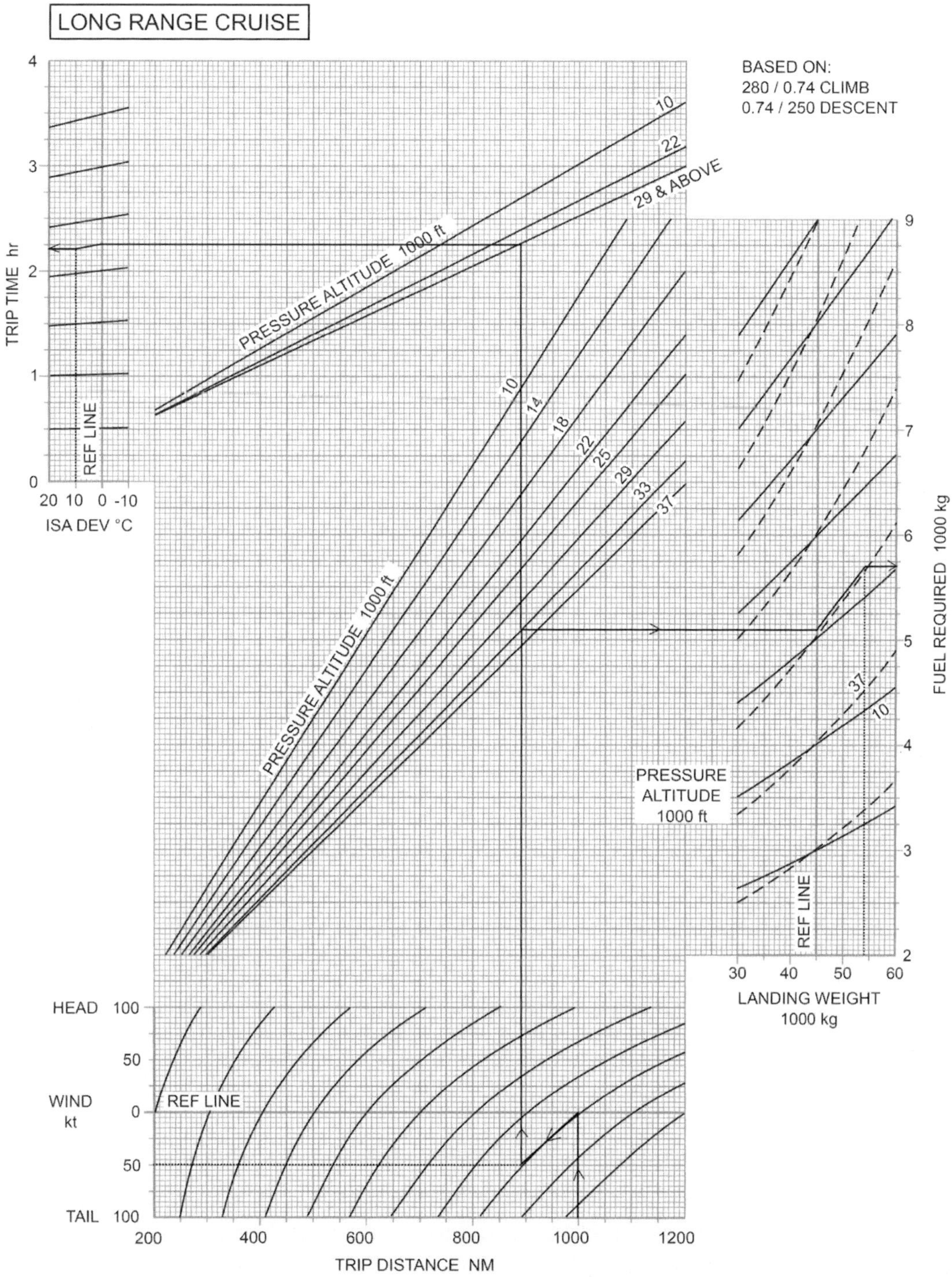

Abbildung 64: MRJT LRC Diagramm 200–1200 NM zur Planung der Treibstoffmenge (Quelle: aus [4])

> Beispiel:
> Gegeben:
> Entfernung (Trip Distance): 2.090 NM
> Flight Level: FL 350, Windstille
> Thrust Setting: Long Range Cruise (LRC)
> Geschätzte Landemasse (Estimated Landing Mass): 42.000 kg
> Lösung (siehe Abbildung 65):
> Als Flugzeit lässt sich im oberen Teil des Diagramms 5 Stunden und 3 Minuten ermitteln.
> Im rechten Teil des Diagramms lässt sich eine benötigte Treibstoffmenge von 10.800 kg ermitteln (die interpolierte Kurve wurde als gestrichelte Kurve im Diagramm ergänzt).

Die beiden Beispiele sollten zum Verständnis ausreichen, bei allen Diagrammen ist die Methode stets gleich mit Ausnahme der beiden letzten Diagramme, die wir nun besprechen werden.

Der Cruise Climb in Stufen (Stepped Climb Cruise)

Wie in Band 032 genauer beschrieben, steigt die optimale Altitude mit abnehmender Masse stetig weiter an. Ideal für das Erzielen der maximaler Reichweite wäre es, die optimale Altitude ständig nachzuführen, was aber wegen der Separation der Flüge mittels Flight Level im Regelfall nicht möglich ist.
Allerdings lässt sich eine Annäherung an diese Vorgabe durchführen indem man in Stufen weiter steigt. Dabei steigt das Flugzeug zunächst auf die optimale Altitude bei der initialen Masse und bleibt solange auf diesem Level bis die optimale Altitude 2.000 ft höher liegt. Das Flugzeug steigt danach um 4.000 ft und fliegt somit 2.000 ft über der optimalen Altitude und bleibt wiederum auf diesem Level bis es erneut 2.000 ft unter der optimalen Altitude fliegt. Der Prozess wird wiederholt bis zum Top of Descent. Damit erreicht man 95 % der theoretisch möglichen maximalen Reichweite.

Das Diagramm in Abbildung 66 bietet die Möglichkeit, schnell die benötigte Treibstoffmasse und die Gesamtflugzeit beim Step Climb Verfahren zu ermitteln.

> Beispiel:
> Gegeben: Stepped Climb Cruise mode;
> Strecke 2.700 nm; Wind 25 kts Rückenwind;
> Brake Release Masse 65.000 kg; ISA Abweichung –10°C.
> Berechnen Sie die benötigte Treibstoffmasse und die Gesamtflugzeit.

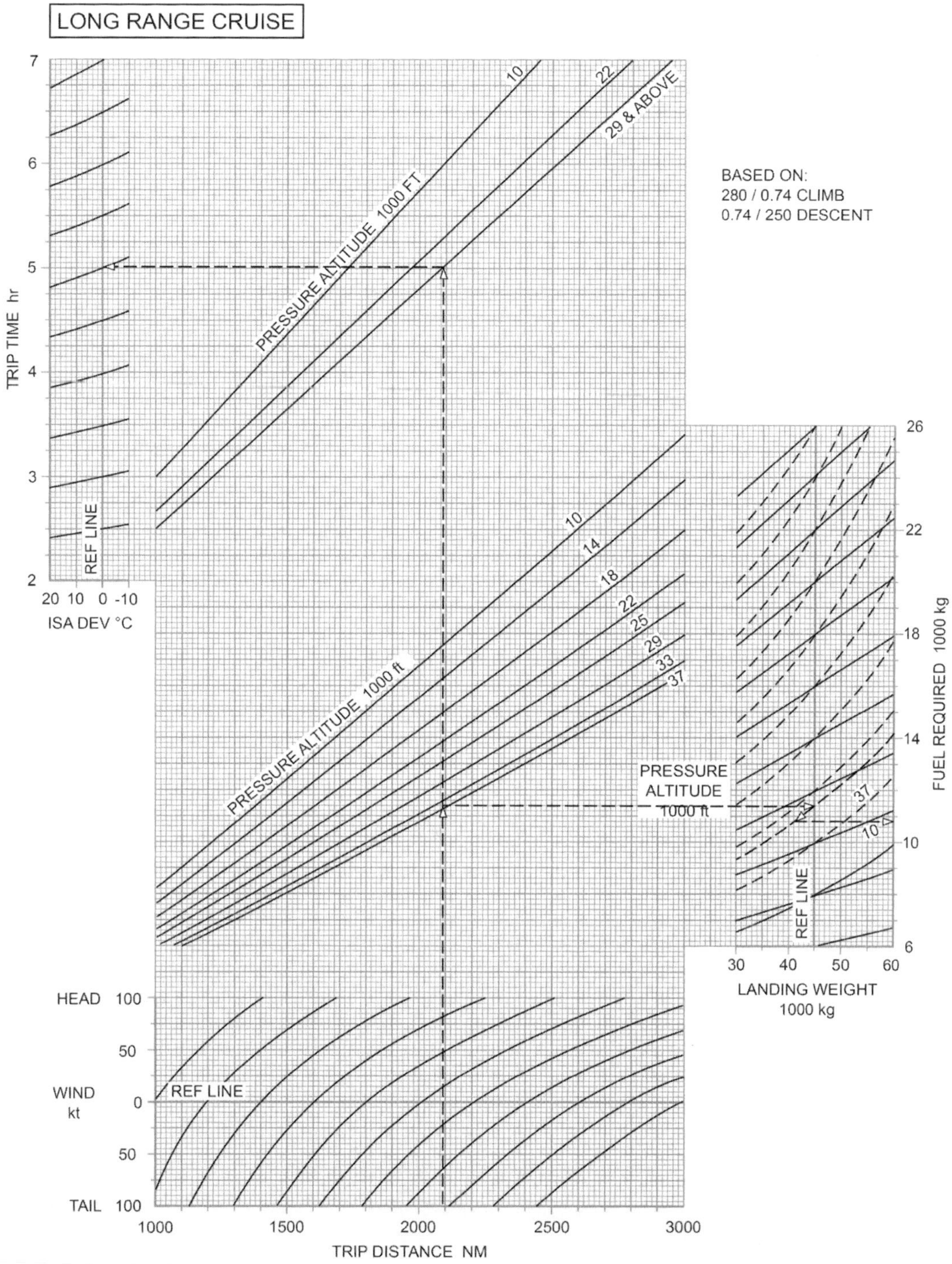

Abbildung 65: MRJT LRC Diagramm 1000-3000 NM zur Planung der Treibstoffmenge (Quelle: aus [4])

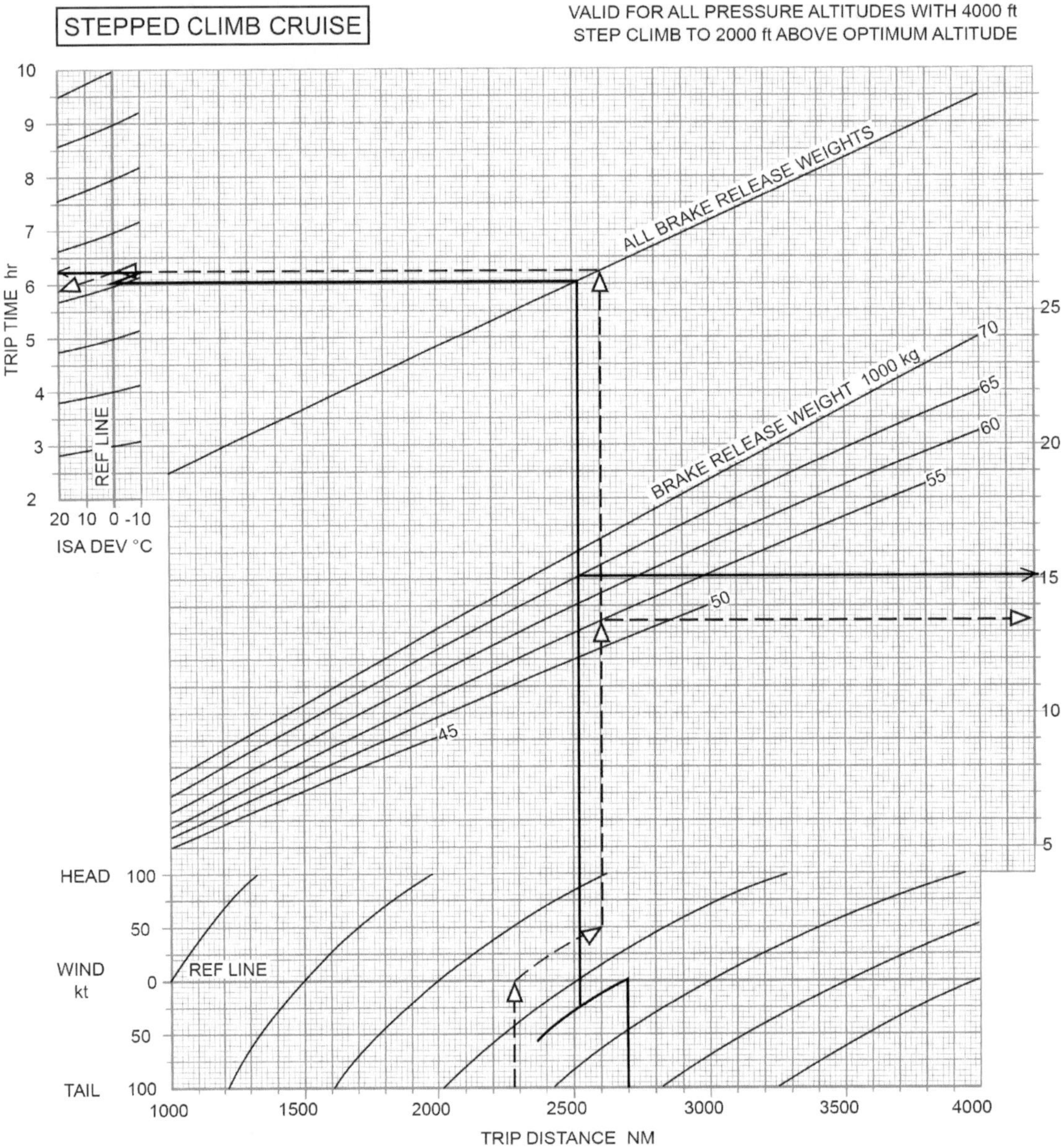

Abbildung 66: MRJT Step Climb Diagramm (Quelle: aus [4])

Lösung (siehe Abbildung 66):
Linien einzeichnen und ablesen.
Benötigte Treibstoffmasse: 15.100 kg
Gesamtflugzeit: 6.25 h = 6 h 15 min

Alternate Treibstoffplanung

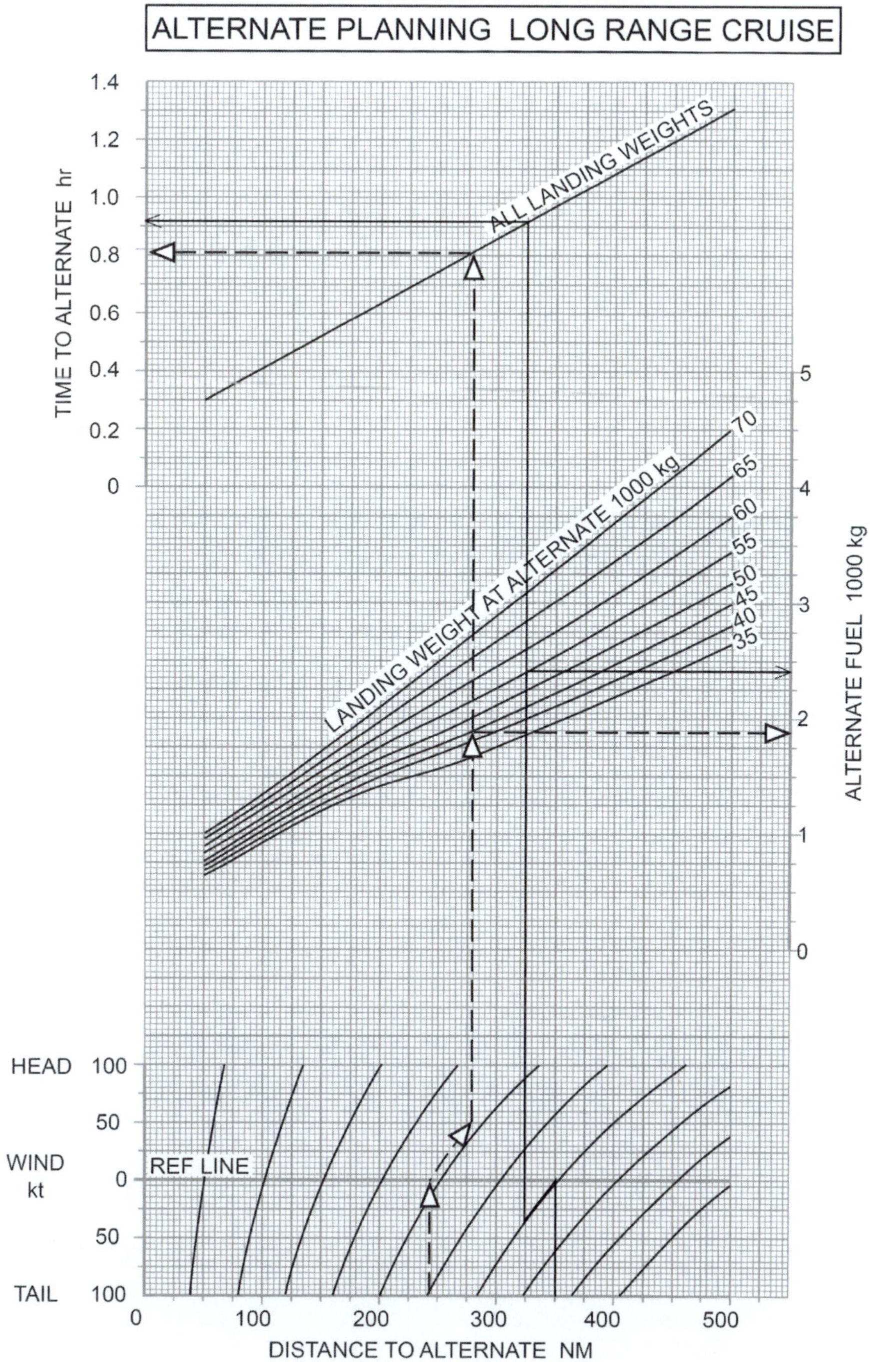

Abbildung 67: MRJT Alternate Fuel Planung (Quelle: aus [4])

Auch das Diagramm zur Bestimmung des Alternate Fuels funktioniert ähnlich wie die anderen Diagramme. Als relevante Bestimmungsgröße ist die Landemasse am Alternate zu verwenden.

> Beispiel:
> Gegeben:
> Strecke zum Alternate 350 nm; Wind 35 kts Rückenwind;
> Landemasse 55 000 kg.
> Bestimmen Sie Treibstoffmasse und benötigte Zeit zum Alternate.
> Lösung (siehe Abbildung 67):
> Benötigte Treibstoffmasse 2.425 kg.
> Zeit zum Alternate 0,92 h = 55,2 min

Holding Treibstoffplanung

Bei der Treibstoffberechnung für das Holding ist ein übliches Racetrack Pattern angenommen mit Minimum Drag Geschwindigkeit (V_{MD}) und „clean"-Konfiguration (Klappen und Fahrwerk eingezogen) aber nicht weniger als 210 KIAS. Die Berechnung erfolgt nach folgender Tabelle.

Press Alt. ft	Weight x 1,000 kg														
	66	64	62	60	58	56	54	52	50	48	46	44	42	40	38
	FUEL FLOW in kg per hour														
37,000					2,740	2,540	2,400	2,260	2,160	2,080	1,980	1,900	1,800	1,740	1,680
35,000		3,020	2,820	2,660	2,520	2,420	2,320	2,220	2,140	2,060	1,960	1,880	1,800	1,720	1,660
30,000	2,840	2,740	2,660	2,560	2,480	2,400	2,300	2,220	2,140	2,060	1,960	1,880	1,800	1,740	1,680
25,000	2,840	2,760	2,660	2,580	2,500	2,420	2,320	2,240	2,160	2,080	2,000	1,920	1,840	1,780	1,720
20,000	2,840	2,760	2,680	2,580	2,500	2,420	2,340	2,260	2,180	2,100	2,020	1,940	1,860	1,800	1,760
15,000	2,880	2,800	2,700	2,620	2,540	2,460	2,380	2,300	2,220	2,140	2,060	1,980	1,920	1,860	1,800
10,000	2,920	2,820	2,740	2,660	2,580	2,500	2,420	2,340	2,260	2,180	2,100	2,020	1,980	1,920	1,880
5,000	2,960	2,860	2,780	2,700	2,620	2,540	2,460	2,380	2,300	2,220	2,140	2,080	2,020	1,960	1,920
1,500	3,000	2,900	2,820	2,740	2,660	2,580	2,520	2,440	2,360	2,280	2,220	2,140	2,080	2,020	1,980

Figure 4.4 Holding Fuel Flow – Flaps Retracted

Abbildung 68: Stundenverbrauch im Holding (Quelle: aus [4])

<u>Beispiel</u>:
Gegeben:
Holding Pressure Altitude 22.000 ft;
Masse beim Eintritt ins Holding 51.500 kg;
Verfügbares Holding Fuel 4.300 kg.
Berechnen Sie die maximale Zeit, die das Flugzeug im Holding verbringen kann.
<u>Lösung</u>:
Zuerst interpolieren wir die Fuel Flow Werte bei 20.000 und 25.000 ft:
Bei 20.000 ft 2.240 kg/h, bei 25.000 ft 2.220 kg/h.
Danach interpolieren wir den Wert bei 22.000 ft.
2000/5000*20 = 8 kg/h -> 2.240 - 8 = 2.232 kg/h ist der richtige Fuel Flow Wert.
4.300 kg/2.232 kg/h = 1,926 h = 1h 55,6 min

Sofern das Flugzeug im Straight and Level Flug wartet, ist beim Fuel Flow 5 % abzuziehen.

Detaillierte Treibstoffplanung der Steigflugphase

Zur detaillierten Treibstoffplanung des Steigflugs sind in CAP 697 auf den Seiten 51-54 vier umfangreiche Zahlentabellen enthalten, deren Zellen jeweils Time, Fuel, Distance und TAS enthalten für jeweils eine bestimmte Break Release Masse (Spaltenwert) und der Top of Climb Pressure Altitude (Zeilenwert). Für folgende vier Temperaturbereiche gilt es jeweils eine eigene Tabelle.

Seite	ISA Bereich
51	ISA -6 bis -15 °C
52	ISA -5 bis +5 °C
53	ISA +6 bis +15 °C
54	ISA +16 bis +25 °C

Korrekturen für die Aerodrome Elevation findet man am unteren Ende der Tabelle.
Die angegebenen Tabellenwerte beziehen sich auf Steigphase eines Fluges. Der Zeitwert ist die Flugzeit ab dem Brake Release Punkt (BRP) bis zum Top of Climb. Der Treibstoffverbrauch ist ebenfalls vom BRP aus gemessen. Die Entfernungsangabe wird vom Punkt mit 1.500 ft Höhe an gerechnet und ist die zurückgelegte Strecke ohne Wind. Der TAS-Wert ist der Durchschnittswert für die Steigphase bei einer Steigflugstrategie mit 280KIAS/M0.74.

Beispiel:

Gegeben:

Aerodrome Pressure Altitude 5.000 ft;

Top of Climb 31.000 ft Pressure Altitude;

Brake Release Masse 60.750 kg;

ISA Abweichung +15°C;

Wind 35 kts Gegenwind.

Berechnen Sie Flugzeit, Treibstoffverbrauch, Strecke über Grund und die TAS für den Steigflug.

Lösung:

Als Erstes gemäß ISA Abweichung die richtige Tabelle suchen, in diesem Fall Seite 53.

ISA +6°C TO +15°C

Press. Alt. ft	Units Min/kg. NAM/Kt	BRAKE RELEASE WEIGHT KG										
		68000	66000	64000	62000	60000	58000	56000	52000	48000	44000	40000
37000	Time/Fuel				33/2350	27/2000	24/1850	22/1700	18/1500	16/1300	14/1150	12/1000
	Dist/TAS				212/409	169/404	147/402	132/400	111/397	95/396	82/394	72/393
36000	Time/Fuel			30/2250	26/2000	23/1650	21/1700	20/1600	17/1400	15/1250	13/1100	12/1000
	Dist/TAS			189/405	161/402	143/400	130/398	119/397	102/395	89/393	77/392	68/391
35000	Time/Fuel	35/2600	29/2250	26/2050	23/1900	21/1750	20/1650	19/1550	16/1350	14/1200	13/1100	11/950
	Dist/TAS	224/407	180/402	157/399	141/397	129/396	119/395	110/394	95/392	83/391	73/390	64/389
34000	Time/Fuel	28/2250	25/2050	23/1900	21/1800	20/1650	19/1550	18/1500	16/1300	14/1200	12/1050	11/950
	Dist/TAS	173/400	154/397	140/395	128/394	118/393	110/392	102/391	89/389	78/388	69/387	61/386
33000	Time/Fuel	25/2100	23/1950	21/1800	20/1700	19/1600	18/1500	17/1450	15/1300	13/1150	12/1050	10/900
	Dist/TAS	151/394	138/393	127/391	118/390	109/389	102/388	95/388	84/386	74/385	65/385	58/384
32000	Time/Fuel	23/1950	21/1850	20/1750	19/1650	18/1550	17/1450	16/1400	14/1250	13/1100	11/1000	10/900
	Dist/TAS	136/390	126/389	117/388	109/387	102/386	95/385	89/384	79/383	70/383	62/382	55/381
31000	Time/Fuel	22/1850	20/1750	19/1650	18/1550	17/1500	16/1400	15/1350	13/1200	12/1100	11/1000	10/900
	Dist/TAS	125/386	116/385	108/384	101/383	95/382	89/382	84/381	74/380	66/380	59/379	52/378
30000	Time/Fuel	20/1800	19/1700	18/1600	17/1500	16/1450	15/1350	14/1300	13/1150	12/1050	10/950	9/850
	Dist/TAS	115/382	108/381	101/380	95/379	89/379	84/378	77/378	70/377	62/376	56/376	49/375

Danach die beiden relevanten Zellen suchen und die Werte für die Interpolation in eine eigene Tabelle übernehmen:

	Time	Fuel	Distance	TAS
62.000 kg	18	1.550	101	383
60.000 kg	17	1.500	95	382
60.750 kg	17,375	1.518,75	97,25	382,375

Wegen der Elevation muss die Treibstoffmasse um -150 kg korrigiert werden.

Fuel Adjustment for high elevation airports	Airport Elevation	2000	4000	6000	8000	10000	12000
Effect on time and distance is negligible	Fuel Adjustment	-50	-100	-200	-250	-300	-400

Danach die TAS korrigieren: 382,375-35 = 347,375

> Danach die Strecke mit GS/TAS korrigieren: = 97,25 * 382,375/347,375 = 88,35 NM
> Ergebnis (gerundet):

	Time	Fuel	Distance	TAS
60.750 kg	17,4	1.369	88,4	382,4

Detaillierte Cruise Planung (Reichweitentabellen)

Zur detaillierten Treibstoffplanung der Reiseflugphase sind in CAP 697 auf den Seiten 57-100 sind weitere umfangreiche Zahlentabellen vorhanden:

Seite	Cruise Mode
57 - 67	Long Range Cruise FL 270 bis FL 370
69 - 85	0.74 Mach Cruise FL 210 to FL 370
87 - 92	0.78 Mach Cruise FL 290, 300, 310, 330, 350, 370
93 - 100	Low level (300 KIAS) Cruise FL 140 to FL 210

Die Methode der Treibstoffermittlung scheint zunächst etwas kompliziert:
Teil 1:

1. Tabelle entsprechend dem Cruise Mode und Pressure Altitude auswählen.
2. TAS entsprechend der Masse am Beginn des Streckenabschnitts bestimmen.
3. TAS bezüglich Temperaturabweichung korrigieren.
4. Groundspeed mittels Wind errechnen.
5. Strecke durch Groundspeed ergibt die Zeit für den Streckenabschnitt.

Teil 2:

1. Tatsächliche Luftstrecke berechnen NAM = Entfernung × (TAS/groundspeed).
2. Tabellenwert entsprechend der Masse zu Beginn des Streckenabschnitts bestimmen, falls nötig interpolieren = No-Wind-Luftstrecke.
3. Subtrahiere die tatsächliche Luftstrecke von der No-Wind- Luftstrecke, um den Endwert der Luftstrecke zu erhalten.
4. Gehe erneut in die Tabelle mit dem Endwert der Luftstrecke und bestimme die Masse, falls nötig interpolieren.
5. Berechne die Treibstoffmasse durch Subtraktion der Masse am Ende von der Masse am Beginn des Streckenabschnitts.

6. Korrigiere ggf. die Treibstoffmasse hinsichtlich der Temperaturabweichung mittels der Vorschriften am Ende der Tabelle.

TEIL 3:

1. Subtrahiere die korrigierte Treibstoffmasse von der Masse zu Beginn des Streckenabschnitts, um die Startmasse für den nächsten Streckenabschnitt zu erhalten.

Die beschriebene Prozedur ist für alle Folgestreckenabschnitte bis zum Top of Descent durchzuführen.

Beispiel:
Gegeben:
Long Range Cruise mode;
Cruise Pressure Altitude 31.000 ft;
Temperatur ISA Abweichung +13°C;
Wind 23 kts Rückenwind;
Streckenabschnitt 327 nm;
Masse beim Eintritt in den Streckenabschnitt 56.330 kg.
Berechnen Sie den Treibstoffverbrauch, die Flugzeit und die Masse zu Beginn des nächsten Streckenabschnitts.
Lösung:
Tabelle auf Seite 61 (section 4. page 29) auswählen.
TEIL 1:
1. TAS bei 56.330 kg auswählen: 437 KTAS
2. Temperaturkorrektur (siehe unter der Tabelle) : 437 + 13 = 450 KTAS
3. Groundspeed = 450 + 23 = 473 KTAS
4. Flugzeit für den Streckenabschnitt: 327 NM/473 KTAS = 0,69133 h = 41,5 Minuten
TEIL 2:
1. Luftstrecke = 327 NM *(450/473) = 311 NM
2. No-Wind-Luftstrecke (Startmasse) = 4.186 +(17*30/100) = 4.191 NM
3. 4.191 NM -311 NM = 3.880 NM
4. Die Masse liegt zwischen 54.500 (3871) und 54.600 kg (3889). Der interpolierte Wert liegt genau in der Mitte bei 54.550 kg.
5. Treibstoffmasse: 56.330 kg – 54.550 kg = 1.780 kg

All Engines Maximum Cruise Thrust Limits A/C Auto

PRESSURE ALTITUDE 31,000 ft LONG RANGE CRUISE

GROSS		0	100	200	300	400	500	600	700	800	900
WT. kg	**TAS**	**CRUISE DISTANCE NAUTICAL AIR MILES**									
35000	391	0	22	44	66	88	110	132	154	176	199
36000	395	221	242	264	286	308	330	352	374	395	417
37000	399	439	461	482	504	525	547	569	590	612	633
38000	403	655	676	698	719	740	762	783	804	825	847
39000	406	868	889	910	931	952	973	995	1016	1037	1058
40000	410	1079	1100	1120	1141	1162	1183	1204	1225	1245	1266
41000	414	1287	1308	1328	1349	1369	1390	1410	1431	1452	1472
42000	417	1493	1513	1533	1554	1574	1594	1615	1635	1655	1676
43000	420	1696	1716	1736	1756	1776	1796	1816	1837	1857	1877
44000	423	1897	1917	1936	1956	1976	1996	2016	2036	2056	2076
45000	425	2095	2115	2135	2154	2174	2194	2213	2233	2252	2272
46000	428	2292	2311	2331	2350	2369	2389	2408	2428	2447	2466
47000	430	2486	2505	2524	2543	2563	2582	2601	2620	2639	2658
48000	432	2678	2697	2716	2735	2754	2772	2791	2810	2829	2848
49000	433	2867	2886	2905	2924	2942	2961	2980	2998	3017	3036
50000	435	3055	3073	3092	3110	3129	3147	3166	3184	3203	3221
51000	436	3240	3258	3276	3295	3313	3331	3350	3368	3386	3405
52000	437	3423	3441	3459	3477	3495	3513	3531	3550	3568	3586
53000	437	3604	3622	3640	3657	3675	3693	3711	3729	3747	3765
54000	437	3783	3800	3818	3836	3853	3871	3889	3906	3924	3942
55000	437	3959	3977	3994	4012	4029	4047	4064	4082	4099	4117
56000	437	4134	4152	4169	4186	4203	4221	4238	4255	4272	4290
57000	437	4307	4324	4341	4358	4375	4392	4409	4426	4443	4461
58000	437	4478	4494	4511	4528	4545	4562	4579	4596	4612	4629
59000	437	4646	4663	4679	4696	4713	4729	4746	4763	4779	4796
60000	437	4813	4829	4845	4862	4878	4895	4911	4928	4944	4960
61000	437	4977	4993	5009	5025	5042	5058	5074	5090	5107	5123
62000	437	5139	5155	5171	5187	5203	5219	5235	5251	5267	5283
63000	437	5299	5315	5331	5346	5362	5378	5394	5410	5425	5441
64000	437	5457	5473	5488	5504	5519	5535	5550	5566	5582	5597
65000	437	5613	5628	5643	5659	5674	5690	5705	5720	5736	5751
66000	437	5766	5782	5797	5812	5827	5842	5857	5873	5888	5903
67000	437	5981	5933	5948	5963	5978	5993	6008	6023	6037	6052

NOTE 1: OPTIMUM WEIGHT FOR PRESSURE ALTITUDE IS 63,500 kg
A) THRUST LIMITED WEIGHT FOR ISA +10 AND COLDER EXCEEDS STRUCTURAL LIMIT
B) THRUST LIMITED WEIGHT FOR ISA +15 EXCEEDS STRUCTURAL LIMIT
C) THRUST LIMITED WEIGHT FOR ISA +20 EXCEEDS STRUCTURAL LIMIT

NOTE 2: ADJUSTMENTS FOR OPERATION AT NON-STANDARD TEMPERATURES
A) INCREASE FUEL REQUIRED BY 0.6 PERCENT PER 10 DEGREES C ABOVE ISA
B) DECREASE FUEL REQUIRED BY 0.6 PERCENT PER 10 DEGREES C BELOW ISA
C) INCREASE TAS BY 1 KNOT PER DEGREE C ABOVE ISA
D) DECREASE TAS BY 1 KNOT PER DEGREE C BELOW ISA

Abbildung 69: Long Range Cruise Tabelle 31.000 ft (Quelle: aus [4])

6. Korrektur ISA +13°C: 1.780 *0,006*1,3= 13,884 kg
Treibstoffmasse = 1.793,88 runden auf 1.794 kg
TEIL 3:
Startmasse für den nächsten Streckenabschnitt: 56.330 kg – 1794 kg = 54.536 kg

Die Berechnung der Treibstoffmasse erfolgt offenbar in Form einer Differenzbildung, bei der man die tatsächliche Situation jeweils auf eine Standardsituation ohne Wind transformiert.

Treibstoffplanung für den Sinkflug

Zur Treibstoffplanung für den Sinkflug gibt es in CAP 697 zwei Tabellen, eine für den ökonomischen Sinkflug, die zweite gilt für einen Turbulent Penetration Descent. In beiden Fällen erfolgt der Sinkflug mit Flight Idle Thrust und ein anschließender Star-aight-In Approach zu einem Aerodrome auf Meereshöhe.

0.74 M/250 KIAS (Economy) Descent

PRESS. ALT. ft	TIME min	FUEL kg	AIR DISTANCE TRAVELLED NM				
			LANDING WEIGHT kg				
			35,000	45,000	55,000	65,000	75,000
37,000	23	295	98	109	114	114	110
35,000	22	290	94	105	110	110	106
33,000	21	285	89	99	103	103	101
31,000	20	280	83	93	97	98	95
29,000	19	275	78	87	91	91	89
27,000	19	270	73	81	85	85	83
25,000	18	260	68	75	79	79	77
23,000	16	255	63	69	72	73	71
21,000	15	245	58	64	66	67	66
19,000	14	235	53	58	60	61	60
17,000	13	225	48	52	54	55	54
15,000	12	215	43	46	48	49	48
10,000	9	185	30	32	33	34	33
5,000	6	140	18	18	18	18	18
3,700	5	130	14	14	14	14	14

Abbildung 70: Economy Descent (Quelle: aus [4])

Beispiel:
Gegeben:
Economy descent von FL340, Temperatur –50°C,
zu einem Flughafen mit Pressure altitude 7.000 ft, Temperatur 0°C.
Landemasse 47.000 kg.
Wind 23 kts Gegenwind.
Berechnen Sie die benötigte Flugzeit, Treibstoffmasse und die zurückgelegte Strecke über Grund.
Lösung:
Die Interpolation der Zeit ergibt 21,5 min bei 34.000 ft und 7,2 min bei 7.000 ft.
Differenz 14,3 Minuten für den Descent.
Treibstoffmasse 287,5 kg bei 34.000 ft und 158 kg bei 7.000 ft.
Differenz 129,5 kg.
Strecke:
102 NM (45.000 kg) und 106,5 NM (55.000 kg), die Interpolation ergibt 102,9 NM.
23,6 NM (45.000 kg) und 24 NM (55.000 kg), die Interpolation ergibt 23,72 NM.
Differenz 79,18 NM.
Nun müssen wir noch die Groundspeed berücksichtigen.
Die mittlere Altitude ist 20.500 ft, die Temperatur interpoliert sich zu -25 °C.
250 KIAS entspricht gemäß Drehmeier 343 KTAS, respektive 320 Kts Groundspeed.
Zurückgelegte Strecke: 79,18 *(320/343) = 73, 87 NM

Treibstoffplanung für den Gear-down-Betrieb

Es kann vorkommen, dass ein Flug mit ausgefahrenem Fahrwerk durchgeführt werden muss, weil es sich wegen eines technischen Fehlers nicht mehr einziehen lässt. Für einen solchen Fall gibt es in CAP 697 auf Seite 103 das Diagramm „Non-normal operation- Gear down Ferry Flight". Es basiert auf der Annahme, dass der gesamte Flug, also Steig-, Reise- und Sinkflug, bei ausgefahrenem Fahrwerk mit 220 KIAS durchgeführt wird. Das Diagramm wird genauso verwendet wie alle anderen Diagramme zur Treibstoffplanung.

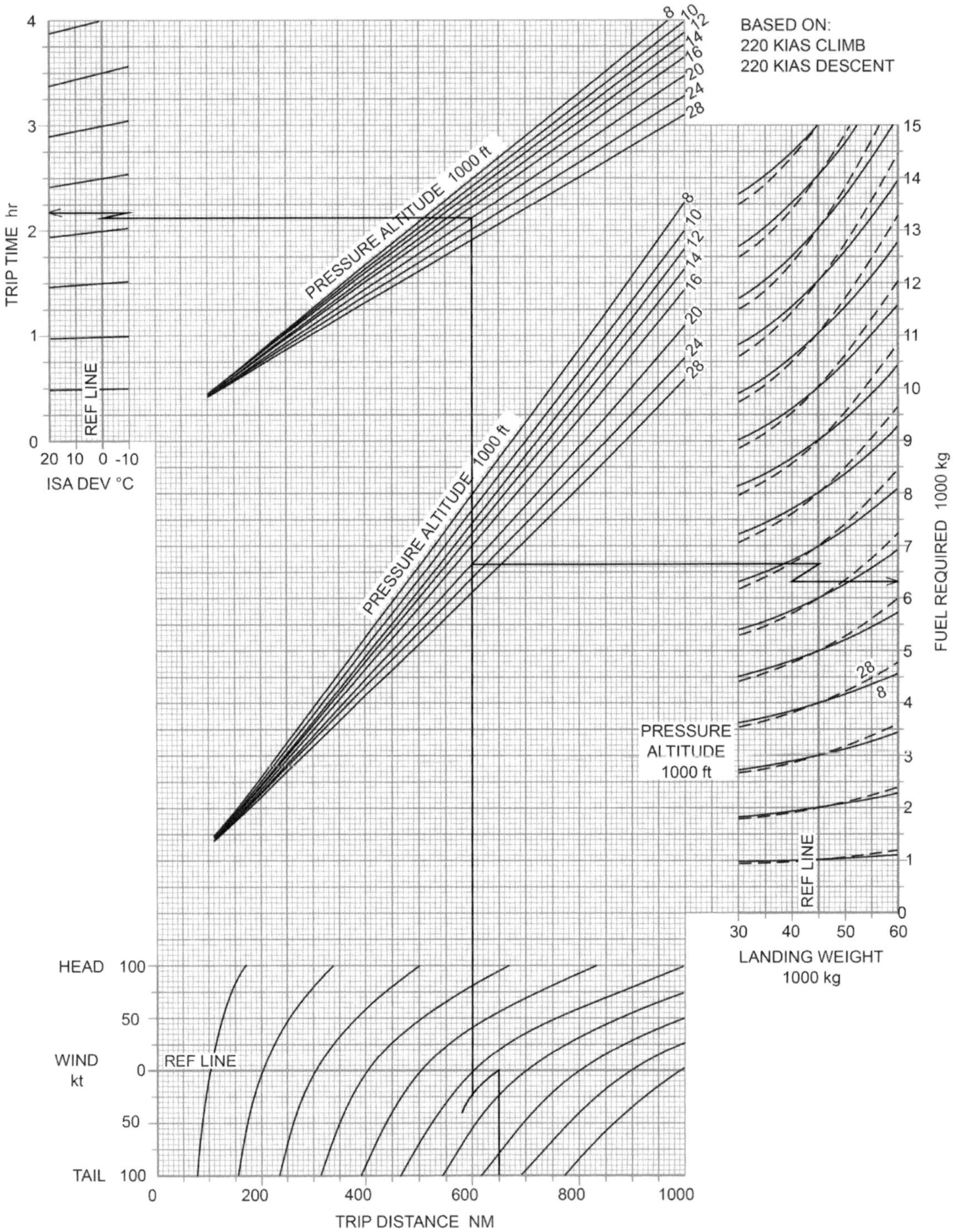

Abbildung 71: Gear-down Betrieb (Quelle: aus [4])

Beispiel:

Gegeben:

Ein MRJT Flugzeug hat einen Überführungflug bei ausgefahrenem Fahrwerk durchzuführen.

Strecke 650 NM, Wind 25 Kts Rückenwind.

Cruising Altitude 20.000 ft, Temperatur ISA -10 °C.

Landemasse 40.000 kg.

Bestimmen Sie die benötigte Treibstoffmasse und die Flugzeit in Stunden und Minuten.

Lösung:

Einzeichnen der Linien und ablesen.

Benötigte Treibstoffmasse : 6.300 kg

Flugzeit: 2 Stunden und 11 Minuten.

Exkurs: Hapag-Lloyd-Flug 3378

Hapag-Lloyd-Flug 3378 (D-AHLB) war ein Charterflug der Hapag-Lloyd von Chania (LGSA) auf Kreta nach Hannover (EDDV). Nach dem Start in Kreta am 12. Juli 2000 um 10:59 Uhr Ortszeit ließ sich aufgrund eines technischen Defektes das rechte Fahrwerk des Airbus A310 nicht einfahren. Die Piloten versuchten daraufhin mit ausgefahrenem Fahrwerk, trotz erhöhten Treibstoffverbrauchs, einen deutschen Flughafen zu erreichen. Während des Fluges zeigte sich jedoch, dass man selbst Wien (LOWW) nur knapp würde erreichen können. Im Anflug auf RW34 des Flughafens LOWW gingen ungefähr 12 NM vor der Landebahn beide Triebwerke in etwa 4.000 ft Höhe aus. Ein Triebwerk konnte die Crew wieder anlassen und somit das Flugplatzgelände noch erreichen. Das Flugzeug berührte etwa 660 Meter vor der Schwelle der Landebahn 34 um 13:25 Uhr mit einem Tragflächenende erstmals den dortigen Ackerboden, danach versagte das linke Hauptfahrwerk, die Maschine schrammte durch die Anflugbefeuerung der Landebahn und wurde an Fahrwerk, Triebwerken und Rumpf schwer beschädigt. (Quelle: Wikipedia, Text geringfügig geändert)

Extended-Range Operations (EROPS)

Der Extended-Range Betrieb (Abk. EROPS[8]) nach den ETOPS-Vorschriften (Extended-Range Twin Operating Performance Standards) haben wir bereits im Abschnitt ETOPS Verfahren auf Seite 93 besprochen. In CAP 697 gibt es hierfür auf Seite 105 ein entsprechendes Diagramm für die Treibstoffplanung und auf Seite 107 eine Tabelle zur Bestimmung der Entfernung zum kritischen Punkt.

> Beispiel (Diversion Entfernung):
> Gegeben:
> The mode of operation is M0.74/290 kts IAS.
> Die Inflight Gross Mass zum Zeitpunkt der Diversion ist 53.000 kg.
> Die maximal zulässige ETOPS-Zeit ist 138 Minuten.
> Berechnen Sie die maximale Entfernung von einem passenden Flughafen an der Strecke.
> Lösung (siehe Abbildung 72):
> Man wähle den richtigen Block aus, in diesem Fall .74/290.
> Man wähle die relevanten Zahlen in der Tabelle zur Interpolation aus.
> Interpolation der oberen Zeile (50 to) ergibt: 844 +(907-844)*8/10 = 894,4
> Interpolation der unteren Zeile (55 to) ergibt: 828 +(890-828)*8/10 = 877,6
> Interpolation dieser beiden Werte: 877,6+(894,4-877,6)*2000/5000 = 884,32
> Ergebnis: 884 NM

Im Folgenden ein Beispiel zur Bestimmung der kritischen Treibstoffmasse (engl. critical fuel reserve).

> Beispiel (kritische Treibstoffmasse):
> Gegeben:
> Inflight Gross Mass am kritischen Punkt 55 000 kg;
> Temperaturabweichung 0°C;
> Strecke zum Zielflughafen (Diversion) 850 nm;
> Wind 50 kts Gegenwind; Vereisungsbedingungen.
> Berechnen Sie die kritische Treibstoffmasse.
> Lösung (siehe Abbildung 73):
> Linien einzeichnen und Wert ablesen.

---

[8] In Cap 697 wird die Abkürzung EROPS statt ETOPS verwendet. Gemeint ist in beiden Fällen dasselbe Verfahren.

Speed M/KIAS	Div. Wt 1000 kg	TIME MINUTES														
		60	**70**	**80**	**90**	**100**	**110**	**120**	**130**	**140**	**150**	**160**	**170**	**180**	**190**	**200**
.70/280	35	406	472	539	605	672	738	805	871	938	1004	1071	1137	1204	1271	1337
	40	402	467	533	598	663	729	794	860	925	990	1056	1121	1187	1252	1318
	45	397	462	526	590	654	718	782	846	910	975	1039	1103	1167	1231	1295
	50	392	454	517	580	642	705	768	830	893	956	1018	1081	1144	1207	1269
	55	385	446	507	568	630	691	752	813	875	936	997	1058	1119	1181	1242
	60	377	437	497	557	616	676	736	796	855	915	975	1035	1094	1154	1214
	65	369	427	486	544	602	660	718	776	835	893	951	1009	1067	1125	1183
	70	363	419	476	532	589	645	702	758	815	871	928	985	1041	1098	1154
.74/290	35	412	478	545	612	678	745	811	878	945	1011	1078	1145	1211	1278	1345
	40	409	474	540	606	672	737	803	869	935	1000	1066	1132	1198	1263	1329
	45	404	469	533	598	663	727	792	856	921	986	1050	1115	1180	1244	1309
	50	400	463	526	590	653	717	780	844	907	970	1034	1097	1161	1224	1288
	55	393	455	517	579	641	704	766	828	890	952	1014	1077	1139	1201	1263
	60	386	447	508	568	629	690	751	812	872	933	994	1055	1116	1176	1237
	65	378	437	497	556	615	675	734	793	853	912	971	1031	1090	1149	1209
	70	372	430	488	546	603	661	719	777	835	893	950	1008	1066	1124	1182
.74/310	35	415	482	548	615	681	748	814	881	948	1014	1081	1147	1214	1280	1347
	40	413	479	545	611	677	743	810	876	942	1008	1074	1140	1206	1272	1338
	45	410	476	541	607	672	737	803	868	933	999	1064	1130	1195	1260	1326
	50	407	472	536	601	665	730	794	859	923	988	1052	1116	1181	1245	1310
	55	402	466	529	592	656	719	783	846	908	973	1036	1100	1163	1226	1290
	60	397	459	521	583	646	708	770	833	895	957	1019	1082	1144	1206	1269
	65	391	452	513	574	635	696	757	818	879	940	1002	1063	1124	1185	1246
	70	385	445	505	565	625	685	744	804	864	924	984	1044	1103	1163	1223
.74/330	35	416	482	548	614	680	746	811	877	943	1009	1075	1141	1207	1273	1339
	40	415	481	547	613	678	744	810	875	941	1007	1072	1138	1204	1270	1335
	45	414	480	545	610	676	741	806	871	937	1002	1067	1133	1198	1263	1328
	50	412	477	542	607	671	736	801	865	930	995	1059	1124	1189	1254	1318
	55	408	472	536	600	664	728	792	856	920	984	1048	1112	1176	1240	1304
	60	404	467	530	593	656	719	783	846	909	972	1035	1098	1161	1224	1287
	65	399	461	523	586	648	710	772	834	896	958	1020	1082	1144	1207	1269
	70	395	457	518	579	640	701	762	823	884	945	1006	1067	1128	1190	1251
LRC	35	368	428	488	548	608	668	728	787	847	906	965	1024	1083	1141	1200
	40	372	433	493	554	614	674	735	794	854	914	973	1032	1092	1151	1209
	45	376	437	497	558	619	679	739	799	859	919	979	1038	1097	1157	1216
	50	379	440	501	561	622	682	742	803	862	922	982	1041	1101	1160	1219
	55	380	441	502	562	623	683	743	803	863	922	982	1041	1100	1159	1218
	60	381	442	503	563	624	684	744	804	863	923	982	1041	1100	1159	1218
	65	381	442	503	563	623	683	742	802	861	921	980	1038	1097	1156	1214
	70	383	444	504	564	623	683	742	802	860	919	978	1036	1094	1152	1210

ISA
BASED ON DRIFTDOWN STARTING AT OR NEAR OPTIMUM ALTITUDE

Abbildung 72: Maximale EROPS-Entfernung OEI (Quelle: aus [4])

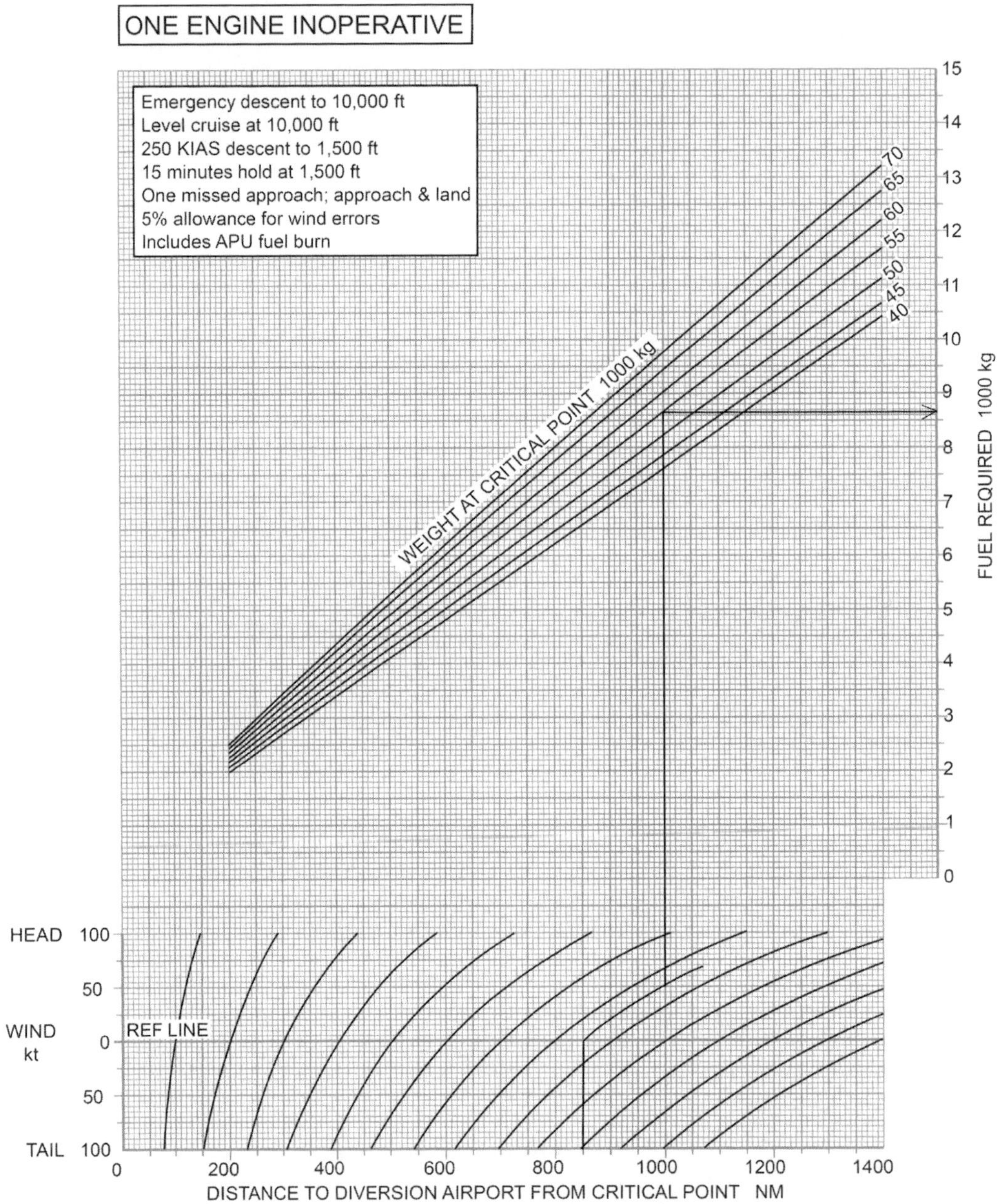

INCREASE FUEL REQUIRED BY 0.5% FOR EACH 10°C HOTTER THAN ISA CONDITIONS.
IF ICING CONDITIONS EXIST, INCREASE FUEL REQUIRED BY 20% TO ACCOUNT FOR ENGINE & WING A.I. ON & ICE ACCUMULATION ON UNHEATED SURFACES.
ALLOWANCE FOR PERFORMANCE DETERIORATION NOT INCLUDED.
COMPARE THE FUEL REQUIRED FROM THIS CHART WITH CRITICAL FUEL RESERVES FOR TWO ENGINES OPERATIVE. USE THE HIGHER OF THE TWO.

Abbildung 73: Berechnung der kritischen Treibstoffmasse (Quelle: aus [4])

Abgelesener Wert 8.650 kg
Korrektur bei Vereisungsbedingungen 20 %: 10.380 kg.
Damit ist man aber noch nicht fertig!
Das Verfahren fordert, das Maximum von dieser Treibstoffmasse und der benötigten Treibstoffmasse bei All Engine Operative (AEO) Bedingungen zu bestimmen.
Hierzu dient das Diagramm in CAP 697 auf Seite 106.
Im AEO-Diagramm lässt sich für die angenommenen Werte 9.000 kg benötigte Treibstoffmasse ermitteln, zuzüglich 18 % für Vereisungsbedingungen ergibt in der Summe 10.620 kg.
Ergebnis (Maximum 10380, 10620): 10.620 kg

Inflight Diversion

In CAP 697 findet man auf Seite 108 ein weiteres Diagramm, mit dessen Hilfe sich die erforderliche Treibstoffmasse für den Flug zu einem Ausweichflughafen ermitteln. Die Verwendungsmethode ist identisch mit den bereits erklärten Diagrammen, auch hierzu ein Beispiel.

Beispiel:
Gegeben:
Entfernung der Ausweichstrecke (diversion distance): 750 NM
Windkomponente: 30 Kt Gegenwind
Cruise Pressure Altitude: 22.000 ft
In-Flight Gross Mass zum Zeitpunkt der Abzweigung: 60.000 kg
ISA Abweichung: -10 °C
Berechnen Sie den Treibstoffbedarf und die Flugzeit zum Ausweichflughafen.
Lösung:
Im Diagramm (siehe Abbildung 74) zeichnet man nach bekannter Methode die Linien ein und erhält auf der rechten Seite den Treibstoffbedarf mit 5.800 kg.
Die Flugzeit lässt sich links oben mit 2 h 26 min ablesen.

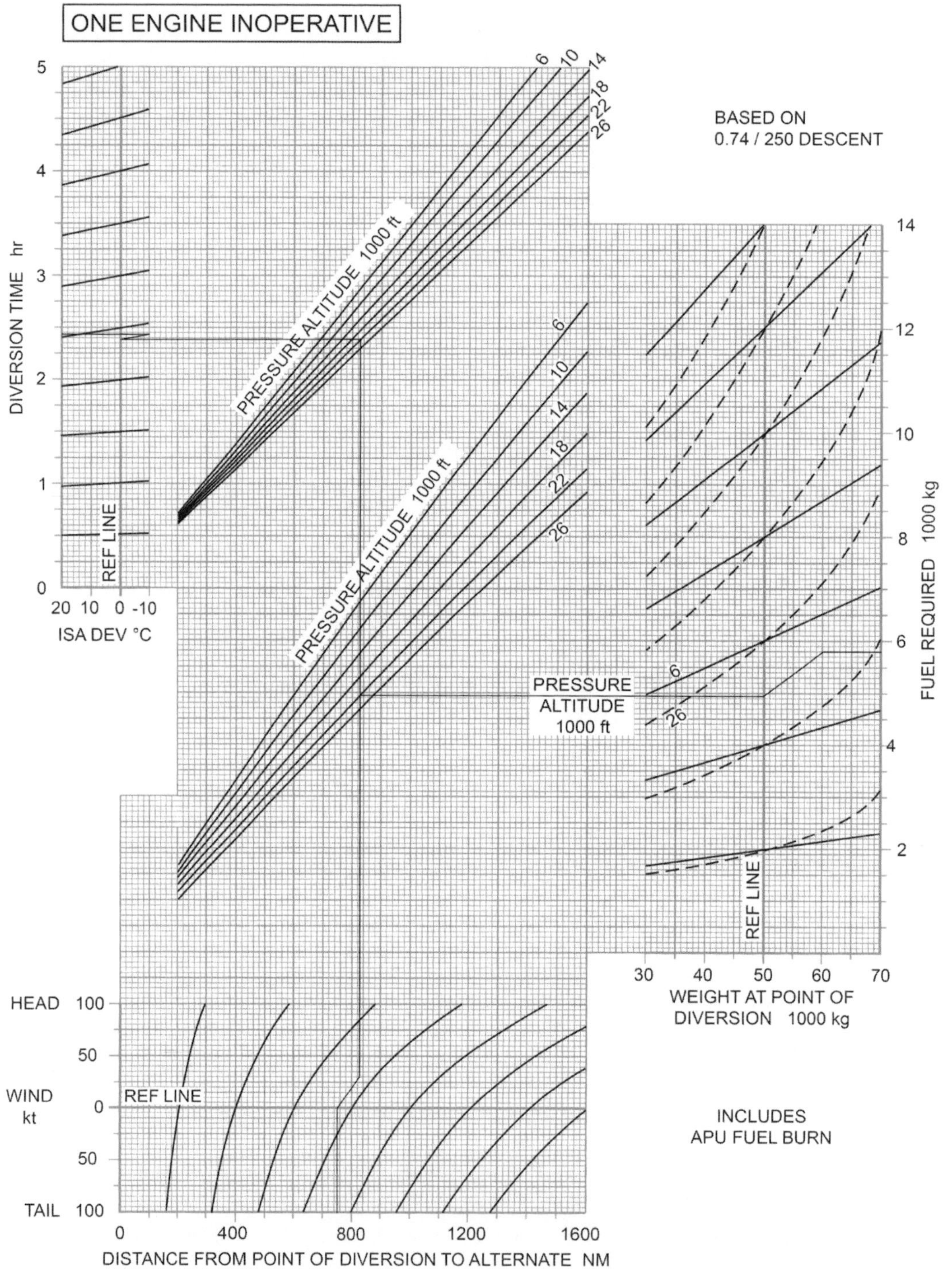

Abbildung 74: Inflight Diversion Diagramm (Quelle: aus[4])

04 00 00
Flugvorbereitung

Neben der navigatorischen Flugplanung inklusive der Treibstoffberechnung gehören weitere Aufgaben zur Flugvorbereitung, auf die wir in diesem Kapitel eingehen. Es wird empfohlen, bei Bedarf Kapitel 08 Flugberatungsdienst im Band Luftrecht zu rekapitulieren, da einige Prüfungsfragen von der Art „Wo findet man was?“ lauten.

04 01 00 NOTAM Briefing

04 01 01 Einrichtungen und Dienstleistungen am Boden

Zum NOTAM Briefing gehört die Überprüfung, ob die für den Flug genutzten Bodeneinrichtungen funktionstüchtig sind und alle Dienstleistungen ohne Einschränkungen zur Verfügung stehen.

04 01 02 Start- und Zielflughafen und alle Ausweichflughäfen

Zum NOTAM Briefing gehört ferner die Überprüfung, ob an den Flughäfen der geplanten Strecke Besonderheiten bekannt sind. Dazu zählen folgende Fragen:

- Öffnungszeiten der Flughäfen geändert?
- Gibt es aktuell besondere Konstruktions- oder Umbauarbeiten an einem der Flughäfen?
- Gibt es besondere Verfahren (z.B. geänderte Anflugverfahren, geschlossene Runways) aufgrund solcher Arbeiten?
- Gibt es besondere Hindernisse (z.B. Baukräne)?
- Wurden Frequenzen geändert (z.B. TWR, GND, ILS)?

04 01 03 Luftstraßen und Luftraumstruktur

Punkt drei des NOTAM Briefings betrifft die beflogenen Luftstraßen und die Luftraumstruktur. Auch dort muss vor dem Flug geprüft werden, ob aktuelle Änderungen zu berücksichtigen sind. Diese können beispielsweise sein:

- Geänderte Bedingungen oder geänderte Streckenführung bei Luftstraßen
- Änderungen bei Flugbeschränkungsgebieten
- Temporäre Luftraumsperrungen (z.B. wegen eines Vulkanausbruchs)
- Geänderte Enroute-Frequenzen für Radar oder Navaids

04 02 00 Wetterbriefing

04 02 01 Analyse relevanter meteorologischen Daten

Obwohl das Thema Meteorologie in Syllabus 050 getrennt unterrichtet und geprüft wird, tauchen meteorologische Fragen auch in Flight Planning Prüfungen auf, wobei sich die jeweilige Fragestellung meistens auf eine konkrete Flugplanung bezieht. Diese Fragen sind in der Regel folgende:

- Interpretation von METAR/TAF
- Interpretation der SWC
- Fragen zu Upper Wind Charts

Wir wollen zu jedem Fragetyp eine Beispielaufgabe betrachten.

> Beispiel (METAR/TAF):
> Was ist der früheste Zeitpunkt, an dem in Tunis ein Gewitter vorhergesagt ist?

```
TUNIS/CARTHAGE
DTTA/TUN

SA1330 121330Z 24008KT 9999 FEW023 BKN200 24/08 Q1007=

FC1200 121200Z 121322 28012KT 9999 FEW030 SCT200 BECMG 1518 30014KT
       SCT026 BKN200 TEMPO 1722 32014G25KT 6000 -SHRA FEW023CB=

FT1020 121020Z 121212 26012KT 9999 FEW030 SCT200 BECMG 1619 30014KT
       8000 SCT020 BKN100 TEMPO 1802 32014G25KT 6000 SHRA OR -TSSHRA
       FEW023CB BECMG 0406 28019KT 6000 BECMG 0810 8000 SCT020 SCT026
       TEMPO 5000 -SHRA FEW026CB=
```

> Es sind drei Wettervorhersagen für den Flughafen Tunis dargestellt. Die erste ist ein METAR, ausgegeben am 12. um 13:30 Zulu-Zeit, d.h. UTC. Ein Gewitter (TS = Thunderstorm) ist nicht vorhergesagt. Die zweite Vorhersage ist ein 9h-TAF, ausgegeben am 12. um 12 Uhr, der von 13 Uhr bis 22 Uhr gilt (der zweite Block definiert den Gültigkeitszeitraum). Auch hier ist kein Kürzel TS enthalten.

Das dritte Vorhersage ist ein 24h-TAF, ausgegeben am 12. um 10:20Z, gültig von 12 Uhr bis um 12 Uhr des Folgetages. In der zweiten Zeile liest man, dass die Möglichkeit für ein leichtes Gewitter mit Regenschauern besteht (-TSSHRA). Zeitlich ist dies in der Mitte der zweiten Zeile durch TEMP 1802 einzuordnen, d.h. diese temporäre Änderung wird für irgendwann zwischen 18 Uhr und 2 Uhr morgens vorhergesagt.
Die richtige Antwort ist daher 18 Uhr.

METAR oder ATIS des Zielflughafens werden bei heutigen Transportflugzeugen direkt per Datalink ins Cockpit übertragen. Im abgebildeten Beispiel handelt es sich um das METAR in Furteventura (GCFV), das während des Fluges empfangen wird.

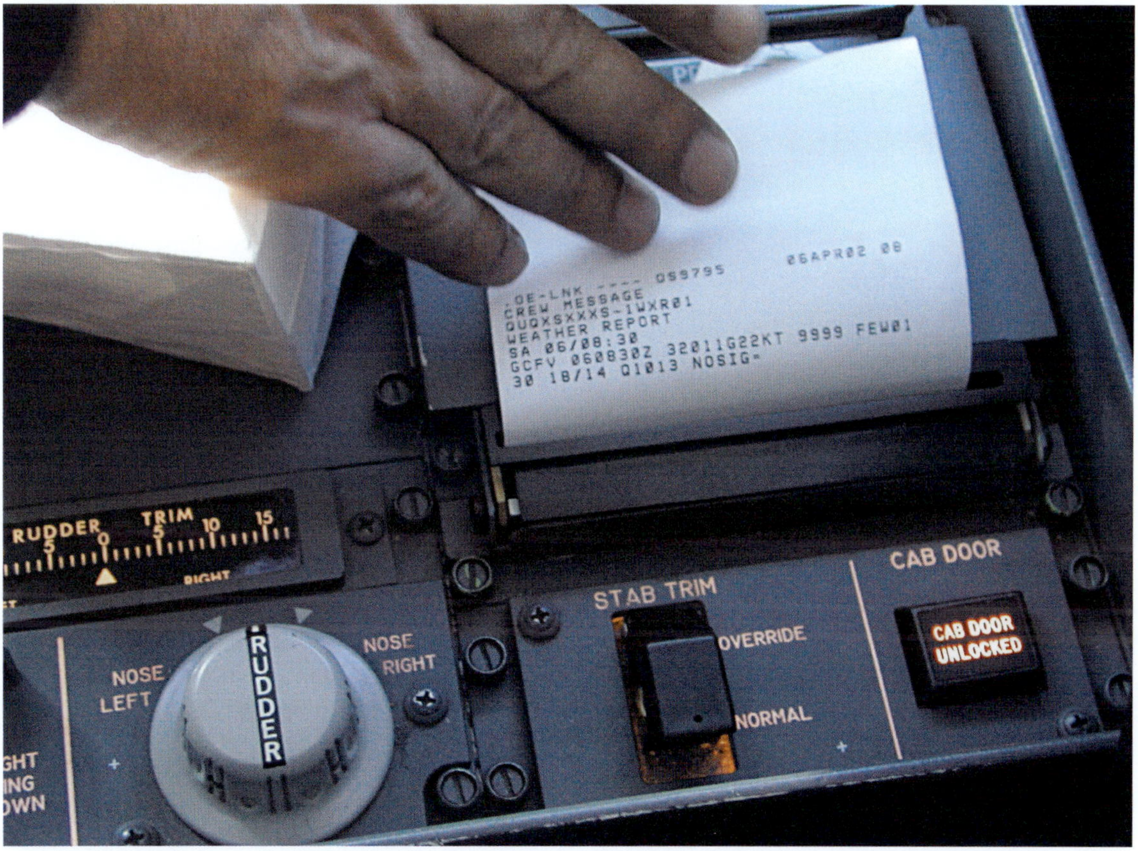

Abbildung 75: Weatherreport während des Fluges (Quelle: www.austrianaviationart.org)

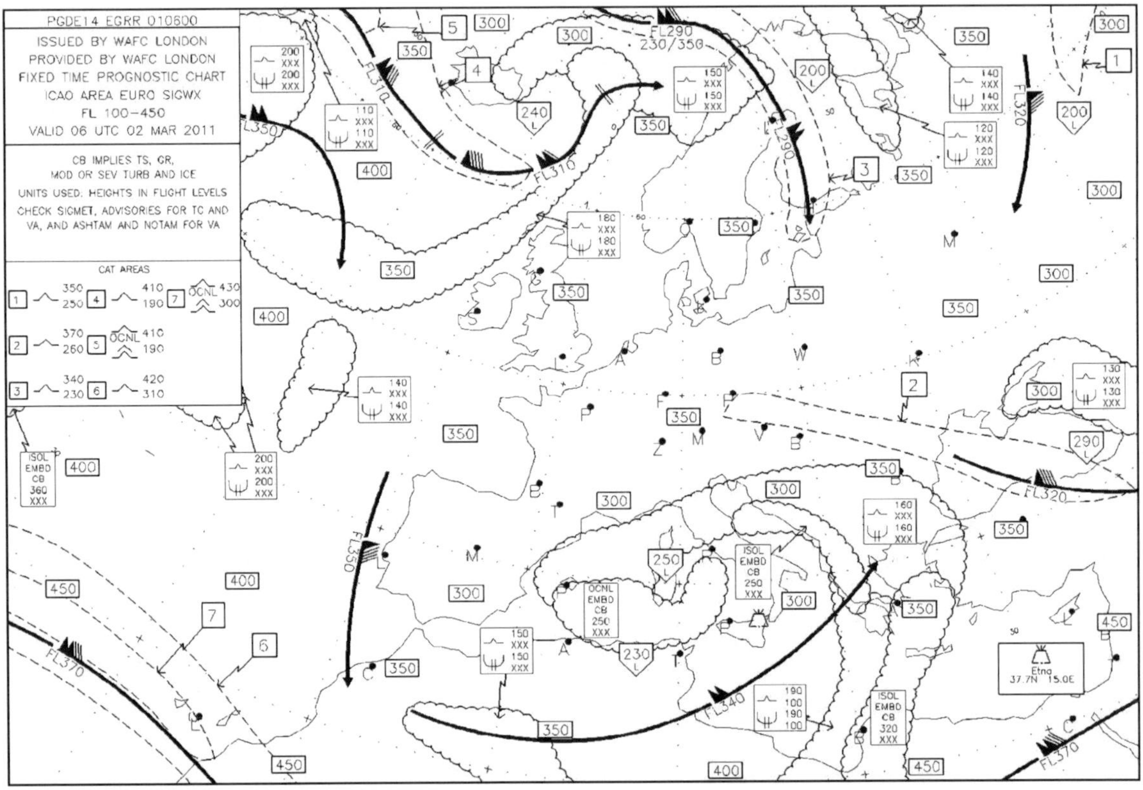

Abbildung 76: Significant Weather Chart (SWC) (Quelle: WAFC London)

Die Significant Weather Charts (Abk. SWC) stellen eine großräumige Wettervorhersage für den Streckenflug in höheren Altitudes grafisch dar. Sie werden für Europa von der WAFC in London herausgegeben. Da sie vorwiegend für den IFR-Flugverkehr genutzt wird, kann man sie auch salopp als „IFR-Wetterkarte“ bezeichnen. Hauptsächlich kommt die SWC für den Bereich FL100- FL450 zum Einsatz. Wir wiederholen kurz ein paar Details aus dem Fach Meteorologie.

Die SWC enthält ausschließlich signifikantes Wetter, dargestellt wie folgt:

- Jetstreams (dicke schwarze Linie, Flight Level und kodierte maximale Jetstreamspeed) und assoziierte CAT-Regionen (Abgrenzung durch gestrichelte Linien) mit Turbulenzangaben (mittels Referenzziffer und Angaben der jeweiligen Turbulenzklasse im Kasten links)
- Die Altitudes der Tropopause (Zahl in rechteckiger Umrahmungsbox, Low mit einem „L“)

- Relevante Wolkengebilde (dargestellt durch die Wolkenumrahmung, wobei die Wetterdetails (Schichtdicke, Turbulenz, Vereisung, Embedded CBs usw.) im jeweils zugeordneten Rechteck zu finden sind)
- Flughäfen als Punkte mit Buchstabenkennung und Vulkanstandorte

Eine genaue Beschreibung findet man in Band 050 Kapitel 10 02 01 Signifikante Wetterkarten. Prüfungsfragen beziehen sich stets auf die Interpretation einer gegebenen SWC-Karte. Wir konstruieren als Beispiele ein paar Fragen zur Karte in Abbildung 76.

> Beispielfragen:
> Gegeben: SWC in Abbildung 76.
> Frage: Über dem Schwarzen Meer: In welcher Altitude und aus welcher ungefähren Richtung erwarten Sie einen Jetstream und welche maximale Windstärke wird er haben?
> Antwort: Jetstream aus nordwestlicher Richtung in FL320 mit maximal 90 Knoten.
> Frage: Mit wie viel Turbulenz ist in seiner Umgebung zu rechnen?
> Antwort: Turbulenzregion 2, im Kasten links, moderate Turbulenz.
> Frage: Wie hoch ist die Tropopause über dem Südosten des Schwarzen Meeres?
> Antwort: In FL290, es handelt sich um ein Tropenpausentief.

Betrachten wir noch eine SWC des Nordatlantiks vom WAFC in Washington in farbiger Darstellung (siehe Abbildung 77).

> Beispielfragen:
> Gegeben: SWC-Karte in Abbildung 77.
> Sie fliegen von Gander in Richtung der Südspitze Grönlands in FL 290 mit einer TAS von 450 KTAS. Welche Groundspeed ist zu erwarten?
> Antwort: 450 KTAS + 180 KTS Jetstream = 630 KTS Groundspeed. Rein numerisch ist man damit über Grund im „Überschall"-Bereich, natürlich nicht im Freistrom.
> Wie viel Turbulenz und welche Bewölkung ist zu erwarten?
> Antwort: Die Turbulenz ist moderat (hier direkt am Pfeil abzulesen) und oberhalb von FL200 sind keine Wolken zu erwarten.

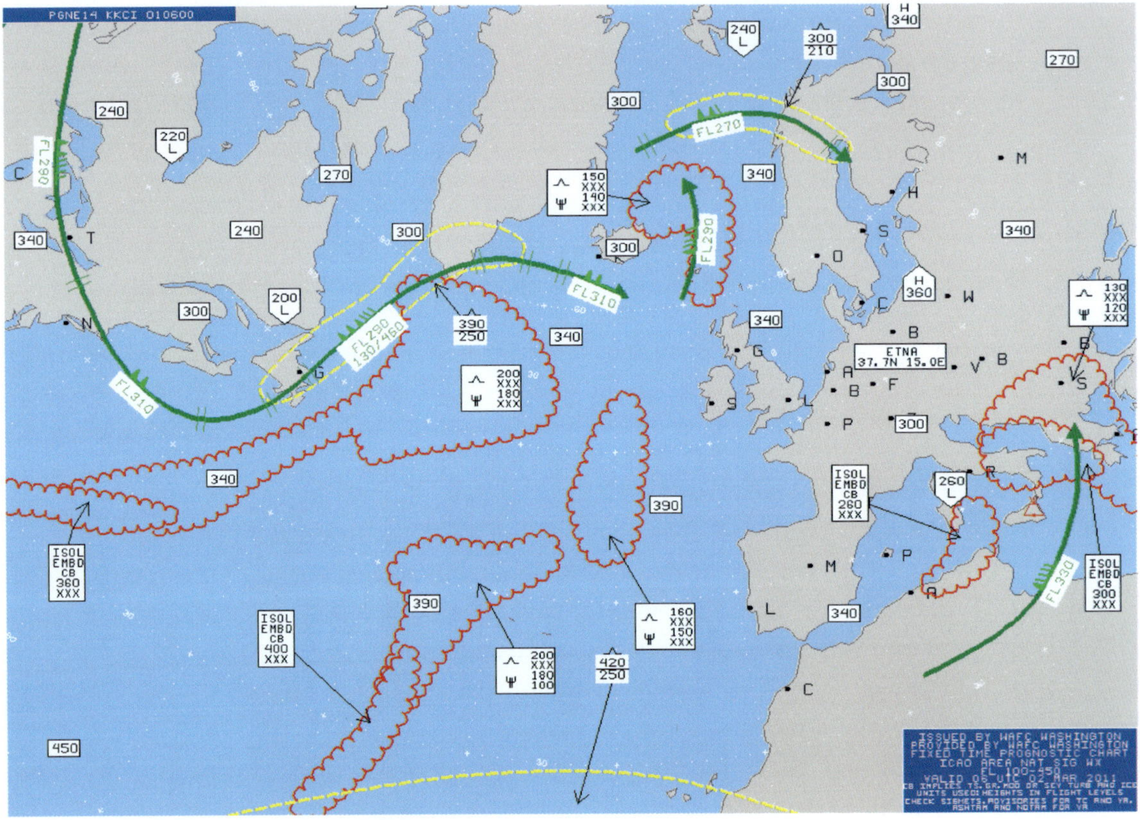

Abbildung 77: SWC für den Nordatlantik (Quelle: WAFC Washington)

Upper Wind Charts sind Karten, in denen die jeweiligen Windrichtungen und Windstärken in einer bestimmten Flughöhe zusammen mit den statischen Außentemperaturen dargestellt sind. Für eine konkrete Flugplanung ist es erforderlich, für die einzelnen Streckenabschnitte jeweils die mittlere Windrichtung und seine Windstärke zu ermitteln, d.h. den resultierenden (W/V_W)-Vektor des Abschnitts zu bestimmen.

Auf der Basis solcher Upper Wind Charts gibt es daher etliche Prüfungsaufgaben, in denen man für eine bestimmte vorgegebene Strecke die mittlere Windrichtung und Windstärke berechnen soll und/oder die mittlere Außentemperatur. Sie gehören mit Sicherheit nicht zu den Lieblingsaufgaben und benötigen zudem viel Zeit. Wir wollen ein Beispiel betrachten.

Wir nehmen einmal an, unser Flug geht in FL 300 von EGLL (Heathrow) nach BIKF (Reykjavík) und wir wollen den resultierenden Windvektor dieses Abschnitts und die Durchschnittstemperatur auf diesem Leg bestimmen. Wir verwenden dazu die Karte in Abbildung 78.

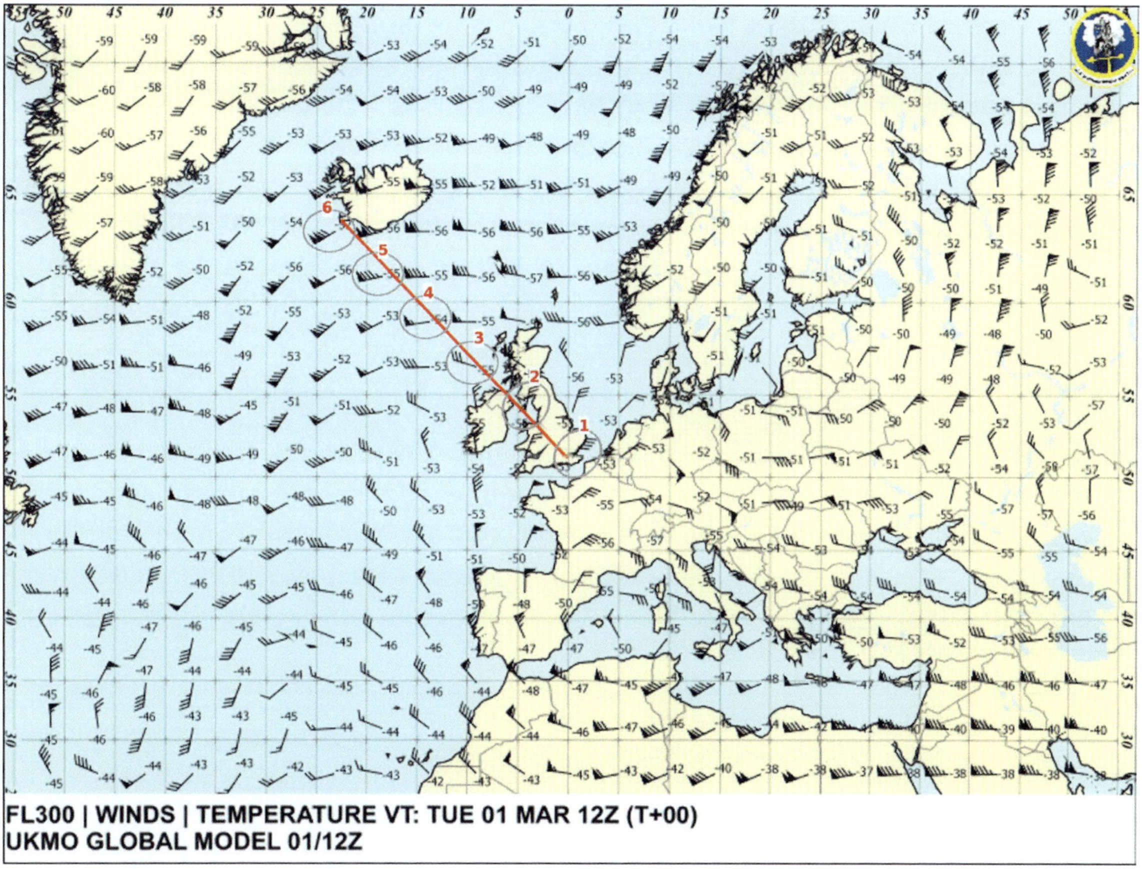

Abbildung 78: FL300 Winds aloft Vorhersage (Quelle: 21st Operational Weather Squadron)

Folgende Daten lassen sich ablesen:

Punkt	Windrichtung	Korr. Richtung	Windstärke	Temperatur
1	39	399	40	-53
2	7	367	25	-56
3	285	285	30	-55
4	261	261	55	-54
5	258	258	85	-55
6	238	238	120	-57
	Mittelwerte->	301	59	-55

Sofern vorhanden, nimmt man direkt die Werte der Windmesspunkte, die auf oder unmittelbar an der Strecke liegen. Dabei ist der jeweilige Messpunkt die nackte Spitze des Windpfeils. Die im Beispielfall abgelesenen Werte befinden sich in der Tabelle in

den drei Spalten Windrichtung, Windstärke und Temperatur. Der Windvektor lässt sich ermitteln, indem man den Mittelwert der Windrichtungen und der Windstärken aller Vektoren auf oder an der Strecke errechnet. Allerdings gibt es dabei einen Haken, denn diese Methode liefert nicht in jedem Fall den richtigen resultierenden W/V-Vektor. Man betrachte das Beispiel 340°/20 und 20°/20. Bildet man hierbei den Mittelwert, erhält man 360°/2 = 180°, genau die Umkehrrichtung des richtigen Ergebnisses. Daher muss man jeden Windrichtungswert über 360° in einen brauchbaren Wert transformieren, indem man 360° addiert. Hierfür verwenden wir im Beispiel die Spalte ‚korrigierte Richtung' und mitteln dort. Das Ergebnis lautet:
W/V = 301°/59 KTS und die Temperatur ist im Mittel -55 °C.

Ein vergleichbarer Fall tritt auf, wenn die Mehrzahl der Windvektoren aus Nordost zeigen und einige Vektoren aus Nordwest hinzukommen, d.h der Mittelwert liegt irgendwo bei Nordost. In diesem Fall muss man 360° von der Nordwestrichtung subtrahieren, also z.B. 340° -360° = -20°. Nehmen wir wieder das Beispiel 340°/20 und 20°/20. Als Ergebnis erhält man ((-20°)+20°)/2= 0°, was wiederum korrekt ist.

☞ Man sollte zu diesem Aufgabentyp einige Beispiele selbst durchrechnen, auch wenn es schwer fällt. Je nach Kartenprojektion kann es übrigens schwierig sein, die korrekten Windrichtungen auch nur halbwegs genau abzulesen.

04 02 02 Aktualisierung des Flugnavigationplans mit Wetterdaten

Die Wetterdaten, in erster Linie die Winddaten, führen zwangsweise zu einer Aktualisierung des kompletten Navigationsplans. Für jeden Streckenabschnitt ändert sich gegebenenfalls Magnetic Heading (MH), Groundspeed und Leg Time. Damit ändert sich die Gesamtflugzeit und die gesamte Treibstoffplanung und somit wiederum die Take-off Mass und die optimale Altitude.
Folgende Endchecks sind erforderlich:

- Werden die Sicherheitsmindesthöhen insbesondere bei der Departure eingehalten?
- Stimmen die Magnetic Headings und Groundspeeds?
- Sind jeweilige Streckenabschnittszeiten und Gesamtstreckenflugzeit korrekt?
- Stimmt die optimale Altitude/Flight Level bei den gegebenen Streckendaten (Masse, Temperatur)?
- Ist die Gesamtflugzeit zum Zielflughafen korrekt?
- Stimmt die Gesamtflugzeit vom Zielflughafen zum Alternate?

04 02 03 Aktualisierung des Loadsheets

Die Aktualisierung des Flugnavigationsplans aufgrund der aktuellen Wetterdaten hat Auswirkungen auf das Loadsheet, es muss ebenfalls angepasst werden. Die Details hierzu sind beim Thema Masse und Schwerpunktlage in Syllabus 031 behandelt, siehe Band 031.

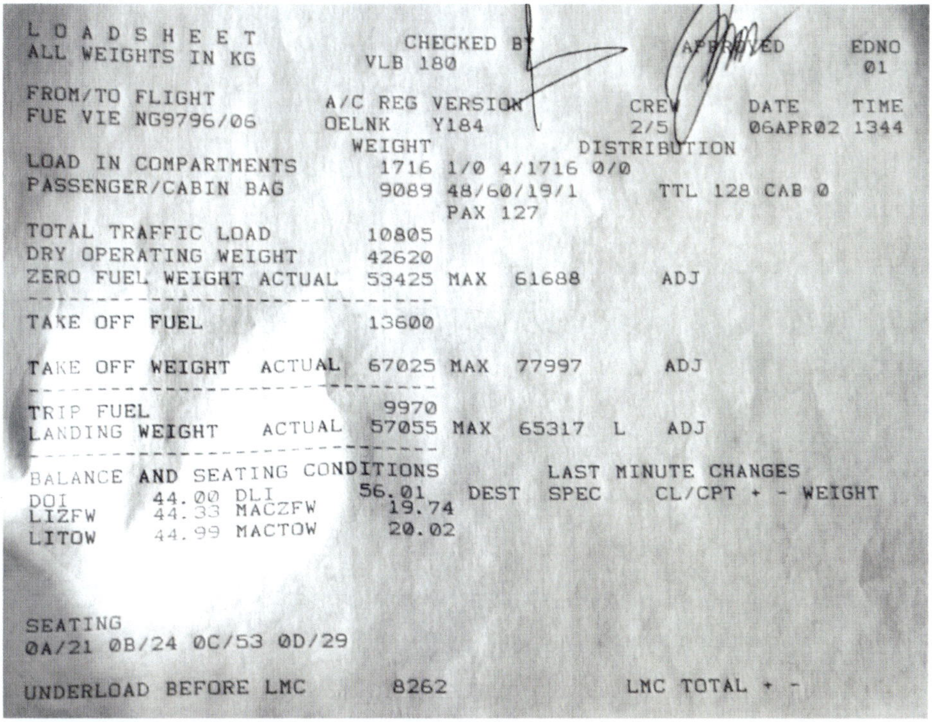

```
L O A D S H E E T              CHECKED BY          APPROVED         EDNO
ALL WEIGHTS IN KG              VLB 180                               01

FROM/TO FLIGHT              A/C REG VERSION         CREW    DATE     TIME
FUE VIE NG9796/06           OELNK    Y184           2/5     06APR02  1344
                              WEIGHT            DISTRIBUTION
LOAD IN COMPARTMENTS           1716 1/0 4/1716 0/0
PASSENGER/CABIN BAG            9089 48/60/19/1       TTL 128 CAB 0
                                    PAX 127
TOTAL TRAFFIC LOAD            10805
DRY OPERATING WEIGHT          42620
ZERO FUEL WEIGHT ACTUAL       53425 MAX   61688       ADJ
-------------------------------------------
TAKE OFF FUEL                 13600

TAKE OFF WEIGHT   ACTUAL      67025 MAX   77997       ADJ
-------------------------------------------
TRIP FUEL                      9970
LANDING WEIGHT    ACTUAL      57055 MAX   65317  L    ADJ
-------------------------------------------
BALANCE AND SEATING CONDITIONS          LAST MINUTE CHANGES
DOI       44.00 DLI      56.01   DEST  SPEC    CL/CPT + - WEIGHT
LIZFW     44.33 MACZFW   19.74
LITOW     44.99 MACTOW   20.02


SEATING
0A/21 0B/24 0C/53 0D/29

UNDERLOAD BEFORE LMC         8262             LMC TOTAL + -
```

Abbildung 79: Loadsheet-Beispiel (Quelle: www.austrianaviationart.org)

04 02 04 Aktualisierung der Performance-Planung

Die Aktualisierung des Flugnavigationsplans aufgrund der aktuellen Wetterdaten hat eventuell Auswirkungen auf die Performanceplanung, sie muss ggf. ebenfalls angepasst werden. Die Details hierzu sind beim Thema Flugleistung für Flugzeuge in Syllabus 032 behandelt, siehe Band 032.

04 02 05 Aktualisierung der Treibstoffplanung (Fuel log)

Die Aktualisierung des Flugnavigationsplans aufgrund der aktuellen Wetterdaten hat Auswirkungen auf die Treibstoffplanung, sie muss ebenfalls angepasst werden. Die Details zu den einzelnen Berechnungen haben wir bereits in Kapitel drei ausgeführt.

Wir wollen ergänzend an dieser Stelle eine Aufgabe mit einem vollständigen Flugnavigationsplan bearbeiten wie sie auch in der Prüfung vorkommen kann.

Beispiel:
Vervollständigen Sie den Flugnavigationsplan in Abbildung 80 (graue Felder ausfüllen) für den Flug von A nach E. Alle Flughäfen inklusive Alternate liegen nahe der Meereshöhe. Die magnetische Variation beträgt 15°W auf der gesamten Strecke.
Verwenden Sie folgende Vorgaben:
Ramp Mass: 61.500 kg
Flight Level: Optimum Altitude bei 0,78M Cruise und anfänglicher Cruise Mass 60.000 kg, niedrigste IFR Flugfläche, Temperaturvorgabe dort -56°C
Treibstoffplanung:
5 % Contingency Fuel
Descent: Straight-in Sinkflug mit Turbulenz und 50.000 kg Gross Mass
Alternate Fuel: gemäß CAP 697, Diagramm 4.3.6, estimated Landing Mass 47.000 kg, 60 kt Gegenwind.
Taxi Fuel: 20 Minuten APU und Triebwerke
Final Reserve Fuel: 45 Minuten im Holding am Alternate, in 5000 ft Pressure Altitude, CAP 697 Tabelle 4.4
Ermitteln Sie den Ramp Fuel Wert und geben Sie bei dieser Planung den Maximalwert für Extrafuel an.
Lösung:
Als erstes bestimmen wir die Flugfläche. Hierzu verwenden wir Tabelle 4.1 in CAP 697. Mit der Cruise Mass von 60.000 kg lässt sich FL 310 ermitteln und in die passende Spalte eintragen.
Als nächstes benötigen wir die beiden Speeds und die Strecken für Climb und Descent.
Beginnen wir mit dem Steigflug. Die Daten lassen sich aus einer der Detailtabellen entnehmen, wir benötigen allerdings die ISA Abweichung, damit wir die richtige Tabelle aussuchen können. ISA in FL310 ist 15 °C minus 62 °C = -47 °C. Die Angabe bedeutet folglich ISA minus 9°C.
Wir nutzen folglich Tabelle 4.5.1 auf Seite 51, benötigen dazu aber noch die Brake Release Mass. Wir können sie errechnen, indem wir das Taxi Fuel von der Ramp Mass abziehen.
BRM = 61.500 kg – 115 kg/h*1/3 h –11 kg/min *20 min = 61.242 kg
Damit lassen sich aus den Tabellenwerten für 60.000 und 62.000 kg bei 31.000 ft folgende Werte interpolieren:
16,62 min – 1.381 kg – 87,1 NAM – 367 KTAS

Aus den Winddaten errechnet man 341 KT G/S und daraus erhält man mittels der üblichen Verhältnisrechnung 80,93 (81) NM Ground Distance. Damit steht TOC fest und wir können den Wert 236 NM in 81 NM bis zum TOC und 155 NM vom TOC zu B zerlegen.

Ähnlich müssen wir beim Sinkflug verfahren. Wir nutzen Tabelle 4.5.4b (Turbulenz) und können dort für den Abstieg aus FL310 und 50.000 kg Masse 19 Minuten, 270 kg Fuel und 89,5 (90) NAM ablesen. Bei der mittleren Altitude von 15.500 ft und 250 KIAS lässt sich 315 KTAS und über die Winddaten 302 Kt G/S errechnen, woraus sich eine Distanz von 86 NGM vom TOD bis E ergibt. Den Wert 562 haben wir damit in 476 und 86 zerlegt.

Damit liegen alle Distanzen fest und die Tabellenwerte lassen sich mit ein wenig Fleiß bis einschließlich der Spalte NAM vollständig auffüllen. Dabei muss man für den Enrouteteil die TAS der Tabelle 4.5.3.3 entnehmen (458 KTAS) und wegen der Temperatur um 9kt auf 449 KTAS nach unten korrigieren.

Es folgt nun die detaillierte Treibstoffberechnung. Wir können in der ersten Zeile ebenfalls bereits die Werte 61.242 kg Gross Mass und 1381 kg Fuel eintragen. In der zweiten Zeile ergibt sich die Startmasse für den ersten Enroute-Leg TOC nach B mit 61.242 – 1381 = 59.861 kg. Damit gehen wir nun in die Tabelle 4.5.3.3 und suchen den entsprechenden NAM-Wert. Er lässt sich mit 4456 inter-

FROM	TO	Planned Cruise FL	TAS [kt]	Wind W/WS Richtung	Wind W/WS Geschw.	TC	Entfern. Distance [NM]	Rest Remain [NM]	GS [kt]	Zeiten Times [min]	Rest Remain [min]	Überflugzeit Time over ETO	NAM	Gross Mass [kg]	Cruise Value Start Point NAM	Cruise Value End Point NAM	FUEL [kg]
A	TOC	CL		200	35	245	236										
TOC	B			220	50	245											
B	C			230	60	270	378										
C	D			240	65	280	410										
D	TOD			260	70	296	562										
TOD	E	DESC		230	30	296									Trip Fuel		
															5 % Contingency		
E	Alternate		325	310	60	310	185	185							Alternate Fuel		
															Final Reserve F.		
															Taxi Fuel		
													Ramp Mass	61.500	Ramp Fuel		

Abbildung 80: Aufgabenstellung des Beispiels

polieren. Hiervon ziehen wir die 173 NAM für den ersten Enroute-Leg ab, dies ergibt 4283 NAM und wir suchen erneut in der Tabelle den dazu passenden Wert der Gross Mass: 58.740 kg. Die Differenz zum vorigen Wert von 59.861 kg ist unser Verbrauch auf dem Leg, in diesem Fall 1.121 kg. Dies muss man für die drei folgenden Legs inklusive der jeweils notwendigen Interpolationen genauso durchführen. Für den Descentteil kennen wir bereits den Verbrauch: 270 kg.

Inklusive 5 % Contingency Fuel erhält man für die Strecke einen Bedarf von 12.007 kg.

Es folgt der Teil zum Alternate Fuel. Wir ermitteln den Wert wieder mit dem bereits bekannten Diagramm (siehe Abbildung 67 auf Seite 123). Man erhält einen Bedarf von 1.720 kg bei einer Flugzeit von 41 Minuten.

Bei Final Reserve Fuel verwenden wir die Fuel Flow Tabelle 4.4. Dort liest man für 48.000 kg und 5.000 ft Pressure Altitude 2.220 kg/h ab. Für 45 Minuten sind folglich 0,75*2.220 = 1.665 kg erforderlich.

Zusammen mit dem bereits berechneten Taxifuel ergibt dies einen Wert von 15.650 kg für das Ramp bzw. Block Fuel. Es sind noch maximal 495 kg Extra Fuel bis zum Max Fuel Wert von 16.145 kg möglich.

FROM	TO	Planned Cruise FL	TAS [kt]	Wind W/WS Richtung	Wind W/WS Geschw.	TC	Entfern. Distance [NM]	Rest Remain [NM]	GS [kt]	Zeiten Times [min]	Rest Remain [min]	Überflugzeit Time over ETO	NAM	Gross Mass [kg]	Cruise Value Start Point NAM	Cruise Value End Point NAM	FUEL [kg]
A	TOC	CL	367	200	35	245	81	1586	341	17	251	0:16	87	61.242	-	-	1.381
TOC	B	310	449	220	50	245	155	1505	403	23	234	0:39	173	59.861	4.456	4.283	1.121
B	C	310	449	230	60	270	378	1350	401	57	211	1:36	423	58.740	4.283	3.860	2.665
C	D	310	449	240	65	280	410	972	398	62	154	2:38	463	56.075	3.860	3.397	2.810
D	TOD	310	449	260	70	296	476	562	391	73	92	3:51	547	53.265	3.397	2.850	3.188
TOD	E	DESC	315	230	30	296	86	86	302	19	19	4:10	90	50.076	-	-	270
														49.806	Trip Fuel		11.436
															5 % Contingency		572
																	12.007
E	Alternate		330	310	60	310	185	185	270	41	41	4:51			Alternate Fuel		1.720
														48.086	Final Reserve F.		1.665
															Taxi Fuel		258
													Ramp Mass	61.500	Ramp Fuel		15.650

Abbildung 81: Lösung der Aufgabe

04 03 00 Point of Equal Time (PET) und Point of Safe Return (PSR)

04 03 01 Point of Equal Time (PET)

Der Punkt der Zeitgleichheit (engl. Point of Equal Time, Abk. PET) zwischen zwei Flughäfen A und B oder allgemein zwischen zwei Punkten A und B auf einer Strecke ist derjenige Punkt auf der Strecke, von dem aus der Weiterflug die gleiche Zeit beansprucht wie die Rückkehr. Das Konzept des PET liefert eine wertvolle Entscheidungsbasis auf Langstreckenflügen, bei denen es nur wenige Enroute Alternates gibt.

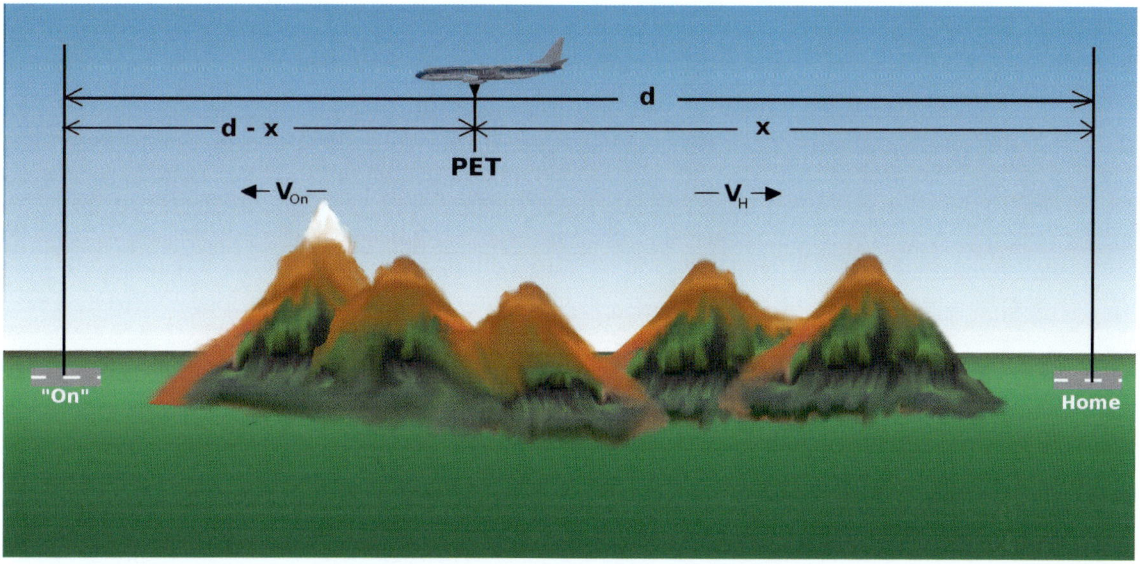

Abbildung 82: Zum Point of Equal Time (Grafik: KLSP)

PET beim Einzelstreckenabschnitt

Wir betrachten zunächst den Fall eines einzelnen Streckenabschnitts bei konstanter TAS V und bei konstantem Windstärke V_W. Die Formel zur Berechnung des PET lässt sich relativ einfach herleiten. Die Geschwindigkeit über Grund errechnet sich bekanntlich aus Weg durch Zeit (V=s/t). Wenn wir dies nach t umformen (t=s/V) und berücksichtigen, dass die Zeit zum „On“-Ziel per definitionem gleich der Zeit zurück zum „Home“-Ziel sein soll, gilt:

$$\frac{x}{V_H} = \frac{d-x}{V_{On}}$$

Dabei haben wir mit s=x die Strecke zum PET bezeichnet und mit V_H und V_{On} die jeweiligen Groundspeeds. Die Gleichung lässt sich unschwer nach x auflösen:

$$x = d * \left(\frac{V_H}{V_H + V_{On}} \right) \qquad (1)$$

Diese Formel lässt sich noch etwas anders schreiben, wenn man ohne Einschränkung der Allgemeinheit für $V_H = V + V_W$ und für $V_{on} = V - V_W$ einsetzt.

$$x = d * \left(\frac{V + V_W}{V + V_W + V - V_W} \right) = d * \left(\frac{V + V_W}{2V} \right) = \frac{d}{2} * \left(1 + \frac{V_W}{V} \right) \qquad (2)$$

Wie man erkennen kann, wird x allein durch das Verhältnis der Windgeschwindigkeit V_W zur TAS V bestimmt, wie man es auch intuitiv erraten kann. Wenn V_W gleich Null ist, liegt PET natürlich genau in der Mitte zwischen Home und On bzw. A und B bei d/2. Falls V_W positiv ist, d.h. wir haben zur ON-Seite Gegenwind und zur Homeseite Rückenwind, dann liegt der PET weiter in Richtung der ON-Seite. Man muss folglich bei Gegenwind über die Hälfte hinaus sein, bis die Zeit nach On gleich ist mit der Zeit zurück zur Homebase, was einleuchtend ist. Falls wir zur ON-Seite Rückenwind haben, liegt der PET mehr in Richtung der Homeseite, auch das leuchtet sofort ein.

Beispiel:
V= 300 KTAS
d = 500 NM und V_W = 60 Kts Gegenwind.
Wo liegt der PET und wieviel Zeit wird bis dahin benötigt?
Lösung:
x = 250 NM (1 + 60/300) = 300 NM
Groundspeed ist 240 Kts, d.h. die Zeit ist 300 NM/240 Kts = 1,25 h = 1h 15 min

Beispiel:
V= 300 KTAS
d = 500 NM und V_W = 60 Kts Rückenwind.
Wo liegt der PET und wie viel Zeit wird bis dahin benötigt?
Lösung:
x = 250 NM (1 - 60/300) = 200 NM
Groundspeed ist 360 Kts, d.h. die Zeit ist 200 NM/360 Kts = 0,55 h = 33,3 min

Welche Formel man zur Berechnung des PET verwendet, (1) oder (2), ist reine Geschmackssache, sie liefern natürlich beide dasselbe Ergebnis.
Aus der zweiten Formel lässt sich allerdings die Abhängigkeit von der Windkomponente und der TAS besser erkennen. Man sieht hieraus sofort, dass der PET bei einem angenommenen Triebwerksausfall (One Engine Inoperative, OEI) an anderer Stelle liegt, da sich die TAS verschlechtern wird. Für die Zeit bis zu diesem OEI-PET nimmt man stets an, dass alle Triebwerke funktionstüchtig sind.

> Beispiel:
> Gegeben:
> Wind 240/50;
> Kurs 270°(T);
> TAS 300 kts (AEO); 200 Kts (OEI).
> Streckenentfernung 1000 NM.
> Berechnen Sie die Differenz von Entfernung und Zeit zwischen All-Engines-Operating und One-Engine-Inoperative PET.
> Lösung:
> Windkomponente in Flugrichtung, +45 Kts (Drehmeier, genau wäre 44,34 Kts)
> x (AEO) = 500 NM*(1+45/300) = 575 NM
> Groundspeed ist 255 Kts, Flugzeit 575/255 = 2,255 h = 2h und 15,3 min.
> x (OEI) = 500 NM*(1+45/200) = 612,5 NM
> Groundspeed ist 255 Kts, Flugzeit 612,5/255 = 2,40 h = 2h und 24,1 min.
> Ergebnis: 37,5 NM und 8,8 Minuten.

PET bei mehreren Streckenabschnitten

Bei einer normalen Flugplanung wird man die Strecke vom Start- bis zum Zielflughafen nicht auf direktem Weg zurücklegen, sondern über eine Folge von Wegpunkten W_1, W_2,...W_n, wobei die einzelnen Streckenabschnitte auch bei konstantem Wind unterschiedliche Groundspeeds haben werden. In diesem realistischen Fall ist die Berechnung des PET etwas schwieriger. Wir wollen ein einfaches Beispiel dazu rechnen.
Wir betrachten eine Strecke von A nach B über drei Abschnitten und die Wegpunkte W1 und W2 mit einer Gesamtdistanz von 1.100 NM. Der Wind bläst konstant aus 240° mit 50 Knoten. Das Flugzeug soll ebenfalls konstant mit 300 KTAS unterwegs sein. Wie berechnet man in einem solchen Fall den Point of Equal Time PET?
Zunächst einmal wird man die jeweiligen Groundspeeds und die Flugzeiten der einzelnen Streckenabschnitte berechnen.

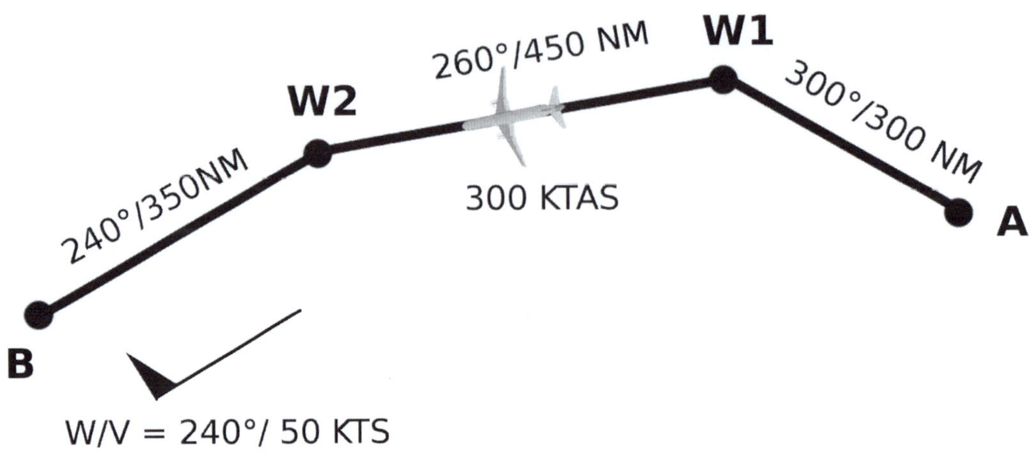

Abbildung 83: Mehrabschnitts-PET (Grafik: KLSP)

Dies ist der folgenden Tabelle zusammengefasst.

	W/V = 240/50					
		Kurs [°]	Dist [NM]	G/S [Kts]	Time [h]	Summiert
ON	A -> W1	300	300	272	1,10	4,29
	W1->W2	260	450	252	1,79	3,19
	W2->B	240	350	250	1,40	1,40
			1100		**4,29**	
HOME	B->W2	60	350	350	1,00	3,23
	W2->W1	80	450	346,5	1,30	2,23
	W1->A	120	300	322	0,93	0,93
			1100		**3,23**	

Abbildung 84: Schritt 1, Basisdaten zusammenfassen (Grafik: KLSP)

Der obere Teil fasst die „ON"-Daten zusammen, der untere Teil die HOME-Daten. In der äußeren rechten Spalte sind die summierten Zeiten gelistet, die man vom jeweiligen Wegpunkt zur On-Seite bzw. zur Homeseite benötigt, beispielsweise 4,29 h von A nach B, 3,19 h von W1 nach B usw.

Der erste Teil der Lösung der Aufgabe besteht darin, das richtige Segment zu finden, in dem der PET liegen wird. Dies lässt sich formal lösen, indem man für jeden Weg-

punkt On- und Homezeit addiert und dann das Maximum sucht. Im Beispielfall sieht man eigentlich sofort, dass es das mittlere Segment sein wird.
Der nächste Schritt besteht darin, in diesem Segment einen neuen Punkt Z einzufügen, sodass die Gesamtstrecke nun aus einem Segment mehr besteht.

Z = 330

		Kurs [°]	Dist [NM]	G/S [Kts]	Time [h]	Summiert
ON	A -> W1	300	300	272	1,10	4,29
	W1->Z	260	330	252	1,31	3,19
	Z->W2	260	120	252	0,48	1,88
	W2->B	240	350	250	1,40	1,40
			1100		**4,29**	
HOME	B->W2	60	350	350	1,00	3,23
	W2->Z	80	120	346,5	0,35	2,23
	Z->W1	80	330	346,5	0,95	1,88
	W1->A	120	300	322	0,93	0,93
			1100		**3,23**	

Abbildung 85: Neuen Punkt Z einfügen (Grafik: KLSP)

Prinzipiell kann man nun den Punkt auch empirisch solange verschieben, bis On- und Homezeit für den Punkt gleich sind. Der Punkt lässt aber auch berechnen und das geht wie folgt.
Schaut man vom Ende dieses Segment zur ON-Seite, dann steht die Flugzeit von dort bis zum Ziel bereits fest. In unserem Beispiel sind es 1,40 Stunden. Wir können nun argumentieren, dass der PET weiter als 1,40 h auf der ON-Strecke entfernt sein muss, denn andernfalls hätten wir das falsche Segment gewählt. Wegen der Zeitbedingung muss er damit auch mindestens 1,40 h von der Homeseite entfernt sein. Wir können daher dieselbe Zeit auch zur Homeseite abtragen. Das Abtragen der 1,40 h auf der Homeseite definiert unseren neuen Punkt Z. Er ist noch nicht der PET, dient uns aber zu seiner Berechnung (siehe Abbildung 86). Aufgrund der Zeitangabe lässt sich der Punkt Z exakt berechnen, denn die 1,40 h zerlegen sich in 0,93 h für W1->A und restliche 0,47 h vorher im Segment W2->W1. Bei einer dortigen Groundspeed von 346,5 Kts sind dies 162,86 NM von Z bis W1.
Wir können nun den Rest der Aufgabe allein auf das Segment Z-W2 beschränken, denn die anderen Zeiten haben wir bereits ausbalanciert. Z-W2 ist ein gerades Segment, sodass wir für diese Strecke unsere PET-Formel anwenden dürfen!

Die zu verwendende Entfernung d ist in unserem Fall die Gesamtstrecke W1-W2, also 450 NM minus 162,86 NM =287,14 NM.
Es gilt demnach: x = 287,14/2*(1+48/300)= 166,54
Damit liegt der PET bei 162,86+166,54 = 329,4 NM im Segment W1->W2 oder bei Streckenentfernung 629,4 NM vom Startflughafen A aus gerechnet.

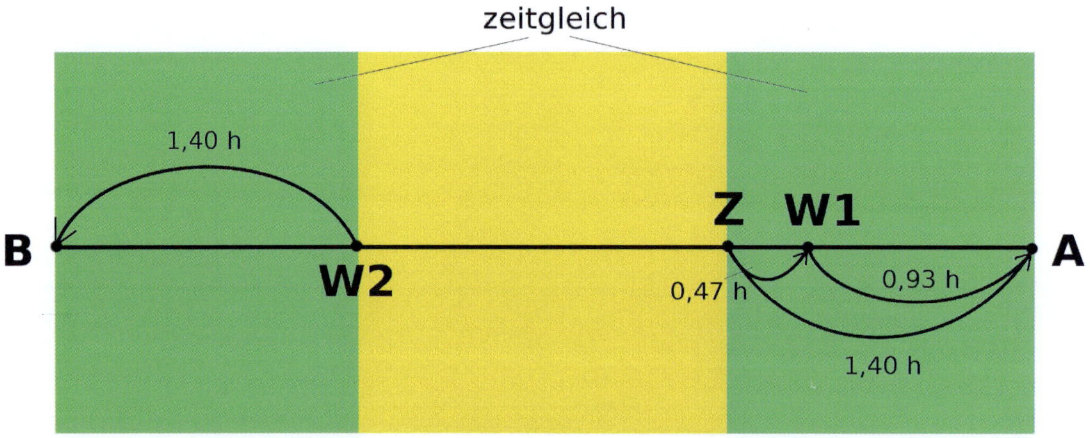

Abbildung 86: Hilfspunkt Z einfügen (Grafik: KLSP)

In der Tabelle in Abbildung 85 ist der PET Wert 330 direkt als Wert für Z eingegeben und man sieht, dass On- und Homezeit in beiden Fällen 1,88 h lang sind. Die ETO am PET beträgt 4,29 h - 1,88 h = 2,41 h oder 2 h und 25 Minuten.

> Aufgabe zum Üben:
> Bestimmen Sie den Mehrabschnitts-PET und die ETO.

	Dist [NM]	G/S [kts]	Time [min]	Summiert[min]
A–B	180	235	46	181,9
B–C	240	260	55,4	135,9
C–D	130	210	37,1	80,5
D–E	210	290	43,4	43,4
E–D	210	250	50,4	197,2
D–C	130	190	41	146,8
C–B	240	230	62,6	105,8
B–A	180	250	43,2	43,2

04 03 02 Point of Safe Return (PSR)

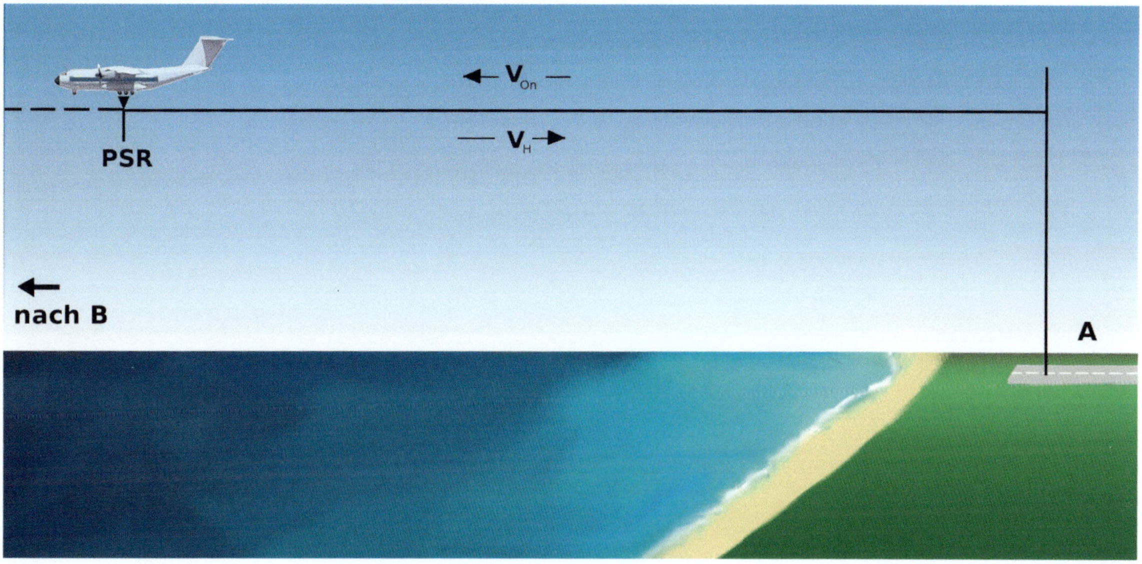

Abbildung 87: Zum Point of Safe Return (Grafik: KLSP)

Der Point of Safe Return (Abk. PSR), früher auch Point of No Return genannt (Abk. PNR), ist der weiteste Punkt auf einer Abflugstrecke von einem Flughafen, an dem die Rückkehr zu diesem Flughafen noch möglich ist, ohne die Reserve zu nutzen. Für die Strecke vom Flughafen zum PSR und zurück wird folglich die maximale sichere Flugdauer oder die Maximum Safe Endurance vollständig ausgeschöpft.
Der Sinn der Berechnung des PSR ist es, für die Crew eine Entscheidungbasis zu bieten, ob eine Rückkehr zum Flughafen in einem Emergency-Fall noch eine Option ist. Befindet sich das Luftfahrzeug innerhalb der PSR-Entfernung ist die Rückkehr eine Option, im anderen Fall ist sie es nicht.

PSR beim Einzelstreckenabschnitt

Wir betrachten zunächst wieder den Fall eines einzelnen Streckenabschnitts bei konstanter TAS V und bei konstantem Windstärke V_W. Die Formel für PSR ist relativ einfach abzuleiten. Wenn wir mit E_S die maximale sichere Endurance bezeichnen, gilt:

$$t_{On} + t_H = E_S$$

Bezeichnen wir die Strecke zum PSR mit x und nehmen ferner an, dass die Grounspeeds für Abflug- und Rückflugstrecke konstant sind, dann lässt sich diese Gleichung weiter schreiben als:

$$\frac{x}{V_{On}} + \frac{x}{V_H} = E_S$$

Dabei haben wir mit s=x die Strecke zum PSR bezeichnet und mit V_{On} und V_H die jeweiligen Groundspeeds auf der Hin- und Rückstrecke. Die Gleichung lässt sich unschwer nach x auflösen:

$$x = E_S * \left(\frac{V_{On} * V_H}{V_{On} + V_H} \right) \qquad (3)$$

Diese Formel lässt sich noch etwas anders schreiben, wenn man ohne Einschränkung der Allgemeinheit für $V_H = V+V_W$ und für $V_{on} = V-V_W$ einsetzt.

$$x = E_S * \left(\frac{(V - V_W)*(V + V_W)}{2*V} \right) = \frac{E_S}{2} \left(\frac{V^2 - V_W^2}{V} \right) = \frac{E_S * V}{2} * \left(1 - \left(\frac{V_W}{V} \right)^2 \right) \qquad (4)$$

Die letzte Formel (4) lässt sich sehr gut interpretieren. Erstens sieht man, dass bei Windstille ($V_W = 0$) der PSR bei der halben sicheren Flugdauer mal der Fluggeschwindigkeit (TAS) liegt, so wie man es erwarten muss. Zweitens erkennt man, dass bei Vorhandensein von Wind, egal ob Gegen- oder Rückenwind, PSR mit einem Faktor verkleinert wird. Der Faktor ist wie beim PET eine Funktion des Verhältnisses von Windstärke zur TAS.

> <u>Beispiel</u>:
> Gegeben:
> Windvektor 240/50; Kurs 270°(T);
> TAS 300 kts, Maximum Safe Endurance 8 Stunden.
> Berechnen sie die Entfernung zum PSR und die Flugzeit dorthin.
> <u>Lösung</u>:
> Die Windkomponente in Flugrichtung errechnet sich zu +45 Kts (mit dem Drehmeier, der genaue Wert ist 44,34 Kts)
> x = (8*300)/2*(1 - (45/300)**2) = 1.200*0,9775 = <u>1.173 NM</u>
> t = 1.173 NM/255 Knoten= 4,6 h = <u>4 h und 36 Minuten</u>.
> Berechnet man die Aufgabe mit Formel (3) erhält man übrigens
> x = 8*(256 * 342)/(256 + 342) = 1.171 NM
> Der Unterschied erklärt sich durch die Ungenauigkeiten bei der Berechnung der beiden Groundspeeds, beide Formeln sind mathematisch äquivalente Umformungen.

<u>Beispiel</u>:

Gegeben:

Der Gegenwind auf einer Route über den Südatlantik beträgt ein Achtel der TAS. Wo liegt prozentual der PSR im Verhältnis zum PSR bei Windstille? Wie ändert sich der Prozentsatz, wenn der Wind ein Viertel der TAS beträgt?

<u>Lösung</u>:

In Formel (4) lässt sich (1/8*V/V) zu (1/8) kürzen. 1/8 zum Quadrat ist 1/64, d.h. der Faktor beträgt (1-1/64) = 1 - 0,0156 = 0, 984. Prozentual liegt der PSR folglich bei 98,4 % im Verhältnis zum PSR bei Windstille.

Bei ¼: (1-1/16) = 0,9375. Der PSR liegt bei 93,75 % von Es*V/2.

PSR-Berechnung mittels Treibstoffabnahmekurve

In der Praxis nutzt man zur Berechnung des PSR häufig eine etwas andere Formel, die auf der Treibstoffabnahmekurve (so genannter „Howgozit"-Graph, siehe auch Die Treibstoffabnahmekurve auf S.201) basiert.

Wir betrachten hierzu das Beispiel einer Nordatlantiküberquerung mit einem Piper Cheyenne I Turboprop von St. Johns (CYYT) via Horta (LPHR) auf den Azoren. Der zu planende erste Leg CYYT -> LPHR ist 1.180 NM lang. Als Alternate nutzen wir den Airport LPFL (Flores), der bei 1.055 NM ziemlich genau auf der Strecke liegt.

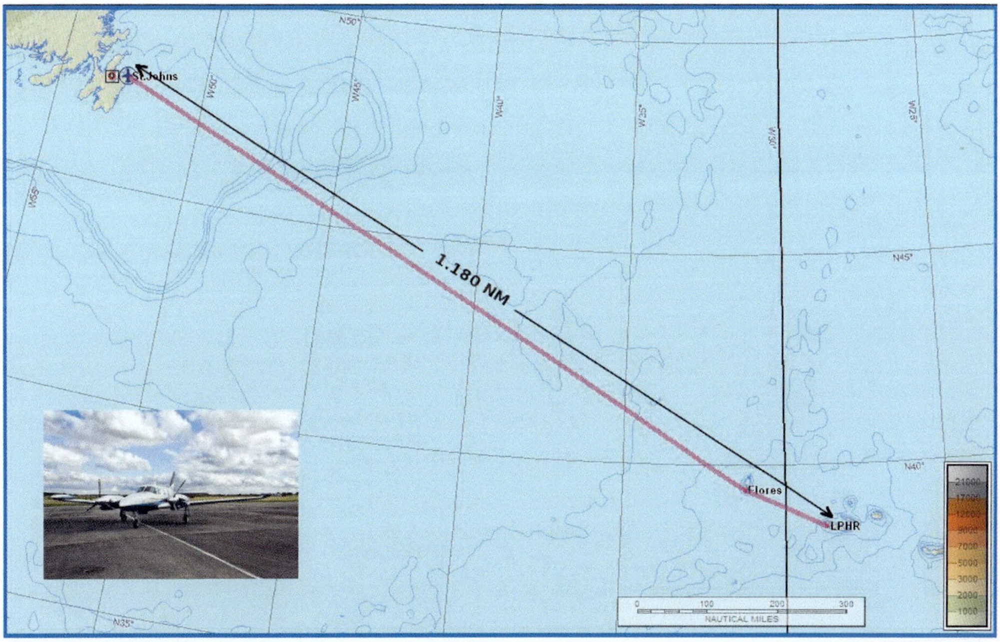

Abbildung 88: St.Johns nach Horta (Grafik: KLSP mittels Jeppesen FliteMap)

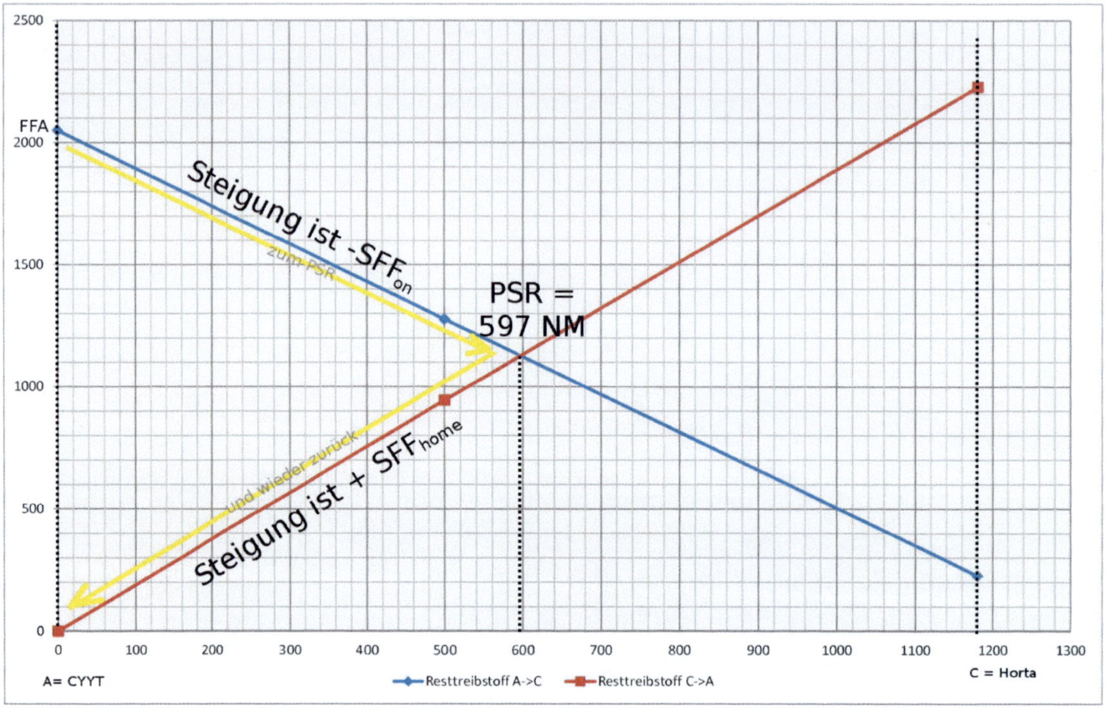

Abbildung 89: Treibstoffverbrauchskurve des Beispiel (Grafik:KLSP)

(i) Die erwähnte Formel lässt sich sehr anschaulich anhand des Howgozit-Graphen ableiten, siehe Abbildung 89. Auf der Y-Achse tragen wir bei x=0 nur den Flight Fuel Available Anteil (FFA) auf, d.h. den Wert ohne das geplante Reserve Fuel. FFA ist in unserem Beispiel 2.050 lbs und der Y-Nullpunkt entspricht 350 lbs Reserve. Die blaue Kurve hat bei x=0 folglich den Wert y=2.050 lbs (FFA) und dieser sinkt dann gegen die Entfernung aufgetragen linear mit dem Steigungswert ($-SFF_{on}$). SFF_{on} ist dabei der spezifische Verbrauch über Grund, angegeben in lbs/NM, berechenbar durch den Quotient von Fuel Flow und Groundspeed.

Als Geradengleichung lässt sich die blaue (fallende) Kurve wie folgt beschreiben:

$$y_1(x) = FFA - SFF_{on} * x$$

Die rote (steigende) Kurve gibt den Treibstoff an, den man braucht, um vom jeweiligen Punkt zurück nach Home zu kommen. Ihre Geradengleichung lautet:

$$y_2(x) = SFF_{home} * x$$

Im Schnittpunkt der beiden Geraden liegt der Punkt, den man in On-Richtung auf der blauen (fallenden) Kurve erreichen und von dem aus man in Home-Richtung auf der roten (steigenden) Kurve soeben noch zum Startort zurückkommen kann und zwar mit einer FFA-Restmenge von Null. Der Schnittpunkt beider Kurven entspricht somit PSR.

Die Gleichheitsbedingung des Schnittpunkts können wir ausnutzen:

$$y_1(PSR) = FFA - SFF_{on} * PSR = SFF_{home} * PSR = y_2(PSR)$$

Aufgelöst nach PSR ergibt dies unsere Formel, die wir im Folgenden nach RAF Air Commodore John Chesterfield als Chesterfield-Formel bezeichnen wollen.

$$PSR = \frac{FFA}{(SFF_{on} + SFF_{home})} \quad (5)$$

Beispiel (Fall AEO):

Wir nehmen bei unserem Beispiel einen Fuel Flow von 340 lbs/h an. Dabei fliegen wir „on" mit 220 kts und „home" mit 180 kts Groundspeed, d.h. wir planen 200 KTAS im Cruise bei einer Windkomponente von 20 kts Rückenwind in On-Richtung.

Damit errechnet man:

$SFF_{on} = FF/V_{on} = 340/220 = 1{,}545$

$SFF_h = FF/V_h = 340/180 = 1{,}889$

$$PSR = \frac{2050}{(1{,}545 + 1{,}889)} = \underline{\underline{597 NM}}$$

Unser Point of Safe Return liegt in diesem Fall bei 597 NM von St.Johns entfernt. Dasselbe Ergebnis lässt sich auch mit der klassischen Formel (3) erzielen.

Alternative Berechnung mit klassischer Formel:

$Es = FFA/FF = 6{,}0294$ h

$V_{on} = 220$ kts (200 +20)

$V_h = 180$ kts (200 -20)

$$PSR = 6{,}0294h * \frac{220 * 180}{(400)} = \underline{\underline{597 NM}}$$

Folgende Umformung zeigt, dass beide Formeln gleich sind.

$$PSR = \frac{FFA}{(SFF_{on} + SFF_h)} = FFA * \left(\frac{1}{\frac{FF}{V_{on}} + \frac{FF}{V_h}} \right) = \frac{FFA}{FF} * \left(\frac{1}{\frac{1}{V_{on}} + \frac{1}{V_h}} \right) = \frac{FFA}{FF} * \left(\frac{V_{on} V_h}{V_{on} + V_h} \right) = E_s * \left(\frac{V_{on} V_h}{V_{on} + V_h} \right)$$

Allerdings haben wir bei der Umformung ausgenutzt, dass der Fuel Flow bei On und Home gleich sind. Diese Bedingung muss bei der Chesterfield-Formel nicht zutreffen und daher stellt sie eine leicht verallgemeinerte Version der „klassischen" Formel dar.

(ii) Da der Fuel Flow bei On und Home unterschiedlich sein darf, liefert uns die Formel auch einen korrekten Wert, wenn man die Strecke zurück mit geringerem Fuel Flow zurücklegt z.B. bei reduziertem Powersetting oder weil eins der Triebwerke ausfiel.

$$PSR = \frac{FFA}{\left(SFF_{on;AEO} + SFF_{home;OEI}\right)} \tag{6}$$

Wir nehmen einmal an, dass in einem solchen Fall folgende Werte zutreffen:

Beispielrechnung (Triebwerkausfall genau bei PSR):

Wir nehmen dabei an, dass die Cheyenne nach dem Triebwerkausfall mit 150 KTAS auf einem niedrigeren Flight Level und dort mit +10 KTS Rückenwind bzw. Gegenwind unterwegs ist (160 KTS GS On bzw. 140 KTS GS Home).

$SFF_{on;\,AEO} = FF/V_{on} = 340/220 = 1{,}545$

$SFF_{home;OEI} = FF/V_{h} = 250/140 = 1{,}7857$

$$PSR = \frac{2050}{(1{,}545 + 1{,}7857)} = \underline{\underline{615{,}4\ NM}}$$

Die Rechnung gilt streng genommen nicht für den Fall, dass ein Triebwerk irgendwo auf der Strecke ausfällt, lässt sich aber in einem solchen Fall als Näherung nutzen.

(iii) Um eine allgemeine Formel zu erhalten, lässt sich wieder der Howgozit-Fuelgraph nutzen. Wir nehmen dabei an, das ein Triebwerk bei Position B ausfällt.
Hierdurch ändert sich der spezifische Verbrauch pro NM über Grund von ($-SFF_{on;AEO}$) auf ($-SFF_{on;OEI}$). Damit erhält die sinkende Gerade bei B einen Knick und wird in der Regel steiler. Wie man erkennen kann, besteht für die PSR-Berechnung dieselbe Situation wie im Normalfall, nur dass man statt FFA den Wert (FFA+D) einsetzen muss.
Den Wert von D kann man wieder über den Schnittpunkt bei B ermitteln.
Es gilt nämlich:

$$FFA - SFF_{on;AEO} * B = (FFA + D) - SFF_{on;OEI} * B$$

Wie man sieht, kürzt sich FFA heraus und nach D aufgelöst ergibt das:

$$D = B * \left(SFF_{on;OEI} - SFF_{on;AEO}\right)$$

Die allgemeine Formel für PSR im OEI-Fall (Triebwerkausfall beim Punkt B) lautet somit:

$$PSR_{OEI;B} = \frac{FFA + B * (SFF_{on;OEI} - SFF_{on;AEO})}{\left(SFF_{on;OEI} + SFF_{home;OEI})\right)} \qquad (7)$$

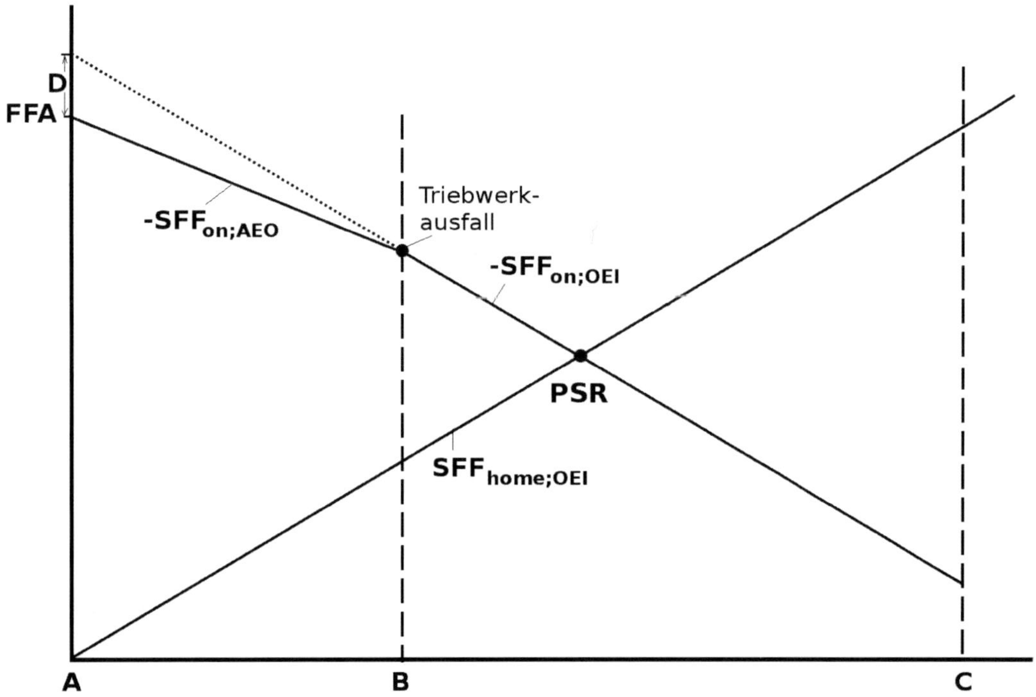

Abbildung 90: Allgemeiner Fall PSR bei OEI (Grafik: KLSP)

Beispiel (Triebwerkausfall bei B=500 NM)):

Fällt im Beispiel ein Triebwerk bei 500 NM aus, erhalten wir:

$SFF_{on;OEI} = FF/V_h = 250/160 = 1{,}5625$

D = 500 (1,5625—1,54545) = 500*(0,017045) = 8,52

Damit ergibt sich für FFA +D der Wert 2058,52 lbs.

Für die restliche Berechnung gilt dann:

$$PSR_{OEI;500} = \frac{2058{,}52}{(1{,}5625 + 1{,}7857)} = \frac{2058{,}52}{3{,}3482} = \underline{\underline{614{,}81\ NM}}$$

Wie man erkennt, ist der Unterschied zur vorherigen Berechnung des PSR-Wertes bei einem Triebwerkausfall genau am Punkt PSR mit ca. 0,6 NM nur marginal. Man muss schon extreme Werte einsetzen, um einen deutlichen Unterschied zu erhalten. Daher nutzt man in der Praxis meistens nur die Näherung (6).

(iii) Die Chesterfield-Formel lässt sich auch zur Beantwortung der Frage nutzen, ab welchem Punkt denn mit nur noch einem Triebwerk im OEI-Fall die sichere Fortsetzung des Fluges zum Alternate (oder zum Ziel) möglich ist. Wir nennen diesen Punkt den Point of Safe Continue (PSC).
Tatsächlich betrachtet man in diesem Fall für die Ableitung einen hypothetischen Flug vom Alternate als Startort zurück zum Alternate und interpretiert dann diesen Rückflug im Original-Hinflug-Szenario als Weiterflug zum Alternate.
Betrachten wir erneut unser Beispiel und dabei nun die Abbildung 91. Dort ist die rote (steigende) Kurve nicht mehr die Verbrauchskurve für den Flug zurück nach CYYT sondern die Verbrauchskurve für den Weiterflug unter der OEI-Bedingung zum Alternate Flores auf den Azoren. Auch dabei lässt sich wieder die Ableitung auf der Basis der beiden Geradengleichungen nutzen was wiederum unsere Chesterfield-Formel ergibt, dieses Mal nur mit anderen SFF-Werten:

$$PSC = \frac{FFA}{\left(SFF_{on;AEO} + SFF_{on;OEI}\right)}$$

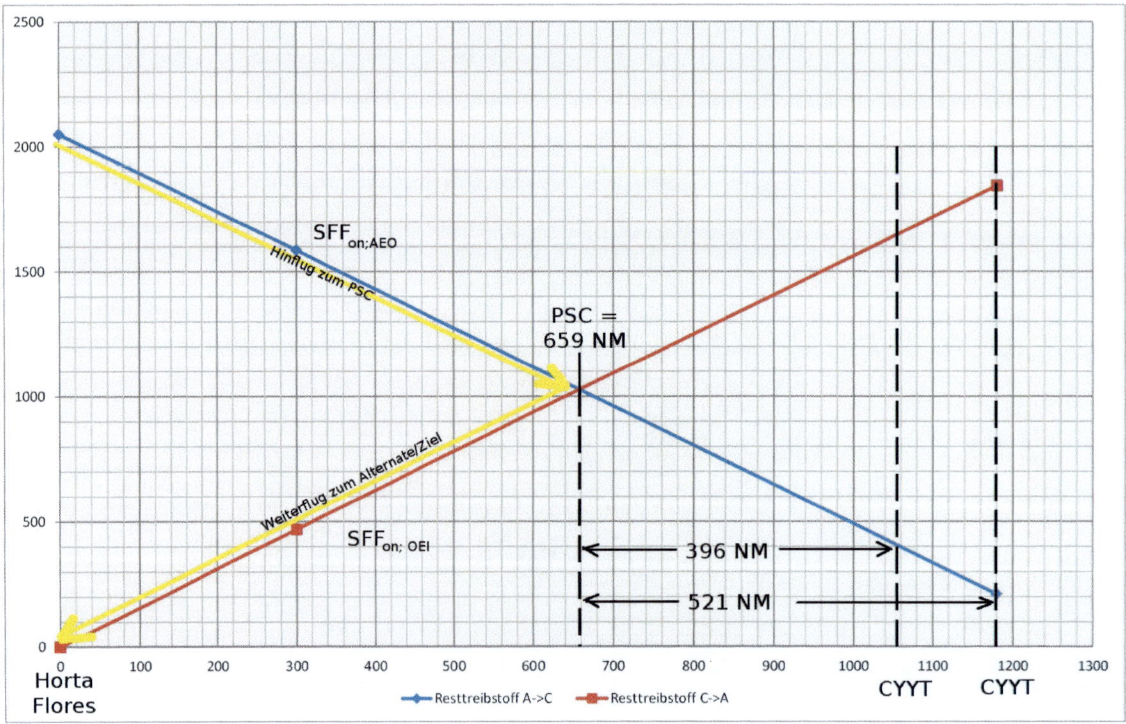

Abbildung 91: Der Fall der sicheren Flugfortsetzung unter OEI-Bedingung (Grafik: KLSP)

Beispiel (Flugfortsetzung bei Triebwerkausfall genau bei PSC):

$SFF_{on;\,AEO} = FF/V_{on} = 340/220 = 1{,}545$

$SFF_{home;OEI} = FF/V_{h} = 250/160 = 1{,}5625$

$$PSR = \frac{2050}{(1{,}545 + 1{,}5625)} = \underline{\underline{659{,}6\ NM}}$$

Ergebnis: Ab 396 NM auf der Strecke ist ein sicherer Weiterflug nach Flores möglich. Ab 521 NM auf der Strecke ist ein sicherer Weiterflug nach Horta möglich, beides unter OEI-Bedingung.

PSR bei mehreren Streckenabschnitten

Bei mehreren Streckenabschnitten berechnet man den PSR, ähnlich wie beim Multitrack-PET, indem man das Problem auf eine Einabschnittsaufgabe zurückführt. Dies erfolgt über eine Betrachtung der Treibstoffmenge. Zunächst rechnet man für jeden Wegpunkt W_1 bis W_n die Treibstoffmenge für Hin und Rückflug aus. Für die maximale Flugdauer E_S steht eine bestimmte maximale Treibstoffmenge Fuel(E_S) zur Verfügung, 16.000 kg zum Beispiel. Man prüft nun für jeden Wegpunkt, ob die Summe für Hin- und Rückflug überschritten ist.

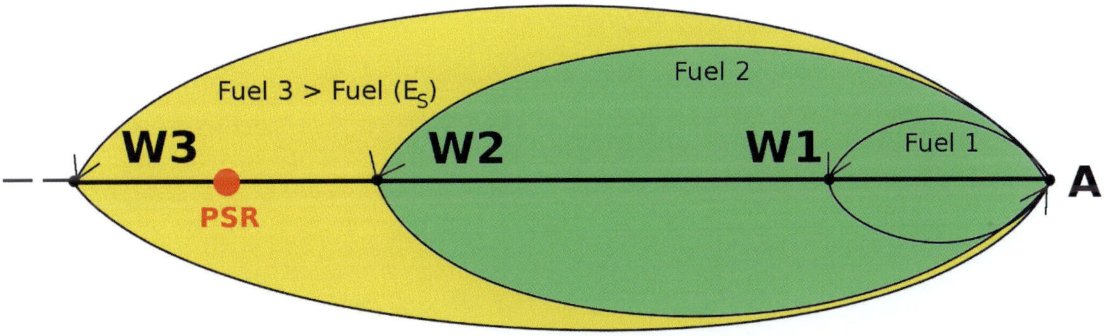

Abbildung 92: Mehrabschnitts-PSR (Grafik: KLSP)

Bei dem Wegpunkt, an dem dies der Fall ist, endet der Streckenabschnitt, in dem PSR liegen muss. Wir nehmen einmal an, dies sei W3 wie in Abbildung 92 dargestellt. Da man den Verbrauch bis W2 (hin und zurück) kennt, steht auch die restliche Treibstoffmenge für den Flug bis zum PSR und zurück im Segment W2-W3 fest und daraus

lässt sich über den Fuel Flow die noch zulässige Restflugdauer R_S hinsichtlich der sicheren Rückkehr berechnen.
In diesem Segment haben wir nun eine neue sichere Restflugdauer und kennen Windkomponente und TAS bzw. die beiden Groundspeeds. Wir haben somit das Problem auf ein Einabschnitts-PSR zurückgeführt und dürfen zur Berechnung die PSR-Formel nutzen.

	W/V = 240/50			Fuel Flow [to/h]		2,8	
		Kurs [°]	Dist [NM]	G/S [Kts]	Time [h]	Fuel [to]	Fuel H+Z [to]
ON	A -> W1	300	300	272	1,10	3,09	5,70
ON	W1->W2	260	450	252	1,79	5,00	14,33
ON	W2->W3	240	350	250	1,40	3,92	21,05
ON			**1100**		**4,29**	**12,01**	
HOME	W3->W2	60	350	350	1,00	2,80	
HOME	W2->W1	80	450	346,5	1,30	3,64	
HOME	W1->A	120	300	322	0,93	2,61	
HOME			**1100**		**3,23**	**9,05**	

Abbildung 93: Multitrack-PSR Beispiel (Grafik: KLSP)

Beispiel:
Gegeben: Wegpunkte wie in Abbildung 93 dargestellt:
Wind 240°/50 kts. V = 300 KTAS, Fuel Flow 2.800 kg/h.
Sichere Flugdauer E_S: entsprechend 15.120 kg Treibstoff beim Fuel Flow, d.h. 5,4 h.
Verbrauch bei W2 (hin-und zurück) 14.330 kg.
Verbrauch bei W3 (hin-und zurück) 21.050 kg.
Berechnen Sie den PSR und die Flugzeit (ETO).
Lösung:
Der PSR liegt offensichtlich im Segment W2-W3, da 21,05 to > 15,12 to.
Es stehen in diesem Segment für unsere Betrachtung noch 15.120 - 14.330 = 790 kg zur Verfügung, respektive 0,282 h bei dem angenommenen Fuel Flow von 2.800 kg/h.
x = 0,282 *300/2 (1-(50/300)**2) = 40,97 NM
Groundspeed im Segment 250 kts, d.h. 40,97 NM/250 Kts = 0,164 h
PSR = 300 + 450 + 40,97 = 790,97 = 791 NM (ger.)Entfernung auf der Strecke.
ETO = 1,1 + 1,79 + 0,164 = 3,05 h = 3 h und 3 min Flugzeit auf der Strecke

Kritischer Punkt bei ETOPS (CP)

Abschließend in diesem Kapitel wollen wir kurz auf die Ermittlung des kritischen Punktes bei einer ETOPS-Route eingehen, auch wenn dies über den Rahmen des Syllabus hinausgeht. Abbildung 94 zeigt eine typische Situation. Bei einer Strecke von A nach B müsste der Flug im Non-ETOPS-Fall so durchgeführt werden, dass für jeden Punkt des Streckenverlaufs mindestens einer der Enroute Alternate EA1-EA4 in maximal einer Stunde Flugzeit bei One-Engine Inoperative (OEI) und der zugehörigen TAS erreichbar bleibt. Die Streckenführung könnte z.B. wie in der Abbildung dargestellt verlaufen (siehe Markierung Non-ETOPS-Route).

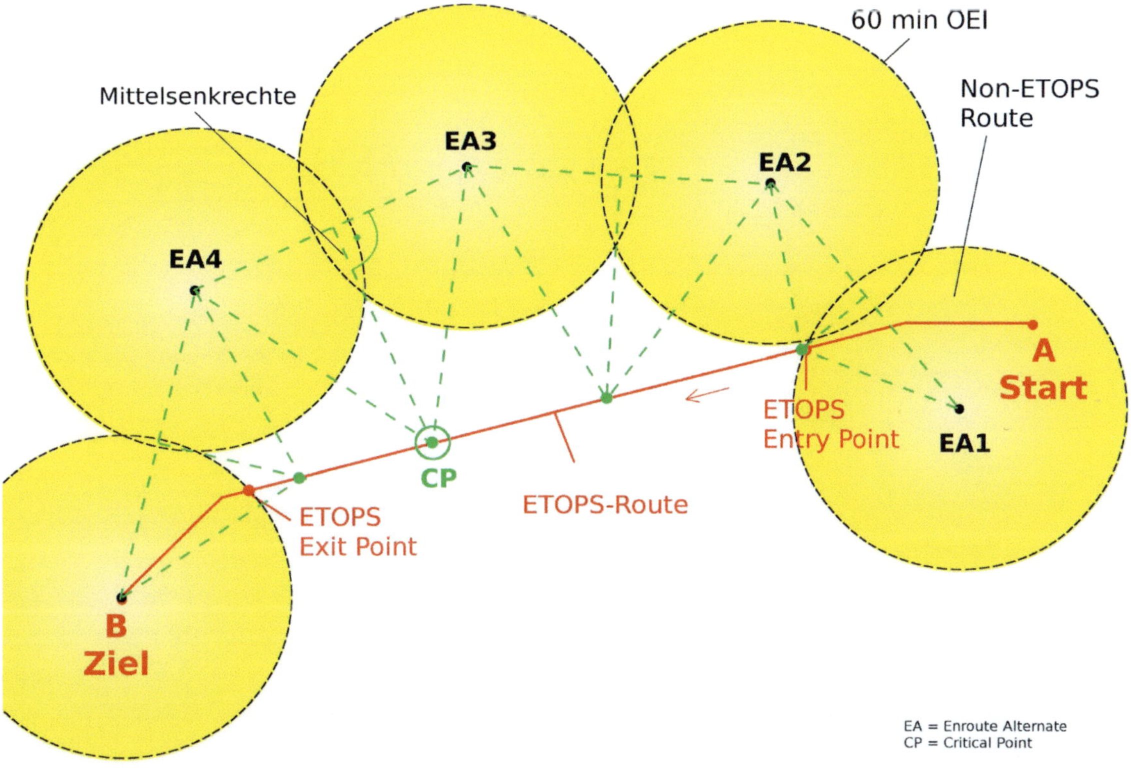

Abbildung 94: Ermittlung des kritischen Punktes Bei ETOPS (Grafik: KLSP)

Die ETOPS-Route kann im Unterschied dazu einen Streckenverlauf nehmen, der z.B. bei einer 180-Minuten ETOPS Zulassung kaum noch Einschränkungen hat (siehe Markierung ETOPS-Route). Für die Flugplanung ist es erforderlich, den kritischen Punkt (engl. critical point, Abk. CP) zu ermitteln, da er die Basis für die vorgeschriebene Treibstoffplanung ist (siehe Seite 93). Er lässt sich grafisch bestimmen, indem man jeweils für zwei benachbarte Enroute Alternates den Punkt bestimmt, an dem die Strecke gleich lang ist (wir betrachten der Einfachheit halber nur den Fall ohne Wind). Dazu zeichnet man auf der jeweiligen Verbindungslinie die Mittelsenkrechte ein und sucht den Schnittpunkt mit der ETOPS-Strecke. Da man ein gleichschenkliges Dreieck erzeugt hat, sind die Strecken zu den beiden Enroute Alternates gleich. Das Verfahren lässt sich für alle Alternate-Paare durchführen und man erhält eine Menge von Punkten (in unserem Beispiel vier). Der Punkt, bei dem die Entfernung zum Alternate am größten ist, wird als kritischer Punkt bezeichnet und dient als Basis für die Treibstoffplanung. Im Beispielfall ist es der dritte Punkt auf der ETOPS-Strecke und die Entfernung ist die zu den Alternates EA3 und EA4. Wenn man dem Streckenverlauf von rechts nach links folgt, lässt sich zu jedem Zeitpunkt ein optimaler Enroute Alternate zuordnen, der jeweils bei den ermittelten Punkten von einem Alternate zum nächsten wechselt.

Im allgemeinen Fall muss man zusätzlich den Windeinfluss mit berücksichtigen. Abbildung 95 zeigt eine konkrete ETOPS-Routenplanung für die Nordatlantiküberquerung mit einer Challenger 601.

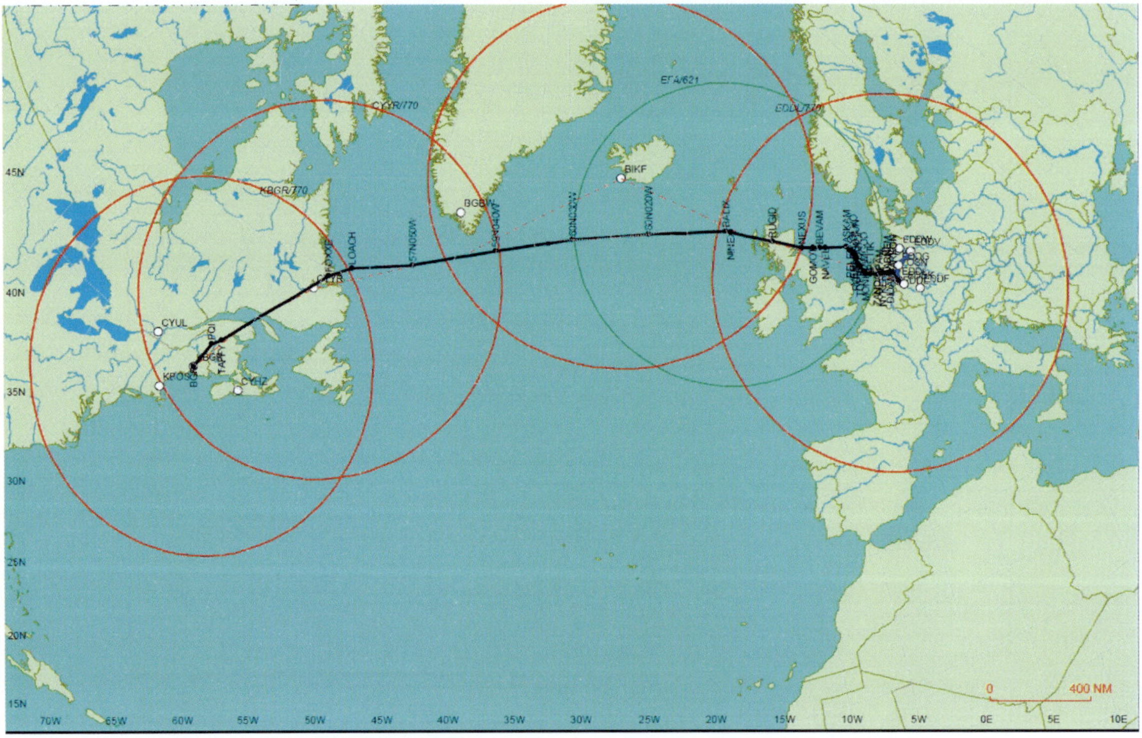

Abbildung 95: ETOPS-Beispiel Nordatlantiküberquerung (Quelle: Skyplan/J.Marx)

05 00 00
ICAO Flugplan

Für bestimmte Kategorien von Flügen ist ein Flugplan erforderlich. Für welche Flüge dies erforderlich ist, unterliegt der jeweils nationalen Regelung. Für Deutschland ist die Abgabe eines Flugplans in § 25 der LuftVO geregelt.

Zitat aus der deutschen LuftVO:
„§ 25 Flugplanabgabe
(1) Der Luftfahrzeugführer hat der zuständigen Flugverkehrskontrollstelle einen Flugplan zu übermitteln für
1. Flüge, die nach Instrumentenflugregeln durchgeführt werden;
2. Flüge nach Sichtflugregeln bei Nacht, soweit sie über die Umgebung des Flugplatzes hinausführen;
3. Kunstflüge im kontrollierten Luftraum und über Flugplätzen mit Flugverkehrskontrollstelle;
4. Wolkenflüge mit Segelflugzeugen;
5. Flüge in Gebieten mit Flugbeschränkungen, soweit dies ausdrücklich bei der Festlegung der Gebiete angeordnet ist;
6. Flüge nach Sichtflugregeln aus der Bundesrepublik oder in die Bundesrepublik.“

05 01 00 Einzelflugplan

05 01 01 Format des Einzelflugplans und seine Einträge

Der Flugplan (Flight Plan, Abk. FPL) dient dazu, den Flugsicherungsorganisationen die entsprechenden internen Vorbereitungen für die sichere Flugführung des geplanten Fluges zu treffen. Das Format des Flugplans wurde vor Jahrzehnten durch die ICAO standardisiert (siehe Anhang S. 267). Dieser Standard betrifft die vereinbarten Inhalte, nicht die Form der Darstellung. Die Inhalte können sowohl in einem so genannten Message Format übermittelt werden als auch in Form eines gedruckten Formulars wie in Abbildung 96 abgebildet. Das Druckformular der DFS ist dabei eine nationale Anpassung des ICAO Formulars CA48. Auch im Druckformular erkennt man unschwer die Messagestruktur der Daten. Sie beginnt mit einem Headerteil (Kennung FF), der die Sendezeit (Filing Time) und den Absender kennzeichnet (Originator). Wir wollen im Folgenden die einzelnen Felder und ihre Inhaltskodierungen besprechen.

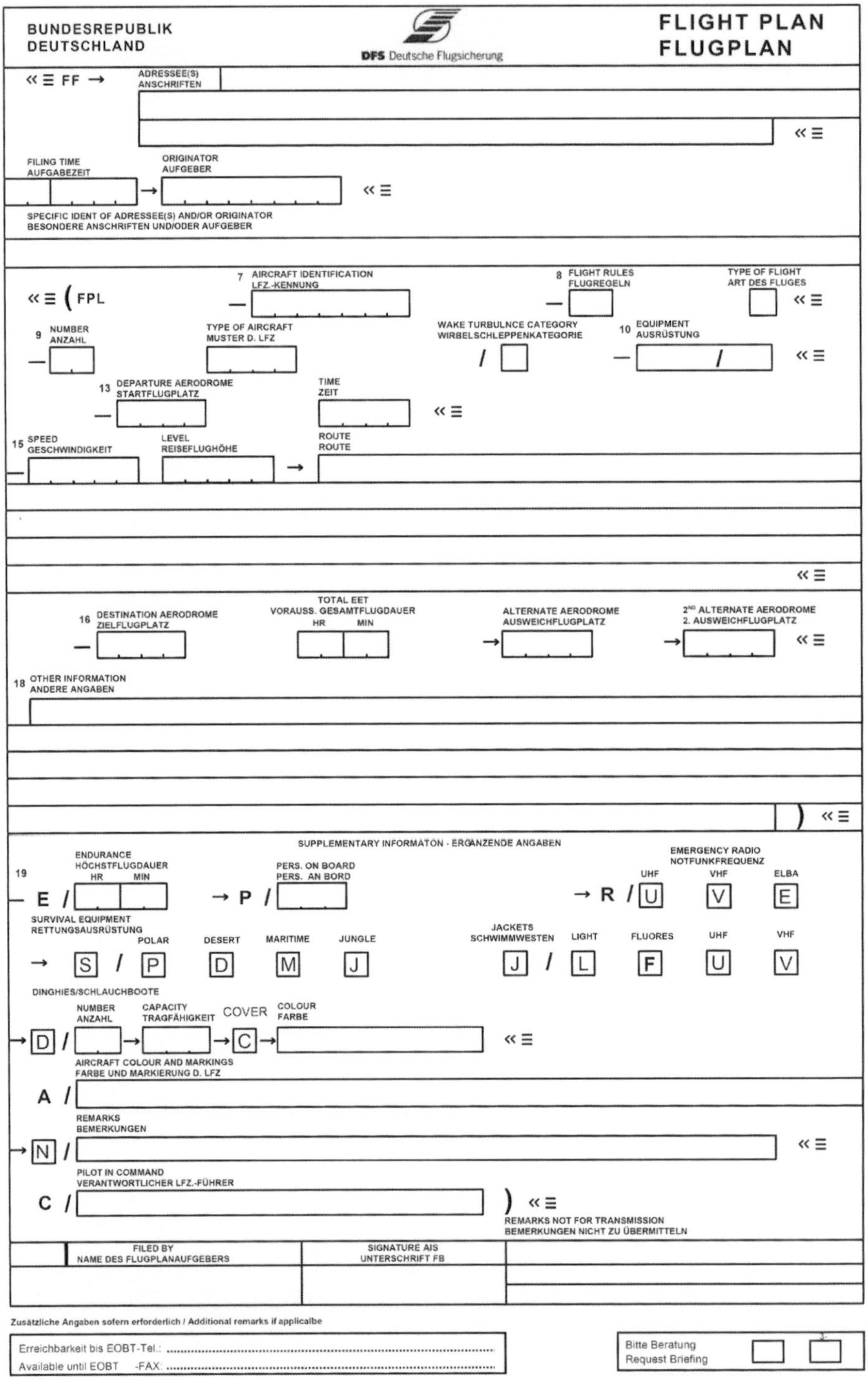

BUNDESREPUBLIK DEUTSCHLAND

DFS Deutsche Flugsicherung

FLIGHT PLAN
FLUGPLAN

« ≡ FF → ADRESSEE(S) ANSCHRIFTEN

« ≡

FILING TIME AUFGABEZEIT → ORIGINATOR AUFGEBER « ≡

SPECIFIC IDENT OF ADRESSEE(S) AND/OR ORIGINATOR
BESONDERE ANSCHRIFTEN UND/ODER AUFGEBER

« ≡ (FPL — 7 AIRCRAFT IDENTIFICATION LFZ.-KENNUNG — 8 FLIGHT RULES FLUGREGELN — TYPE OF FLIGHT ART DES FLUGES « ≡

9 NUMBER ANZAHL — TYPE OF AIRCRAFT MUSTER D. LFZ — WAKE TURBULNCE CATEGORY WIRBELSCHLEPPENKATEGORIE / — 10 EQUIPMENT AUSRÜSTUNG — / « ≡

13 DEPARTURE AERODROME STARTFLUGPLATZ — TIME ZEIT « ≡

15 SPEED GESCHWINDIGKEIT — LEVEL REISEFLUGHÖHE → ROUTE ROUTE

« ≡

16 DESTINATION AERODROME ZIELFLUGPLATZ — TOTAL EET VORAUSS. GESAMTFLUGDAUER HR MIN → ALTERNATE AERODROME AUSWEICHFLUGPLATZ → 2ND ALTERNATE AERODROME 2. AUSWEICHFLUGPLATZ « ≡

18 OTHER INFORMATION ANDERE ANGABEN

) « ≡

SUPPLEMENTARY INFORMATON - ERGÄNZENDE ANGABEN

19 ENDURANCE HÖCHSTFLUGDAUER HR MIN — E / → P / PERS. ON BOARD PERS. AN BORD → R / EMERGENCY RADIO NOTFUNKFREQUENZ UHF U VHF V ELBA E

SURVIVAL EQUIPMENT RETTUNGSAUSRÜSTUNG → S / POLAR P DESERT D MARITIME M JUNGLE J JACKETS SCHWIMMWESTEN J / LIGHT L FLUORES F UHF U VHF V

DINGHIES/SCHLAUCHBOOTE → D / NUMBER ANZAHL → CAPACITY TRAGFÄHIGKEIT → C COVER → COLOUR FARBE « ≡

AIRCRAFT COLOUR AND MARKINGS FARBE UND MARKIERUNG D. LFZ
A /

REMARKS BEMERKUNGEN
→ N / « ≡

PILOT IN COMMAND VERANTWORTLICHER LFZ.-FÜHRER
C /) « ≡

REMARKS NOT FOR TRANSMISSION BEMERKUNGEN NICHT ZU ÜBERMITTELN

FILED BY NAME DES FLUGPLANAUFGEBERS | SIGNATURE AIS UNTERSCHRIFT FB

Zusätzliche Angaben sofern erforderlich / Additional remarks if applicalbe

Erreichbarkeit bis EOBT-Tel.: ....
Available until EOBT -FAX: ....

Bitte Beratung
Request Briefing

Abbildung 96: Flugplanformular der DFS (Papierformular)

FPL Header

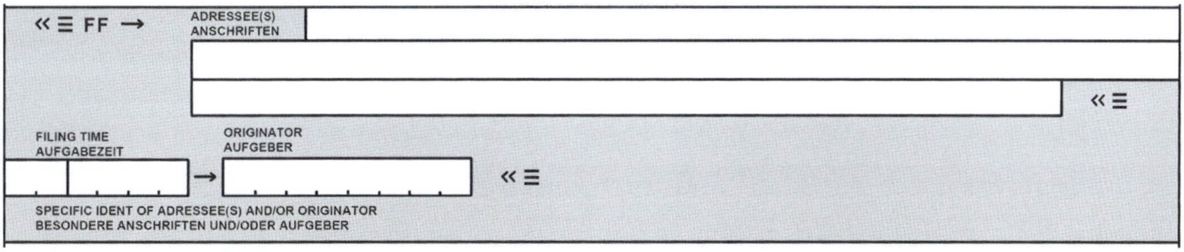

Der Message Header ist nicht vom Piloten oder seinem befugten Vertreter auszufüllen. Er diente ursprünglich als TELEX-Verteilerkopf für die interne Verteilung des Flugplans an alle betroffenen Flugplätze und Flugsicherungsstellen. Die Übermittlung geschieht heutzutage per EDV in Form elektronischer Messages.

Der eigentliche Flugplan beginnt erst dort, wo die Kennung „(FPL“ steht.
Der Pilot oder dessen befugter Vertreter hat die Felder 7-19 gemäß den internationalen Vorschriften (ICAO-Doc. 4444 und EUROCONTROL CFMU/Handbuch, Teil IFPS) ergänzt durch die von den einzelnen Staaten verlautbarten Vorschriften auszufüllen.

Luftfahrzeugkennung (7)

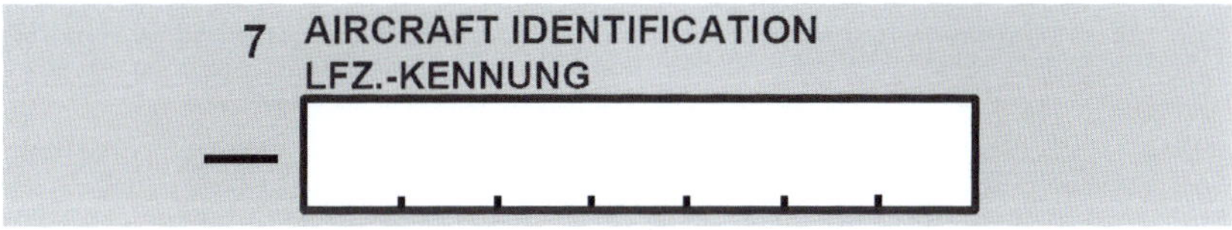

FELD 7: LUFTFAHRZEUGKENNUNG (Aircraft Identification)
(höchstens 7 Zeichen)
Einzusetzen ist eine der folgenden, aus höchstens 7 Zeichen bestehenden Luftfahrzeugkennungen:

a) Das Staatszugehörigkeits- und Eintragungszeichen (z.B. DABCD, 4XBCD, N2567GA, OOTEK) wenn
   1) das vom Luftfahrzeug verwendete Funktelefonie-Rufzeichen mit dem Staatszugehörigkeits- und Eintragungszeichen übereinstimmt (z.B. DAHLF, OOTEK) oder diesem die ICAO-Funkbezeichnung des Luftfahrzeughalters vorangesetzt wird (z.B. HAPAG LLOYD DAHLF, SABENA OOTEK);
   2) das Luftfahrzeug keine Funkausrüstung hat.

b) die ICAO-Bezeichnung des Luftfahrzeughalters, gefolgt von der Flugkennung (z.B. HLF503, KLM511, NGA213) wenn das verwendete Funktelephonie-Rufzeichen des Luftfahrzeuges aus der ICAO-Funkbezeichnung des Luftfahrzeughalters und der Flugkennung besteht (z.B. HAPAG LLOYD 503, KLM 511, NIGERIA 213)

c) Coderufzeichen bei Such- und/oder Rettungsübungen, z.B. RESCUE 1.

Bei Verbandsflügen ist die Luftfahrzeugkennung des führenden Luftfahrzeuges anzugeben. Im Feld 18 sind nach REG/ sämtliche Kennzeichen anzugeben.

Anmerkung:
Bestimmungen über die Anwendung des Funktelephonie-Rufzeichens sind im ICAO-Anhang 10, Teil II, Kapitel 5, enthalten. Die ICAO-Bezeichnung und Funkbezeichnung der Luftfahrzeughalter sind im ICAO-Doc. 8585 "Designators for Aircraft Operating Agencies, Aeronautical Authorities and Services" enthalten.

Flugregeln und Art des Fluges (8)

FELD 8: FLUGREGELN UND ART DES FLUGES (Flight rules and type of flight)
(1 oder 2 Zeichen)
Im Feld ‚Flugregeln‘ einzusetzen ist – zur Angabe der Flugregeln, unter welchen der Pilot den Flug durchzuführen beabsichtigt – einer der folgenden Buchstaben:

I	bei IFR
V	bei VFR
Y	wenn zuerst IFR *)
Z	wenn zuerst VFR *)

*) In FELD 15 ist der Punkt, bei welchem ein Flugregelwechsel geplant ist, anzugeben.

Im Feld ‚Art des Fluges‘ einzusetzen ist – zur Angabe der Art des Fluges – einer der folgenden Buchstaben:

S	Flug im planmäßigem Flugverkehr (Airline)
N	Unplanmäßiger Flug (Charter, Bedarfsflugverkehr)

G	Allgemeine Zivilluftfahrt (Privatflug)
M	Militärflug
X	Andere Kategorie

Anzahl, Lfz-Muster und Wirbelschleppenkategorie (9)

Anzahl der Luftfahrzeuge (leer, 1 oder 2 Zeichen)

Die Anzahl der Luftfahrzeuge ist nur einzusetzen, wenn es sich um mehr als ein Luftfahrzeug handelt.

Luftfahrzeugtyp (2 bis 4 Zeichen)

Einzusetzen ist die entsprechende Typenbezeichnung gemäß ICAO Doc 8643 "Aircraft Type Designator" (z.B. C172 für Cessna 172, B737 für Boeing 737) oder wenn keine ICAO-Typenbezeichnung festgelegt wurde bzw. bei Verbandsflügen mit Luftfahrzeugen verschiedener Typen ZZZZ und in FELD 18 (Anzahl und) Type(n) der/des Luftfahrzeuge(s) unter Voransetzung des Bezeichners TYP/.

Kategorie für Wirbelschleppenbildung (1 Zeichen)

Einzusetzen ist einer der folgenden Buchstaben, der die Kategorie für Wirbelschleppenbildung des Luftfahrzeuges angibt.

H	HEAVY - Luftfahrzeug mit einer höchstzulässigen Startmasse von 136.000 KG (300.000 LB) oder mehr
M	MEDIUM - Luftfahrzeug mit einer höchstzulässigen Startmasse von weniger als 136.000 KG (300.000 LB) jedoch mehr als 7.000 KG (15.500 LB)
L	LIGHT - Luftfahrzeug mit einer höchstzulässigen Startmasse von 7.000 KG (15.500 LB) oder weniger.

Ausrüstung (10)

FELD 10: AUSRÜSTUNG

Einzusetzen ist links vom Trennstrich eine Buchstabenfolge für die Funk- und Navigationsausrüstung, die nach folgender Kodierung bestimmt werden muss.

Funk- und Navigationsausrüstung (COM/NAV/APCH)

N	wenn keine Funk- und Navigationsausrüstung (COM/NAV/APCH) vorhanden oder diese nicht betriebsbereit ist. Für Flüge ohne Funkausrüstung ist ergänzend in FELD 18 STS/NORDO einzutragen.
S	wenn Funk- und Navigationsausrüstung (COM/NAV/APCH) den Erfordernissen für die gesamte Flugstrecke entspricht und betriebsbereit ist (s. Anmerkung 1)

und/oder einer oder mehrere der nachstehend angeführten Buchstaben entsprechend der verfügbaren und betriebsbereiten Funk und Navigationsausrüstung:

C	LORAN C
D	DME (Entfernungsmessgerät)
F	ADF (Radiokompass)
G	GNSS (Global Navigation Satellite System)
H	HF RTF (Kurzwellen-Sprechfunk)
I	Trägheitsnavigation (Inertial Navigation)
J	Datenverbindung (Data Link). Wird der Buchstabe J eingetragen, ist in FELD 18 die Ausrüstung unter Voransetzung von DAT/..., gefolgt vom Bezeichner des Data Links anzugeben.
K	MLS (Micro Wave Landing System)
L	ILS (Instrumentenlandesystem)
M	Omega (Funknavigationssystem von 1968)
O	VOR (UKW-Drehfunkfeuer)
R	RNP (Required Navigational Performance) Der Buchstabe R bedeutet, dass das Luftfahrzeug die vorgeschriebene Ausrüstung für die Strecke, das Streckensegment und/oder für das betreffende Gebiet mitführt. Die Ausrüstung für RNAV für IFR-Flüge in Europa ist verpflichtend.
T	TACAN (militärisches VOR/DME höherer Genauigkeit)
U	UHF RTF (Dezimeterwellen-Sprechfunk)
V	VHF RTF (Ultrakurzwellen-Sprechfunk)
W	Besondere Verwendung durch ATS.
X	Besondere Verwendung durch ATS.
Y	Besondere Verwendung durch ATS. (z.B. 8.33 KHZ Sender für IFR-Flüge in be-

	stimmten Lufträumen)
Z	andere Ausrüstung Wird der Buchstabe Z eingetragen, ist in FELD 18 die andere Ausrüstung genau anzugeben unter Voransetzung des jeweils zutreffenden Bezeichners COM/ oder NAV/.

Anmerkung 1:
Die Standardausrüstung umfasst VHF RTF, ADF, VOR, ILS und DME (S = DFLOU).

Surveillance-Ausrüstung

Einzusetzen ist rechts vom Trennstrich ein oder zwei der folgenden Buchstaben, um die verfügbare, betriebsbereite Surveillance (Überwachungs)-Ausrüstung zu bezeichnen:

N	keine vorhanden
A	Transponder - Modus A (4 Ziffern - 4096 Kodes)
C	Transponder - Modus A (4 Ziffern - 4096 Kodes) und Modus C
D	ADS-Tauglichkeit
X	Transponder - Modus S ohne Übermittlung der Luftfahrzeugidentifizierung und ohne Druckhöhenübermittlung
P	Transponder - Modus S mit Druckhöhenübermittlung, aber ohne Übermittlung der Luftfahrzeugidentifizierung
I	Transponder - Modus S mit Übermittlung der Luftfahrzeugidentifizierung, aber ohne Druckhöhenübermittlung
S	Transponder - Modus S mit Druckhöhenübermittlung und Übermittlung der Luftfahrzeugidentifizierung

Startflugplatz und geplante Abflugzeit (13)

FELD 13: STARTFLUGPLATZ UND ZEIT (Departure aerodrome and time)
(8 Zeichen)

Einzusetzen ist die 4-buchstabige ICAO-Ortskennung des Startflugplatzes oder wenn dem Startflugplatz keine ICAO-Ortskennung zugeordnet wurde ZZZZ*).

*) In diesem Fall ist in FELD 18 unter Voransetzung des Bezeichners DEP/ der Name des Startflugplatzes einzusetzen oder wenn der Flugplan von einem Luftfahrzeug im Fluge aufgegeben wurde AFIL; in diesem Fall ist in FELD 18 unter Voransetzung des Bezeichners DEP/ die 4-buchstabige ICAO-Ortskennung jener ATS-Stelle einzusetzen, von welcher der Ergänzungsflugplan angefordert werden kann.

Diesen Angaben folgt bei einem Flugplan, der vor dem Abflug eingereicht wurde, die voraussichtliche Abblockzeit (EOBT), und zwar UTC vierstellig im Format [hhmm], oder bei einem Flugplan, der im Fluge aufgegeben (AFIL) wurde, die tatsächliche oder voraussichtliche Überflugzeit über jenem Punkt der Flugstrecke, von dem an der Flugplan gelten soll.

Flugroute (15)

FELD 15: FLUGSTRECKE (Route)
Einzusetzen ist die erste Reisegeschwindigkeit (siehe a) und die erste Reiseflughöhe (siehe b), dann daran anschließend die Flugstreckenbeschreibung (siehe c) – entsprechend den Vorschriften ICAO Doc. 4444 und CFMU-Handbuch, Teil IFPS.

a) Reisefluggeschwindigkeit (höchstens 5 Zeichen)
Einzusetzen ist für den ersten Streckenabschnitt oder für die gesamte Flugstrecke die wahre Reisefluggeschwindigkeit (TAS) in Knoten, ausgedrückt durch N gefolgt von 4 Ziffern, z.B. N0485 oder sofern von der jeweils zuständigen ATS-Behörde vorgeschrieben Stundenkilometer, ausgedrückt durch K gefolgt von 4 Ziffern, z.B. K0830 oder Mach Zahl in Hundertstel (aufgerundet) ausgedrückt durch M gefolgt von 3 Ziffern, z.B. M082.

b) Reiseflughöhe (höchstens 5 Zeichen)
Einzusetzen ist die geplante Reiseflughöhe (Cruising Level) für den ersten Streckenabschnitt oder für die gesamte Flugstrecke als:
Flugfläche (1013,2 HPA), ausgedrückt durch F, gefolgt von 3 Ziffern, z.B. F085, F330 oder Flughöhe (Altitude) in Hundert-Fuß-Einheiten, ausgedrückt durch A, gefolgt von 3 Ziffern, z.B.A045, A100 oder, sofern von der jeweils zuständigen ATS-Behörde vor-

geschrieben, Flugfläche in Meter (Standard Meter) (1013,2 HPA) in Zehn-Meter-Einheiten, ausgedrückt durch S, gefolgt von 4 Ziffern, z.B. S1130, S0990 oder Flughöhe (Altitude) in Zehn-Meter-Einheiten, ausgedrückt durch M, gefolgt von 4 Ziffern, z.B. M0840 oder bei unkontrollierten VFR-Flügen durch die Buchstaben VFR.

c) Flugstreckenbeschreibung (einschließlich Änderung der Geschwindigkeit, der Flughöhe und/ oder der Flugregeln)

Flüge auf Luftstraßen
Einzusetzen ist nach ICAO Bestimmung sofern der Startflugplatz auf der Luftstraße liegt bzw. mit dieser verbunden ist, die Bezeichnung der ersten Luftstraße oder falls der Startflugplatz nicht auf der Luftstraße liegt bzw. nicht mit dieser verbunden ist, die Buchstaben DCT (siehe Anmerkung) gefolgt von dem Punkt, ab dem auf der ersten Luftstraße geflogen wird, gefolgt von der Bezeichnung der Luftstraße und in chronologischer Reihenfolge nachfolgend alle weiteren Luftstraßen.

Außerdem einzusetzen ist jeder Punkt der Route, bei dem entweder eine Änderung der Geschwindigkeit, der Flughöhe, der Luftstraße und/oder der Flugregeln geplant ist, gefolgt - nach jeder Änderung - von der Bezeichnung des nächstfolgenden oder derselben Luftstraße, auch wenn der Flug auf derselben Luftstraße fortgesetzt wird[9] oder gefolgt von den Buchstaben DCT (siehe Anmerkung), wenn der nächste Punkt, zu dem geflogen wird, außerhalb einer festgelegten Luftstraße liegt, es sei denn, beide Punkte werden durch geografische Koordinaten definiert.

Flüge außerhalb von Luftstraßen
Einzusetzen sind Punkte, die normalerweise nicht mehr als 30 Minuten Flugzeit oder 370 KM (200 NM) voneinander entfernt liegen, einschließlich jener Punkte, ab denen eine Änderung der Geschwindigkeit, der Flughöhe, des Kurses oder der Flugregeln geplant ist.
Falls von der (den) zuständigen ATS-Behörde(n) vorgeschrieben, so ist bei Flügen, die vorwiegend in Ost/West-Richtung und zwischen 70 °N und 70 °S operieren, die Flugstrecke durch Punkte in geographischen Koordinaten in ganzen oder halben Breitengraden und jeweils im Abstand von 10 Längengraden anzugeben. Außerhalb der vor-

[9] Anmerkung: Wenn ein Übergang von einer unteren zu einer oberen Luftstraße, die die gleiche Richtung haben, geplant ist, ist die Angabe des Übergangspunktes nicht erforderlich

genannten Breiten, ist die Flugstrecke durch Punkte in geographischen Koordinaten in ganzen Breitengraden und jeweils im Abstand von 20 Längengraden anzugeben. Der Abstand zwischen den angegebenen Punkten soll eine Stunde Flugzeit nicht übersteigen. Falls erforderlich, sind zusätzliche Punkte festzulegen. Für Flüge, die vorwiegend in Nord/Süd-Richtung operieren, ist die Flugstrecke durch Punkte in geographischen Koordinaten in ganzen Längengraden und jeweils im Abstand von 5 Breitengraden anzugeben. Einzusetzen sind die Buchstaben DCT zwischen aufeinander folgenden Punkten, es sei denn, beide Punkte werden entweder durch geographische Koordinaten oder Richtung und Entfernung zu einer Funknavigationsanlage definiert.

Wir kommen nun zu den einzelnen Elementen der Flugroutenbeschreibung. Für die Flugstreckenbeschreibung sind nur die nachfolgend angeführten Eintragungen (1) bis (5) zu verwenden und die einzelnen Eintragungen durch Zwischenräume zu trennen.

1) <u>ATS-Strecke</u> (2 bis 7 Zeichen)
Verwendet werden die für die jeweilige Strecke oder Teil der Strecke festgelegten Kurzbezeichnungen einschließlich, wo zweckmäßig, der Kurzbezeichnung der SID und STAR, z.B. BCN1, B1, R14, UB10, KODAP2A, A15W

2) <u>Markierungspunkte</u> (2 bis 11 Zeichen)
Verwendet werden die für den jeweiligen Punkt (z.B. Funknavigationsanlage) festgelegte Bezeichnung (Kennung) (2 bis 5 Zeichen) z.B. LN, INN, HADDY oder wenn keine Bezeichnung (Kennung) festgelegt wurde

- in vollen Graden (7 Zeichen) 2 Ziffern für die geografische Breite in Graden, gefolgt von N (Nord) oder S (Süd); 3 Ziffern für die geographische Länge in Graden, gefolgt von E (Ost) oder W (West). Zur Vervollständigung der Datengruppe sind gegebenenfalls jeweils die ersten Stellen mit Nullen aufzufüllen, z.B. 46N078W, 08N005W
- in Graden und Minuten (11 Zeichen) 4 Ziffern für die geographische Breite in Graden und Minuten, gefolgt von N (Nord) oder S (Süd); 5 Ziffern für die geographische Länge in Graden und Minuten, gefolgt von E (Ost) oder W (West). Zur Vervollständigung der Datengruppe sind gegebenenfalls jeweils die ersten Stellen mit Nullen aufzufüllen, z.B. 4620N07805W, 0820N00531W

- mittels Angabe der Richtung und Entfernung von einer Funknavigationshilfe (8 oder 9 Zeichen). Die Kennung der Funknavigationshilfe (normalerweise VOR) (2 oder 3 Buchstaben), dann die missweisende Peilung von der Funknavigationshilfe (3 Ziffern) und die Entfernung in NM von der Funknavigationshilfe (3 Ziffern), wobei zur Vervollständigung der Datengruppe gegebenenfalls jeweils die ersten Stellen der Zifferngruppe mit Nullen aufzufüllen sind, z.B. DUB180040 = VOR DUB 180E MAG, 40 NM Entfernung.

3) Änderung der Geschwindigkeit oder Flughöhe (höchstens 21 Zeichen)
Der Punkt, bei dem eine Änderung der Geschwindigkeit (TAS 5 % bzw. 0,01 Mach oder mehr) oder eine Änderung der Flughöhe geplant ist – ausgedrückt gemäß Punkt 2) –, gefolgt von einem Schrägstrich und der Reisegeschwindigkeit und Reiseflughöhe – ausgedrückt gemäß Punkt (a) und (b) – ohne Zwischenraum, auch dann, wenn die Änderung nur einer dieser beiden Angaben geplant ist.

Beispiele:
LN/N0284A045
MAY/N0305F180
HADDY/N0420F330
4602N07805W/N0500F350
46N078W/M082F330
DUB180040/N0350M084

4) Flugregelwechsel (höchstens 3 Zeichen)
Der Punkt, bei dem der Flugregelwechsel geplant ist – ausgedrückt gemäß Punkt 2) bzw. – bei gleichzeitiger Bekanntgabe oder Änderung der Geschwindigkeit und Reiseflughöhe – ausgedrückt gemäß Punkt 3), gefolgt von einem Zwischenraum und einer der folgenden Buchstabengruppen:
VFR – im Fall von IFR zu VFR
IFR – im Fall VFR zu IFR
z.B. Wechsel beim VOR NOR von VFR zu IFR: NOR/N0210F050 IFR

5) Reisesteigflug (höchstens 28 Zeichen)
Der Buchstabe C, gefolgt von einem Schrägstrich; dann – ohne Zwischenraum – der Punkt, ab dem der Beginn des Reisesteigfluges geplant ist – ausgedrückt gemäß Punkt

2) - gefolgt von einem Schrägstrich, dann die Geschwindigkeit, die während des Reisesteigfluges beibehalten wird - ausgedrückt gemäß Pkt. a) und die beiden Flughöhen, die während des Reisesteigfluges besetzt sind - jede Flughöhe ausgedrückt gemäß Punkt b) oder die Flughöhe, über der der Reisesteigflug geplant ist, gefolgt von den Buchstaben PLUS - ohne Zwischenraum.
Beispiele:
C/48N050W/M082F290F350
C/48N050W/M082F090PLUS
C/52N050W/M220F580F620

Zielflugplatz, Streckenzeit, Alternates (16)

FELD 16: ZIELFLUGPLATZ UND VORAUSSICHTLICHE GESAMTFLUGDAUER, AUSWEICHFLUGPLATZ(-PLÄTZE)

Zielflugplatz und voraussichtliche Gesamtflugdauer

(8 Zeichen)
Einzusetzen ist die 4-buchstabige ICAO-Ortskennung des Zielflugplatzes und die voraussichtliche Gesamtflugdauer im Format [hhmm].

Wenn dem Zielflugplatz keine ICAO-Ortskennung zugeteilt wurde, ist ZZZZ einzutragen und die voraussichtliche Gesamtflugdauer; der Name des Flugplatzes ist unter Voransetzung des Bezeichners DEST/ in FELD 18 einzusetzen.

Anmerkungen zu Gesamtflugdauer:
1) bei einem Flugplan, der im Fluge aufgegeben wurde, ist die voraussichtliche Gesamtflugdauer die voraussichtliche Flugdauer ab dem ersten Punkt der Flugstrecke, für welche der Flugplan gilt.
2) Voraussichtliche Gesamtflugdauer ist bei Instrumentenflügen die voraussichtlich benötigte Flugzeit vom Start bis zur Ankunft über dem Initial Approach Fix des Instrumentenanflugverfahrens oder falls für den Zielflugplatz keine Navigationshilfe vorhanden ist, bis zum Erreichen des Zielflugplatzes, bei Sichtflügen die voraussichtlich benötigte Flugzeit vom Start bis zum Erreichen des Zielflugplatzes.

Ausweichflugplatz(-plätze) (4 Zeichen)

Einzusetzen ist (sind) die 4-buchstabige(n) ICAO-Ortskennung(en) von nicht mehr als zwei Ausweichflugplätzen oder wenn dem Ausweichflugplatz keine ICAO-Ortskennung zugeteilt wurde ZZZZ. Der Name des/der Flugplatzes(-plätze) ist (sind) unter Voransetzung des Bezeichners ALTN/ in FELD 18 einzusetzen.

Andere Angaben (18)

18 OTHER INFORMATION
ANDERE ANGABEN
) «≡

Einzusetzen ist 0 (Null) wenn für diesen Punkt keine Angaben vorliegen oder es sind Angaben einzutragen, die auf Grund vorheriger Eintragungen oder aus anderen Gründen erforderlich sind. Jede Eintragung erfolgt unter Voransetzung der jeweils zutreffenden 3-buchstabigen oder 4-buchstabigen Bezeichner, gefolgt von einem Schrägstrich. Mögliche Bezeichner sind in Doc 4444 Appendix 2 (z.B. im ATC-Teil der Jeppesen Airway Manuals) zu finden:

EET/	Expected Elapsed Time - Wesentliche Punkte oder FIR Grenzen (ICAO-Ortskennungen) und kumulierte voraussichtliche Flugdauer zu diesen Punkten bzw. FIR Grenzen, falls dies auf Grund regionaler Luftfahrtabkommen erforderlich ist oder von der zuständigen ATS-Behörde verlangt wird. z.B. EET/CAP0745 XYZ0830 = Flugzeit bis “CAP” 7H 45MIN, bis XYZ 8H 30MIN. EET/EINN0240 = Flugzeit bis FIR-Grenze 2H 40MIN
RIF/	Revised destination in Flight - Einzelheiten über die Flugstrecke zum geänderten Zielflugplatz, gefolgt von der Ortskennung dieses Flugplatzes. Für die geänderte Flugstrecke ist eine neue Freigabe im Fluge erforderlich. z.B. RIF/DTA HEC KLAX RIF/ESP G94 CLA APPH RIF/LEMD Anmerkung: Diese Eintragung ist zu verwenden, wenn bereits vor dem Abflug bei einem Instrumentenflug auf Grund der Höchstflugdauer vorgesehen ist, dass möglicherweise zu einem anderen Zielflugplatz (der normalerweise weiter entfernt liegt) geflogen wird. Durch die Angabe des neuen Zielflugplatzes und der berichtigten Streckenführung im Flugplan sowie der Mitteilung an die zuständigen Flugverkehrskontrollstellen wird eine Freigabeänderung erleichtert.

REG/	Registration Sign - Staatszugehörigkeits- und Eintragungszeichen, wenn dieses mit der in FELD 7 eingetragenen Luftfahrzeugkennung nicht übereinstimmt.
SEL/	SELCAL Kode (falls von der zuständigen ATS-Behörde gefordert)
OPR/	Operator - Name des Luftfahrzeughalters, wenn dieser nicht aus der in FELD 7 eingetragenen Luftfahrzeugkennung hervorgeht.
STS/	Special Treatment Service - Angaben über einen Grund für Sonderbehandlung. Die Angaben erfolgen gemäß gültiger Regelung als Freitext. Nach neuer Regelung sind nur noch festdefinierte Angaben erlaubt (geplante ICAO-Regelung von 2012), zum Beispiel folgende: STS/HOSP - für Flüge mit kranken oder verletzten Personen, die sofortiger ärztlicher Hilfe bedürfen, einschließlich der Flüge, die zur lebenserhaltenden ärztlichen Versorgung von Kranken oder Verletzten dringend erforderlich sind. Hierunter fallen sowohl Flüge, die Transplantate, Blutkonserven und Medikamente transportieren, als auch Flüge, die durchgeführt werden müssen, um am Zielort einen Patienten, Transplantate, Blutkonserven oder Medikamente aufzunehmen STS/HUM - für Flüge im humanitären Einsatz STS/SAR - für Flüge im Such- und Rettungsdienst STS/HEAD - für Flüge mit Staatsoberhaupt STS/STATE - für Regierungsflüge (Zoll, Polizei, Militär) in amtlicher Mission
TYP/	Luftfahrzeugtyp(en), gegebenenfalls Anzahl der Luftfahrzeuge, wenn unter FELD 9 ZZZZ eingetragen ist.
PER/	Performance - Leistungsdaten des Luftfahrzeuges (falls von der zuständigen ATS-Behörde verlangt).
COM/	Wichtige Angaben zur COM-Ausrüstung, wenn dies von der zuständigen ATS-Behörde verlangt wird, z.B. "COM/ UHF only" oder "NO RTF-RATING", wenn in FELD 10 "X" eingetragen ist.
DAT/	Data Channels - Wesentliche Angaben betreffend Datenkanaltauglichkeit, einer oder mehrere der folgenden Buchstaben ist zu verwenden: S - für Satelliten-Datenkanal H - HF- Datenkanal V - VHF- Datenkanal M - SSR mode Satelliten- Datenkanal

	z.B. DAT/SH
NAV/	Wichtige Angaben zur NAV-Ausrüstung, wenn dies von der zuständigen ATS-Behörde verlangt wird. z.B. NAV/INS.
DEP/	Departure - Name des Abflugplatzes, wenn in FELD 13 ZZZZ eingetragen ist; oder die 4-buchstabige ICAO-Ortskennung jener ATS-Stelle, von der ergänzende Flugplandaten (Ergänzungsflugplan) angefordert werden können, wenn in FELD 13 AFIL (Aircraft Filed) eingetragen ist.
DEST/	Destination - Name des Zielflugplatzes, wenn unter FELD 16 ZZZZ eingetragen ist.
ALTN/	Alternate - Name des/der Ausweichflugplatzes(-plätze) für den Zielflugplatz, wenn unter FELD 16 ZZZZ eingetragen ist.
RALT/	Enroute Alternate - Name des/der Ausweichflugplatzes(-plätze) auf der Strecke.
CODE/	Flugzeugadresse (ausgedrückt in der Form eines alphanumerischen Schlüssels von sechs hexadezimal Zeichen), wenn von der zuständigen ATS-Stelle verlangt. z.B.: "F00001" ist die niedrigste Flugzeugadresse enthalten in einem spezifischen Block, welcher von der ICAO verwaltet wird.
RMK/	Remark - Angaben in Klartext, die von der zuständigen ATS-Behörde verlangt oder als notwendig erachtet werden - allgemeine Informationen gemäß ICAO.
DOF/	Date of Flight - Datum des Fluges (geplante ICAO-Regelung von 2012)

Die Bezeichner werden zum Teil national unterschiedlich verwendet. Beispielsweise ist in Österreich die zusätzliche Angabe /DOF (Date of Flight) bereits seit einiger Zeit verbindlich vorgeschrieben. Darüber hinaus werden nationale Ergänzungen bei den Bezeichnern genutzt, die nicht der ICAO-Spezifikation entsprechen.

Ergänzende Angaben (19)

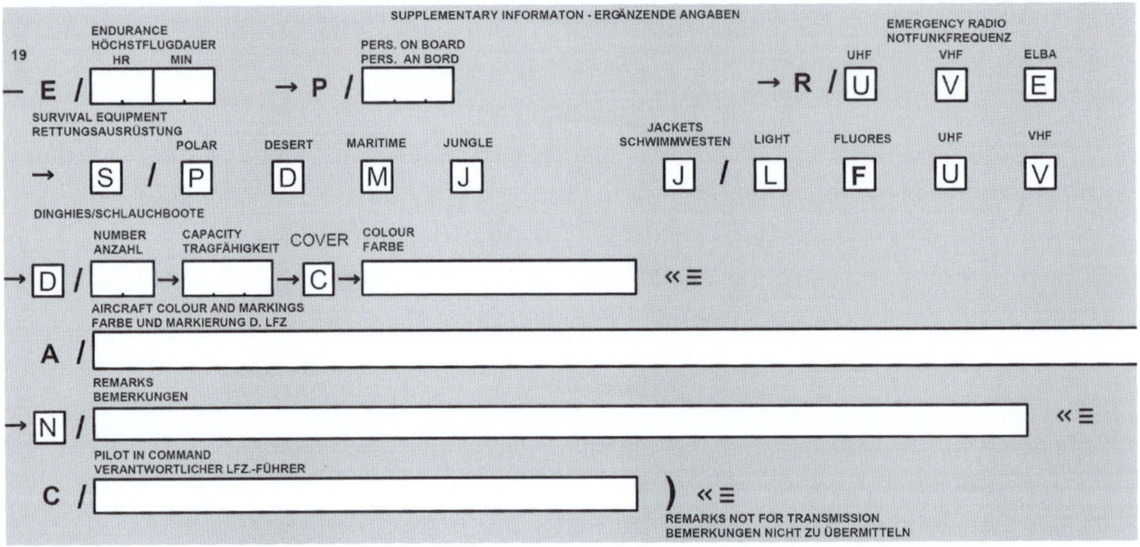

SUPPLEMENTARY INFORMATON - ERGÄNZENDE ANGABEN

19

ENDURANCE / HÖCHSTFLUGDAUER — HR MIN
– E /
PERS. ON BOARD / PERS. AN BORD
→ P /
EMERGENCY RADIO / NOTFUNKFREQUENZ — UHF VHF ELBA
→ R / U V E

SURVIVAL EQUIPMENT / RETTUNGSAUSRÜSTUNG — POLAR DESERT MARITIME JUNGLE
→ S / P D M J
JACKETS / SCHWIMMWESTEN — LIGHT FLUORES UHF VHF
J / L F U V

DINGHIES/SCHLAUCHBOOTE — NUMBER / ANZAHL — CAPACITY / TRAGFÄHIGKEIT — COVER — COLOUR / FARBE
→ D / → → C → «≡

AIRCRAFT COLOUR AND MARKINGS / FARBE UND MARKIERUNG D. LFZ
A /

REMARKS / BEMERKUNGEN
→ N / «≡

PILOT IN COMMAND / VERANTWORTLICHER LFZ.-FÜHRER
C /) «≡

REMARKS NOT FOR TRANSMISSION / BEMERKUNGEN NICHT ZU ÜBERMITTELN

FELD 19: ERGÄNZENDE ANGABEN

E/ Höchstflugdauer

Es ist mit 4 Ziffern die Höchstflugdauer in Stunden und Minuten einzusetzen.

P/ Personen an Bord

Es ist die Gesamtzahl der Personen an Bord (Passagiere und Besatzung) einzusetzen, wenn dies von der zuständigen ATS-Behörde verlangt wird. Wenn die Gesamtzahl der Personen zum Zeitpunkt der Flugplaneinreichung nicht bekannt ist, ist TBN (to be notified - noch bekanntzugeben) einzusetzen.

Anmerkung:
Wenn auf den Alarmdienst und den Such- und Rettungsdienst nicht verzichtet wird, ist ein vollständiger Flugplan abzugeben, d.h. es ist die Gesamtzahl der Personen an Bord einzusetzen; im Fluglinien- und Bedarfsluftverkehr, wo diese Angaben aus betrieblichen Gründen nicht immer rechtzeitig bekannt sind, wird toleriert, wenn diese Angaben unterbleiben.

Achtung: Bei den Angaben zur Notausrüstung sind die Punkte zu streichen, bei denen eine solche Ausrüstung nicht vorhanden ist! Bei der Abgabe eines Flugplanes über das AIS-Portal der DFS im Internet hat man diese Methode genau umgekehrt.

NOTAUSRÜSTUNG:

R/ Notfunk

Es ist der entsprechende Buchstabe zu streichen, wenn keine Ausrüstung vorhanden ist für

U	UHF Frequenz 243,0 MHZ
V	VHF Frequenz 121,5 MHZ
E	ELT

S/ Notausrüstung

Wenn keine Notausrüstung vorhanden ist, sind alle Angaben zu streichen. Ansonsten ist der entsprechende Buchstabe zu streichen, wenn keine Ausrüstung vorhanden ist für

P	Arktis (Polar)
D	Wüste (Desert)
M	Meer (Maritime)
J	Dschungel (Jungle)

J/ Schwimmwesten

Wenn keine Schwimmwesten vorhanden sind, sind alle Angaben zu streichen. Ansonsten ist zu streichen, was nicht vorhanden ist

L	Schwimmwesten mit Licht
F	Schwimmwesten mit Leuchtfarbe
U	Schwimmwesten mit UHF-Notsender
V	Schwimmwesten mit VHF-Notsender

D/ Schlauchboote

Buchstabe D und C sind zu streichen, wenn keine Schlauchboote vorhanden sind, ansonsten sind unter D die Anzahl und das Fassungsvermögen an Personen aller mitgeführten Schlauchboote einzusetzen. Falls die mitgeführten Schlauchboote nicht abgedeckt sind, ist C zu streichen, ansonsten ist die Farbe der Abdeckung einzusetzen.

A/ Luftfahrzeugfarbe und Markierungen

Einzutragen sind die Farbe und besondere Markierungen des Luftfahrzeugs.

<u>N/ Bemerkungen</u>
Der Buchstabe N ist zu streichen, wenn keine Bemerkungen erforderlich sind. Zusätzliche Notausrüstung oder Bemerkungen zur vorhandenen Notausrüstung sind einzutragen.

<u>C/ Pilot</u>
Name des verantwortlichen Piloten.

05 01 02 Erstellung eines Einzelflugplans

Bei der Erstellung eines Flugplans übernimmt man die Daten aus dem bereits berechneten Flugnavigationsplan, insbesondere die Route, die Zeitdaten inklusive sicheren Endurance entsprechend der Treibstoffmasse. Die Daten zum Luftfahrzeug sind entweder dem Handbuch oder den Unterlagen des Operators zu entnehmen.
Abbildung 98 zeigt einen vollständig ausgefüllten Flugplan inklusive der internen Headerinformation, so wie er prinzipiell intern auch per Fax verteilt werden könnte.
Die Erstellung eines Einzelflugplans lässt sich auch direkt am PC per Internet durchführen. Abbildung 97 zeigt die Bildschirmansicht der Flugplanerstellung im AIS-Portal der DFS.

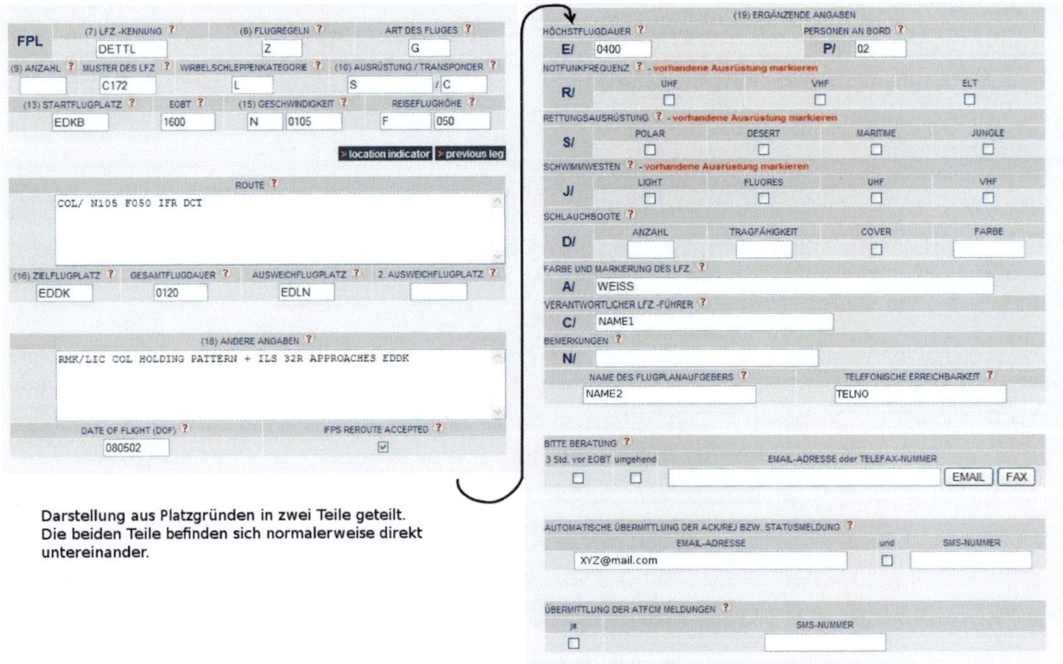

Abbildung 97: Flugplanerstellung im AIS-Portal der DFS (Grafik: KLSP)

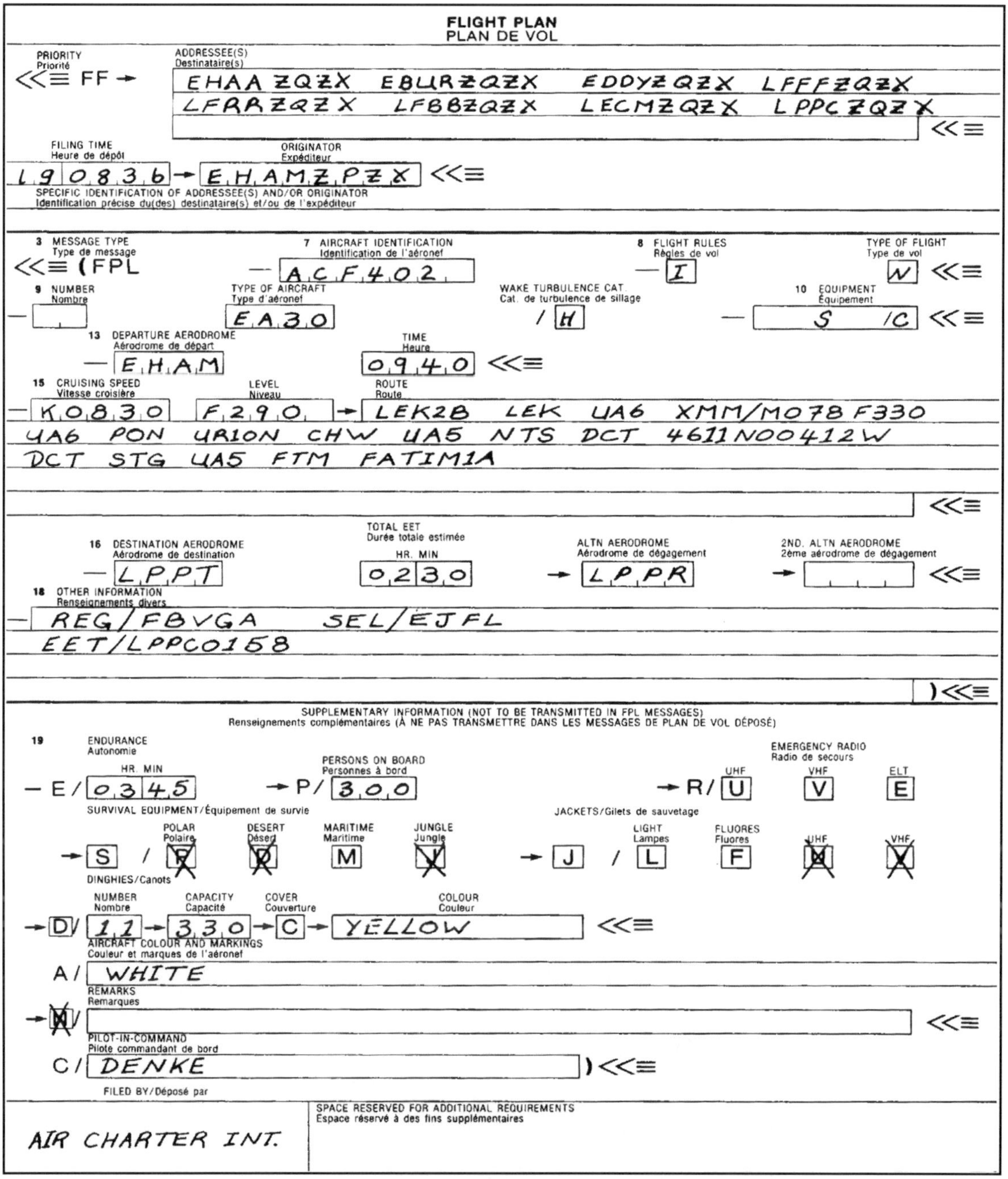
FLIGHT PLAN
PLAN DE VOL

PRIORITY / Priorité: <<≡ FF →
ADDRESSEE(S) / Destinataire(s):
EHAAZQZX EBURZQZX EDDYZQZX LFFFZQZX
LFRRZQZX LFBBZQZX LECMZQZX LPPCZQZX <<≡

FILING TIME / Heure de dépôt: 190836 →
ORIGINATOR / Expéditeur: EHAMZPZX <<≡

SPECIFIC IDENTIFICATION OF ADDRESSEE(S) AND/OR ORIGINATOR
Identification précise du(des) destinataire(s) et/ou de l'expéditeur

3 MESSAGE TYPE / Type de message: <<≡ (FPL
7 AIRCRAFT IDENTIFICATION / Identification de l'aéronef: — ACF402
8 FLIGHT RULES / Règles de vol: — I
TYPE OF FLIGHT / Type de vol: N <<≡

9 NUMBER / Nombre: —
TYPE OF AIRCRAFT / Type d'aéronef: EA30
WAKE TURBULENCE CAT. / Cat. de turbulence de sillage: / H
10 EQUIPMENT / Équipement: — S /C <<≡

13 DEPARTURE AERODROME / Aérodrome de départ: — EHAM
TIME / Heure: 0940 <<≡

15 CRUISING SPEED / Vitesse croisière: — K0830
LEVEL / Niveau: F290
ROUTE / Route: → LEK2B LEK UA6 XMM/M078F330
UA6 PON UR10N CHW UA5 NTS DCT 4611N00412W
DCT STG UA5 FTM FATIM1A
<<≡

16 DESTINATION AERODROME / Aérodrome de destination: — LPPT
TOTAL EET / Durée totale estimée HR. MIN: 0230
ALTN AERODROME / Aérodrome de dégagement: → LPPR
2ND. ALTN AERODROME / 2ème aérodrome de dégagement: → <<≡

18 OTHER INFORMATION / Renseignements divers:
— REG/FBVGA SEL/EJFL
EET/LPPC0158
)<<≡

SUPPLEMENTARY INFORMATION (NOT TO BE TRANSMITTED IN FPL MESSAGES)
Renseignements complémentaires (À NE PAS TRANSMETTRE DANS LES MESSAGES DE PLAN DE VOL DÉPOSÉ)

19 ENDURANCE / Autonomie HR. MIN: — E/0345
PERSONS ON BOARD / Personnes à bord: → P/300
EMERGENCY RADIO / Radio de secours: → R/ UHF U VHF V ELT E

SURVIVAL EQUIPMENT/Équipement de survie: → S / POLAR Polaire P, DESERT Désert D, MARITIME Maritime M, JUNGLE Jungle J
JACKETS/Gilets de sauvetage: → J / LIGHT Lampes L, FLUORES Fluores F, UHF U, VHF V

DINGHIES/Canots
NUMBER / Nombre: → D/ 11
CAPACITY / Capacité: → 330
COVER / Couverture: → C
COLOUR / Couleur: → YELLOW <<≡

AIRCRAFT COLOUR AND MARKINGS / Couleur et marques de l'aéronef: A/ WHITE

REMARKS / Remarques: → N/ <<≡

PILOT-IN-COMMAND / Pilote commandant de bord: C/ DENKE)<<≡

FILED BY/Déposé par: AIR CHARTER INT.
SPACE RESERVED FOR ADDITIONAL REQUIREMENTS
Espace réservé à des fins supplémentaires

Abbildung 98: Ausgefüllter Musterflugplan (Quelle: ICAO Doc 4444, Appendix 2)

Die größte Hürde bei der Erstellung eines gültigen IFR-Flugplans stellt die Kompatibilität mit dem Route Availability Document (RAD) von Eurocontrol dar. Wir wollen daher ein paar Hinweise zum besseren Verständnis geben, auch wenn die folgenden Ausführungen nicht zu den Lernzielen des Syllabus zählen.

CFMU, IFPS und RAD

Alle in Europa aufgegebenen IFR-Flugpläne werden von der Eurocontrol Central Flow Management Unit (Abk. CFMU) bearbeitet. Abbildung 99 gibt einen Überblick über den Informationsfluss. Wenn wir einmal den militärischen Sektor ausklammern, hat die CFMU drei externe Partner zu koordinieren: Aircraft Operator (AOs), ATC-Einheiten und Airports. Flugpläne, gemeint sind dabei zunächst Dauerflugpläne (RPL), werden von den Aircraft Operators eingereicht, von CFMU geprüft und, falls der Flugplan akzeptiert wird, erhält der Aircraft Operator einen sogenannten „Slot" und der Flugplan wird an die betroffenen ATC-Einheiten weitervermittelt.

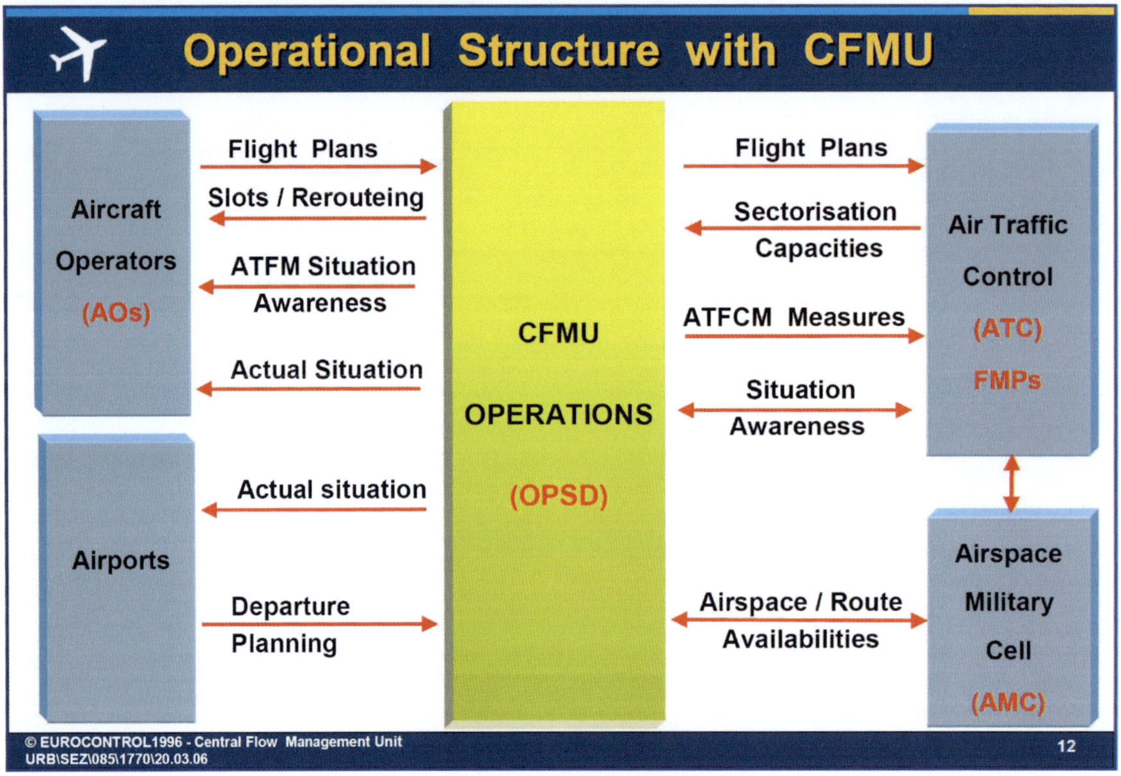

Abbildung 99: Informationsfluss von/zur CFMU (Quelle: Eurocontrol)

Einzelflugpläne (FPL) und ggf. deren Updates gelangen über die nationalen Flugsicherungsorganisationen (DFS, Austrocontrol, Belgocontrol usw.) zur CFMU und werden ebenfalls geprüft und, falls korrekt, dort genehmigt.

Die beschriebene Dienstleistung der CFMU, d.h. die Bearbeitung der Flugpläne aller europäischen Länder (genauer der IFPS-Zone) wird durch das Integrated Initial Flight Plan Processing System (IFPS) durchgeführt. Dabei handelt es sich um elektronische Datenverarbeitung, d.h. es handelt sich um ein IFPS-Programm, das auf ein paar Großrechnern in Brüssel und Brétigny läuft.

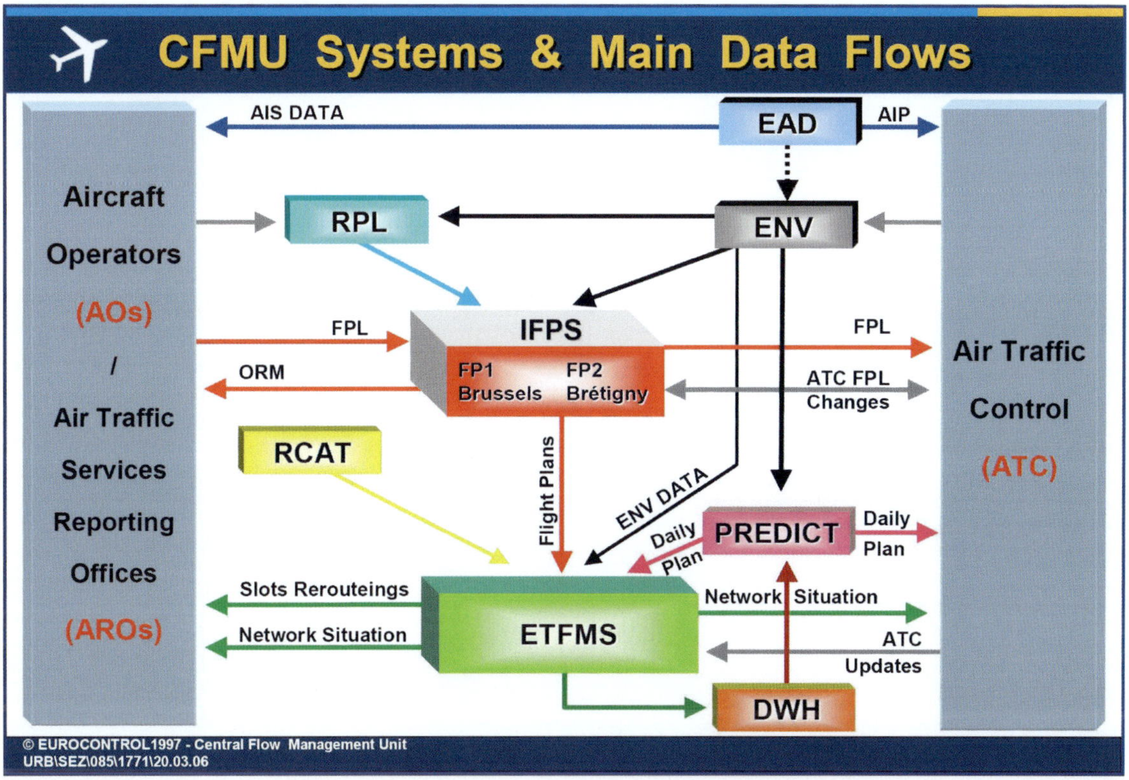

Abbildung 100: IFPS erbringt den FP-Service (Quelle: Eurocontrol)

Abbildung 100 gibt einen Einblick in den Datenfluss des Systems, wobei wir nicht auf alle Teile eingehen wollen, interessant ist in diesem Zusammenhang der Datenfluss bei RPL und FPL. Beide Flugplanarten gelangen ins System und werden nach automatischer Prüfung und Genehmigung durch das System an die ausführenden ATC-Einheiten zurückgespielt, entweder als Tagesplan (Daily Plan) oder als Einzelplan (FPL). Die primäre Aufgabe des Systems ist die Bearbeitung der Dauerflugpläne der Operator, Einzelflugpläne werden quasi nebenher erledigt. Ist ein Flugplan einmal genehmigt, sendet IFPS eine Kopie an das operative Enhanced Tactical Flow Management System (ETFMS), wo sozusagen die koordinierte Umsetzung realisiert wird. Wer sich genauer informieren will, findet weitere Informationen im IFPS Users Manual, siehe [21].

Die für eine IFR-Flugplanung verwendeten Luftstraßen können diversen Einschränkungen unterliegen. Sie sind im Route Availability Document (RAD) Europe veröffentlicht, siehe z.B. in [22], mit Einschränkungen etwa folgender Art:

- CITY-PAIR LEVEL CAPPING
- ROUTING SUGGESTIONS
- DCT LIMITS
- MILITARY ROUTES

Flugplanprüfung durch IFPUV

Wer vorab einen erstellten IFR-Flugplan prüfen lassen will, ob er gegebenenfalls durch IFPS akzeptiert würde, kann ihn durch das Programm IFPUV (IFPS Universal Validator) prüfen lassen. Man findet den Zugang im Internet unter:

https://www.cfmu.eurocontrol.int/PUBPORTAL/gateway/spec/index.html

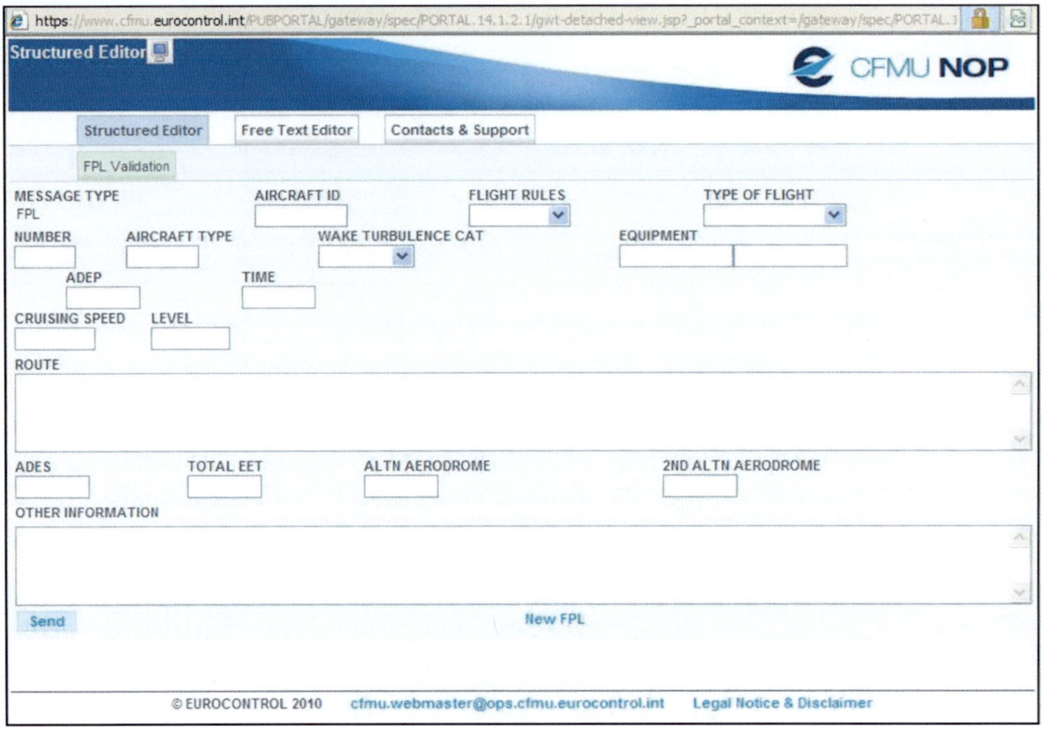

Abbildung 101: IFPUV strukturierter Editor

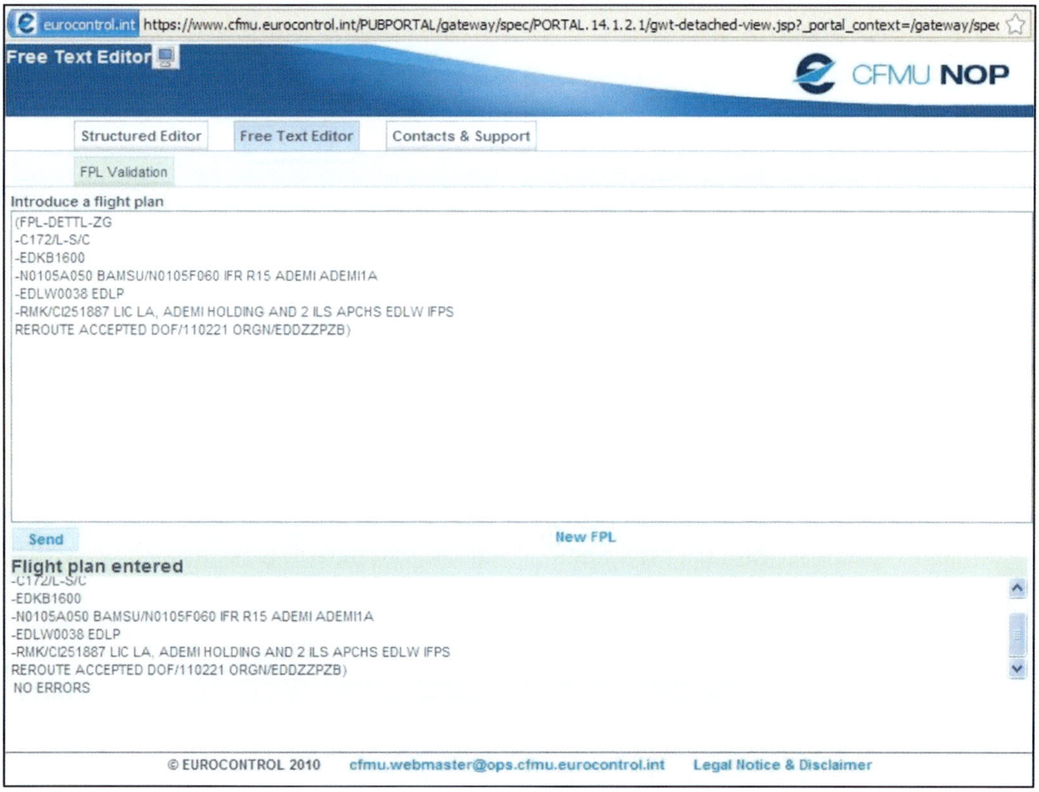

Abbildung 102: IFPUV freier Texteditor

Bei der Eingabe des Flugplans hat man zwei Optionen. Entweder man nutzt den strukturierten Editor (Abbildung 101), der die Eingabe der Daten ähnlich wie in ein Druckformular ermöglicht, oder man verwendet den freien Texteditor (Abbildung 102), sofern man den Flugplan in Messageform zu verfassen gelernt hat. IFPUV ist eine gut brauchbarer Service von Eurocontrol, mit dem man über entsprechende Fehlerhinweise im erstellten Flugplan sukzessive zu einem fehlerfreien Flugplan kommt, wobei in diesem Fall der Flugplan mit ‚NO ERRORS' quittiert wird.
Als wichtiger Punkt sei die Angabe ‚/IFPS Reroute accepted' (IFPS Ergänzung im Feld 18, das bei elektronischen Flugplanerstellung durch einen Haken in eine Checkbox erfolgen kann, s. Abbildung 97) erwähnt, welche IFPS bei der Prüfung des Flugplans erlaubt, eigenmächtig die geplante Route zu ändern.

IFPUV kann direkt von Softwareprogrammen verwendet werden und kann sogar die automatisierte Abgabe eines Flugplans aus dem Cockpit heraus ermöglichen.

05 02 00 Dauerflugplan

Neben dem Einzelflugplan (Individual Flight Plan, Abk. FPL) gibt es den Dauerflugplan (engl. Repetitive Flight Plan, Abk. RPL). Der Unterschied zum FPL besteht darin, dass der RPL ein Flugplan mit einem zeitlichen Wiederholungsmuster ist. Es wird beispielsweise angegeben, dass ein bestimmter Flug, sagen wir einmal von Frankfurt (EDDF) nach EGLL (London Heathrow) an allen Wochentagen außer Sa und So stattfinden soll. Der RPL ist folglich der „normale“ Flugplan für Verkehrsfluggesellschaften.

Auch hierfür regelt ICAO Doc 4444 die grundsätzlichen Voraussetzungen und das Format für die Abgabe eines solchen Flugplans.
Die wichtigste Voraussetzung lautet: <u>Ein RPL ist nur für IFR-Flüge möglich</u>.
Darüber hinaus geht man im Regelfall davon aus, dass es sich bei RPL-Flügen um stets wiederkehrende Flüge zu festen Zeiten handelt (scheduled flights).

Zitat aus ICAO Doc 4444 Appendix 2:
„List only flight plans that will operate in accordance with IFR. (Flight rules I in FPL format). It is assumed that all aircraft are operating as scheduled flights (Type of flight S in FPL format), otherwise notify in Q (Remarks).“

REPETITIVE FLIGHT PLAN LISTING

A OPERATOR	B ADDRESSEE(S)	C DEPARTURE AERODROME(S)	D DATE yymmdd	E SERIAL NO.	F PAGE OF
BRITISH AIRWAYS	UK STORED FLIGHT PLAN OFFICE EGTXZBZX Chef de la Subdivision informatique 9 rue de Champagne 91205 Athismons France	EGLL	800305	80 - 12	3 / 3

G SUPPLEMENTARY DATA (Item 19) AT: BAW Briefing Office

H +/−	I VALID FROM yymmdd	J VALID UNTIL yymmdd	K DAYS OF OPERATION 1	2	3	4	5	6	7	L AIRCRAFT IDENTIFICATION (Item 7)	M TYPE OF AIRCRAFT AND WAKE TURBULENCE CATEGORY (Item 9)		N DEPARTURE AERODROME AND TIME (Item 13)		O ROUTE (Item 15) CRUISING SPEED	LEVEL	ROUTE	P DESTINATION AERODROME AND TOTAL ESTIMATED ELAPSED TIME (Item 16)		Q REMARKS
+	800401	811031	1	2	3	4	5	6	7	BAW004	HS21	M	EGLL	0700	N0440	F210	A1E UA1E DPE UA16 MAN	LFPG	0045	
+	800401	800731	1	2	3	4	5	6	7	BAW032	HS21	M	EGLL	1800	N0440	F210	A1E UA1E DPE UA16 MAN	LFPG	0045	
+	800801	811031	1	0	3	0	5	0	7	BAW032	HS21	M	EGLL	1800	N0440	F210	A1E UA1E DPE UA16 MAN	LFPG	0045	
+	800601	800930	0	0	0	0	0	0	7	BAW082	HS21	M	EGLL	1805	N0450	F270	A1S UA1S RBT UA3 MTL			
																	UA3W STP DCT GL	LFMN	0130	
-	800103	800930	0	0	0	0	0	6	7	BAW092	B737	M	EGLL	1810	N0430	F190	A1E UA1E DPE UA16 MAN	LFPG	0400	CHARTERED ACFT
+	800103	800315	0	0	0	0	0	6	7	BAW092	B737	M	EGLL	1810	N0430	F190	A1E UA1E DPE UA16 MAN	LFPG	0400	CHARTERED ACFT

Abbildung 103: RPL-Beispiel (Quelle: ICAO Doc 4444, Appendix 2)

Das Format für einen RPL ist ausgesprochen simpel. Abbildung 103 zeigt ein Beispiel für einen RPL, der dem ICAO Dokument entnommen ist. Jede Zeile enthält einen bestimmten Flug, in diesem Fall betrieben vom Operator British Airways. Betrachten wir eine Einzelzeile. Das ‚+'-Zeichen in der ersten Spalte (H) gibt an, dass ein Flug hinzuzufügen ist, ein ‚-'-Zeichen, dass er zu streichen ist. Die nächsten beiden (I, J) Spalten definieren den zeitlichen Gültigkeitsrahmen (Valid from, Valid until). In der folgenden Spalte K sind die Tage definiert, an denen der Flug vom Operator durchgeführt wird. Spalte L definiert die Flugnummer (z.B. BAW 004), in Spalte M findet man den Flugzeugtyp und die Wirbelschleppenkategorie. Ab Spalte N wird der Flug selbst definiert. Der Flug in der ersten Zeile führt beispielsweise um 0700 UTC von EGLL (London Heathrow) (Spalte N) nach LFPG (Paris Charles De Gaulle) und dauert im Regelfall 45 Minuten (Spalte P). In Spalte O ist die Route inklusive Cruising Level und Cruising Speed festgelegt.

05 03 00 Abgabe eines Einzelflugplans

Abgabezeitpunkt. Der zulässige Bereich für den Abgabezeitpunkt eines Einzelflugplans ist als Zeitdifferenz zur geplanten Startzeit geregelt, wobei als Startzeit der Zeitpunkt der Freigabe für den ‚Start up' zählt oder die erwartete Off-Blockzeit (EOBT).

Frühester Zeitpunkt	Vierundzwanzig Stunde (24h) vor der erwarteten Startzeit.
Spätester Zeitpunkt (ohne ATFM)	Eine Stunde (1h) vor der erwarteten Startzeit.
Spätester Zeitpunkt (mit ATFM)	Drei Stunden (3h) vor der erwarteten Startzeit. Für alle Flüge mit Air Traffic Flow Management (ATFM) wie beispielsweise eine Nordatlantiküberquerung.
Aircraft Filing (AFIL)	Keine zeitliche Einschränkung.

Form und Übermittlung. Der Flugplan muss in Form eines korrekt ausgefüllten Flugplanformulars (CA48) bei einer zuständigen Flugsicherungsstelle (z.B. ATSU des Startflughafens) abgegeben oder an die veröffentlichte zentrale Stelle der nationalen Flugsicherungsorganisation z.B. per Fax übermittelt werden. Alternativ ist die Abgabe an einem lokalen für den Zweck eingerichteten PC direkt im lokalen Netz oder über das Internet möglich, in Deutschland z.B. über das AIS-Portal der DFS. In jedem Fall ist der Pilot für das korrekte Format und die Übermittlung verantwortlich.

Genehmigung des Flugplans. Der Flugplan wird in Europa nach Prüfung durch IFPS genehmigt, sofern fehlerfrei, und der Pilot bzw. Flugplaner erhält diese Genehmigung als Antwort zurück und zwar auf dem Weg entsprechend des vorher für die Abgabe des Flugplans genutzten Mediums. Eine Bestätigung durch E-Mail kann wie beispielsweise folgt aussehen:

```
Dear customer,
your flightplan / associated messages has been accepted by IFPS. Please check possible
route-changes. In case of any questions, please contact AIS-C via +49 69 78072 500

-TITLE ACK -MSGTYP IFPL -FILTIM 061043 -ORIGINDT 0806061043
-BEGIN ADDR
       -FAC EDDZZPZE
-END ADDR
-EXTADDR -NUM 001
-IFPLID AA66761402
-BEGIN MSGSUM -ARCID DETTL -ADEP EDKB -ADES EDFH -EOBT 1600 -EOBD
080606 -ORGN EDDZZPZE -END MSGSUM


AD EDGGZFZX
(FPL-DETTL-ZG
-C172/L-S/C
-EDKB1600
-N0105VFR NOR/N0105F060 IFR NOR2R
-EDFH0100 EDKB
-EET/NOR0010 RMK/CI251887 /LIC LA TWO OR THREE APPROACHES /IFPS
 REROUTE ACCEPTED DOF/080606)
```

Der Flugplan wird nach Genehmigung als aktivierter (engl. current flight plan) Flugplan geführt.

Anzahl Personen an Bord. Bei kommerziellen Flügen ist die rechtzeitige Nennung der korrekten Anzahl Personen an Bord oft nicht möglich, weshalb im Flugplan TBN (To Be Notified) eingetragen wird. Die korrekte Anzahl muss allerdings bis spätestens zum Zeitpunkt ‚ETA plus eine Stunde' vom Operator übermittelt werden. Sie dient als Input für den Rettungsnotdienst (SAR).

Änderung des Flugplans. Im Fall der Änderung eines Flugplans muss der aktivierte Flugplan zunächst storniert werden bevor ein revidierter Flugplan neu aufgegeben werden kann. Ergänzende Änderungen zu einem bereits genehmigten Flugplan sind nicht erlaubt.

Vom Flugplan abweichendes Ziel. Im Fall, dass der Pilot z.B. im Notfall auf einem anderen Flugplatz landet als im Flugplan angegeben, muss er spätestens zum Zeitpunkt ETA plus 30 Minuten die Flugsicherungsstelle am ursprünglichen Zielflughafen darüber informieren, um unnötige SAR-Maßnahmen zu vermeiden.

Aufkommende Änderungen im Flug. Gemäß ICAO Doc 4444 müssen Änderungen bei Cruising Speed (TAS) und ETA an ATC gemeldet werden, sobald die Abweichung folgende Werte überschreitet:

TAS	5 %
ETA	3 Minuten

Ebenso sind unausweichliche Änderungen des Tracks im Flug (z.B. durch Extremwetter auf der Route) an ATC zu melden und sofern möglich abzustimmen.

Cancelling IFR. Der Pilot eines IFR-Fluges kann durch die Phrase „.... Cancel my IFR Flight Plan‘ im Flug einen Flugregelwechsel nach VFR durchführen, sofern die Randbedingungen dies zulassen. Die Randbedingungen sind zum einen meteorologischer Art (VMC) und zum anderen sind die Anforderungen des jeweiligen Luftraums zu berücksichtigen. Zum Beispiel ist dies im Alpha Luftraum nicht möglich. ATS muss dieser Anforderung Folge leisten, kann aber Empfehlungen aussprechen.

Schließen des Flugplans. Der Pilot muss dafür Sorge tragen, dass sein Flugplan am Ende seines Fluges durch die ATSU am Zielflughafen geschlossen wird, ebenfalls, um unnötige SAR-Maßnahmen zu vermeiden. Dies geschieht über Funk („..Request to close my flight plan“ Antwort: „..Flight plan closes at hh:mm“) oder, falls am Flugplatz keine ATSU vorhanden ist, ggf. auch per telefonischer Meldung an die zuständige ATS-Stelle.

Exkurs zum Flugplan: Geändertes Format gültig ab 15. November 2012

Durch die ICAO Flight Plan Study Group (FPLSG) wurde das in diesem Kapitel beschriebene Flugplanformat im Rahmen des Amendments 1 zu Doc 4444 (PANS-ATM) geändert und ergänzt (Appendix 2). Insbesondere wurden die Beschreibung der neuen Fähigkeiten moderner Flugzeuge wie beispielsweise ADS-B oder PBN und viele andere Eigenschaften im neuen Format aufgenommen. Das Amendment zum Doc 4444 und damit auch das neue FPL-Format sind am 15. November 2012 in Kraft getreten.

Die Änderungen und Ergänzungen betreffen im Wesentlichen die Felder 10a (COM/NAV/APCH-Ausrüstung), 10b (Surveillance-Ausrüstung) und Feld 18 (Andere Angaben). Die geänderten Details sind im Anhang dieses Dokuments zusammengestellt, siehe auf Seite 292.

06 00 00
Flugmonitoring und Änderung des Flugplans während des Flugs

06 01 00 Flugmonitoring

Es gehört zur Pflicht der Crew und darüber hinaus auch zum ‚good airmenship', die Daten des Flugplans während des Fluges mit den tatsächlichen Daten zu vergleichen und je nach Situation auf eventuelle Abweichungen zu reagieren. Diese Aktivität während des Fluges wird allgemein als Flugmonitoring (engl. flight monitoring) bezeichnet. Flugmonitoring ist durch die Crew mindestens für die drei Größen Kurs/Track, Flugzeiten (ETAs) und Treibstoffverbrauch umzusetzen. Darüber hinaus ist das Monitoring der Triebwerksparameter sinnvoll, um frühzeitig Hinweise auf einen drohenden Triebwerkschaden zu erhalten.

06 01 01 Monitoring von Track und Flugzeit

Ziel im Flug ist es, die geplante Flugstrecke im vierdimensionalen Raum (x,y,z,t) so exakt wie möglich abzufliegen. Dabei wird in modernen Flugzeugen sowohl die geplante Strecke als Folge von einzelnen Streckensegmenten und ihren jeweiligen Kursen (MC) als auch der tatsächlich geflogene Track[10] auf einem Multi-Function Display (MFD) zumindest als 2D-Grafik angezeigt. Bei der Flugführung durch ein Flight Management System und der heutigen extremen Genauigkeit bei der Positionsbestimmung bleiben die Abweichungen im Regelfall sehr gering, sofern alle Systeme korrekt arbeiten. Die Actual Navigation Performance (ANP), d.h. die Genauigkeit, die der Flight Management Computer (FMC) der eigenen Positionsbestimmung zumisst, lässt sich anzeigen. Sie muss genauer oder gleich der Required Navigation Performance (RNP) sein, entsprechend der RNP-Vorgabe für die jeweilige Flugphase.

[10] In UK wird der Begriff Track für den geplanten Kurs verwendet. In diesem Fall verwendet man für den tatsächlichen Weg über Grund den Begriff ‚Track made good'. Wir nutzen im Buch die amerikanische Sprachregelung Course = geplante Strecke und track = tatsächlich geflogene Strecke.

Bei der Boeing 737 wird die aktuelle Position aus den Positionsdaten von zwei Inertial Reference Systemen (IRS mit Laser-Gyros), zwei für IFR zugelassene GPS-Systeme und der Funknavigationsanlage bestimmt.

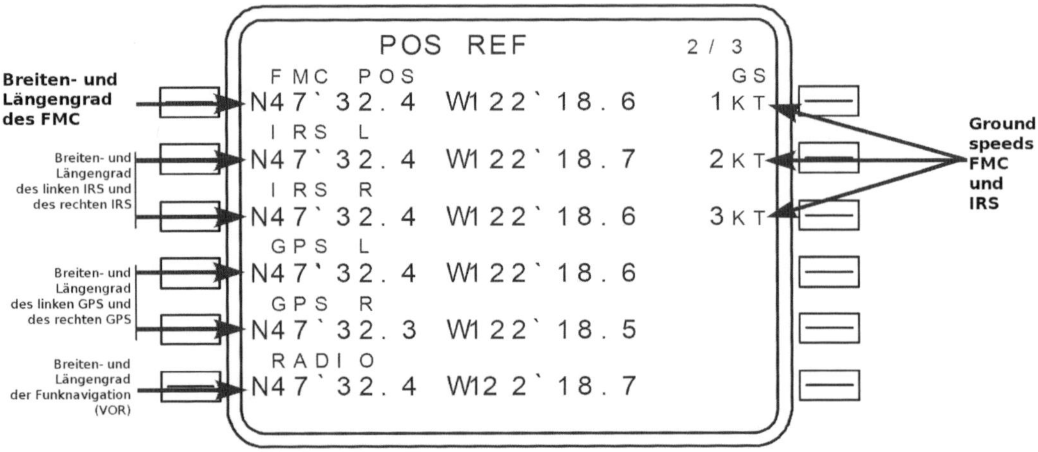

Abbildung 104: Positionsanzeige des B737 FMS (Quelle: B737 Manuals, Beschriftung KLSP)

Bei Flugzeugen, die nach CS23 zugelassen sind, wird man im Regelfall eine geringe Redundanz bei den Systemen zur Positionsbestimmung vorfinden, gegebenfalls erfolgt diese mit nur einem einzigen GPS-System und/oder via Funknavigationsanlage. Für den IFR-Betrieb muss das GPS RAIM[11]-Funktionalität besitzen, sodass bei positiver Integrität die Positionsbestimmung als zuverlässig gilt.

Technische Geräte, egal welches technologische Level, können ausfallen und es kann zu Abweichungen (Parameter x, y) von der Strecke kommen. Es gilt dann, die Abweichung vom geplanten Kurs festzustellen und ggf. durch die bekannten Navigationsverfahren wie Änderung des Headings auf die geplante Strecke zurückzusteuern.

Abweichungen dieser Art entstehen durch Veränderung der Windrichtung und Windstärke gegenüber der angenommenen Situation bei der Flugplanung. Abweichungen von der geplanten Strecke können gegebenenfalls bewußt von der Crew durchgeführt werden, um etwa eine Gewitterzelle zu umfliegen. Abweichungen von der geplanten Strecke können auch im dritten Parameter (z), nämlich bei der geplanten Flughöhe vorkommen, nämlich dann, wenn bei höherer als der angenommenen Temperaturen die verfügbare Leistung bzw. Schubkraft nicht mehr ausreicht, den Flugplan bezüglich der Flight Level wie geplant durchzuführen.

[11] RAIM = Receiver Autonomous Integrity Monitoring

Zuletzt können Abweichungen vom Flugplan auch beim letzten der vier Parameter entstehen, nämlich beim Parameter Zeit (t). Veränderung beim Parameter Zeit entstehen z.B. durch stärkeren oder schwächeren Wind im Vergleich zum angenommenen Wert in der Flugplanung. Hierbei ist die Groundspeed das Maß der Dinge. Sie lässt sich klassisch an allen Waypoints mittels der verstrichenen Zeit berechnen, wird aber bei modernen Systemen kontinuierlich durch das GPS oder FMS angezeigt.
Auf der Basis der aktuellen Groundspeed lassen sich während des Fluges die berechneten Zeiten (Expected Time Over, Abk. ETO) für die noch anstehenden Legs korrigieren und man erhält eine Entscheidungsbasis für die Frage, ob der Flug wie geplant fortgesetzt werden kann oder ob im Extremfall eine Diversion zu einem Enroute Anternate notwendig wird. Berechnungen dieser Art sind simpel, denn es handelt sich um einfache Berechnungen nach der Weg-Zeit-Geschwindigkeitsformel.

06 01 02 Treibstoffmanagement während des Fluges

Exkurs: Air Transat Flug 236

Air Transat Flug 236 hebt am 23. August 2001 um 8:52 pm EST in Toronto ab, das Ziel ist Lissabon. Das Flugzeug, ein Airbus A330, wird von zwei erfahrenen Piloten mit 16.800 Stunden und 4.800 Stunden Flugerfahrung gesteuert. An Bord sind 306 Personen, 293 Passagiere und 13 Crew-Mitglieder.
Erste Anzeichen einer Unregelmäßigkeit zeigen sich in erhöhtem Öldruck beim unmittelbar vor dem Flug gewechselten Triebwerk rechts. Es folgt ein Treibstoffdefizit auf derselben Seite und der Treibstoffmanagementcomputer (FCMC) veranlasst einen ersten Transfer von 600 lbs (272 kg) aus den Trimmtanks im Höhenleitwerk, begleitet von einer ECAM-Meldung. Wenig später sendet der FCMC die restlichen 6.000 lbs (2,7 to) zu den rechten Flächentanks, ebenfalls erfolgt eine ECAM-Meldung. Nachdem die Trimmtanks nun leer sind, beginnt das Flugzeug ein Ungleichgewicht um die Längsachse zu entwickeln, was von ECAM wenig später angezeigt wird: „3.000 lbs fuel imbalance". Der Kapitän schaltet zur Kompensation auf crossfeeding left-to-right, wodurch nunmehr der Treibstoff mit einer Rate von 12,2 to/h verlustig geht.
Etwas später stellt die Crew fest, dass der Treibstoff nicht mehr bis zum Ziel reichen wird und beschließt eine Notlandung auf dem Flughafen Lajes Air Base auf der Azoreninsel Terceira. Um 6:13 UTC quittiert das rechte Triebwerk seinen Dienst. Auf FL345, 78 NM von Lajes entfernt um 6:26 UTC, setzt auch das linke Triebwerk aus, der Airbus ist ein Segelflugzeug. Man ist nun allein auf die elektrische Notstromversorgung (RAT) angewiesen, das Glass-Cockpit ist jetzt dunkel und die Klappen können nicht mehr ausgefahren werden. Der Anflug erfolgt daher mit 200 Kts und ohne Umkehrschub ist man

allein auf die Radbremsen angewiesen. Die Notlandung gelingt und am Ende kommt niemand ernsthaft zu Schaden, nur das Fahrwerk wird beschädigt.

Das geschilderte Beispiel des Air Transat Fluges ist ein eindrucksvolles Beispiel dafür, was passieren kann, wenn die Crew den Treibstoffverbrauch während des Fluges nicht regelmäßig überwacht und bei einer Unregelmäßigkeit nicht nach den Vorschriften handelt. Die Crew hätte nach Feststellen des Lecks und Abstellen der Treibstoffzufuhr von Triebwerk zwei alle Zeit der Welt gehabt, allein mit Triebwerk eins zum Ausweichflughafen Lajes zu fliegen.

Für kommerzielle Flüge sind die Verfahren zum Treibstoffmanagement in EU OPS 1.375 geregelt.

Zitat aus OPS 1.375
„In-flight fuel management

a) An operator shall establish a procedure to ensure that in-flight fuel checks and fuel management are carried out.
b) A commander shall ensure that the amount of usable fuel remaining in flight is not less than the fuel required to proceed to an aerodrome where a safe landing can be made, with final reserve fuel remaining.
c) The commander shall declare an emergency when calculated usable fuel on landing is less than final reserve fuel."

Appendix 1 zu dieser Vorschrift präzisiert die Anforderungen wie folgt.
Um mit den gesetzlichen Vorschriften in OPS 1.375 konform zu gehen, ist es für den Operator erforderlich dafür zu sorgen, dass in regelmäßigen Intervallen:

- der Commander die verbrauchte Treibstoffmenge feststellt und mit dem geplanten Verbrauch vergleicht;
- geprüft wird, ob die verbleibende Treibstoffmenge ausreicht, den Flug regulär zu vollenden;

- die zu erwartende Treibstoffmenge am Zielort neu prognostiziert wird.

Die Treibstoffverbrauchsdaten müssen während des Fluges aufgezeichnet werden.

Die Treibstoffabnahmekurve

Die Treibstoffabnahmekurve (engl. fuel progress chart, auch salopp ‚Howgozit-Graph' genannt) eine brauchbare Methode, um die zeitliche Abnahme der Treibstoffmenge gegenüber der Pre-Flight Berechnung zu überprüfen. Der Howgozit-Graph ist nichts weiter als die grafische Darstellung der Treibstoffabnahme über die Zeit.

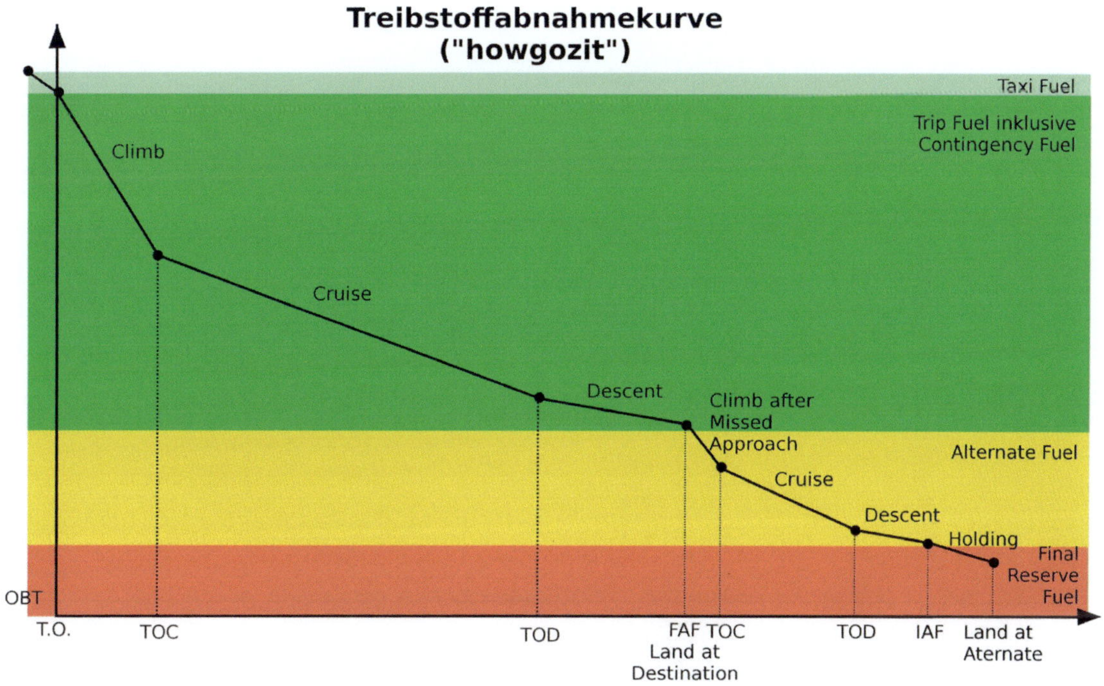

Abbildung 105: Der Howgozit-Graph (Grafik: KLSP)

Abbildung 105 gibt ein Beispiel für eine solche Darstellung, das zeigt, wie der Treibstoff bis zum Final Reserve Fuel verbraucht werden wird. Trägt man die tatsächlich im Flug abgelesenen Werte in diesen Graphen ein, lässt sich schnell einschätzen, ob der Verbrauch der Planung entspricht oder ob der aktuelle Verbrauch zu hoch ist oder bei drastischer Abweichung ggf. auf ein Treibstoffleck hinweist. Verläuft die tatsächliche Verbrauchskurve unterhalb der Plankurve, wird man den weiteren Verlauf interpolieren. Je nach Ergebnis, hat man möglicherweise ein Treibstoffverbrauchsproblem. Ist man noch am Anfang des Enrouteteils lässt sich das Setting möglicherweise so än-

dern, sodass es am Ende doch noch reicht. Andernfalls ist die Diversion zum Enroute-Alternate erforderlich.
Überlegungen dieser Art lassen sich natürlich genau so gut an einer entsprechenden tabellarischen Zusammenfassung derselben Werte durchführen.
Wir wollen uns ein konkretes Beispiel ansehen.

Beispiel (übernommen aus [3]):
Gegeben:
Am Wegpunkt A sind noch 25 000 kg Treibstoff vorhanden. Reserve Fuel 5000 kg.
Erstellen Sie anhand der folgenden Tabelle die Treibstoffabnahmekurve und bestimmen Sie die Entfernung von PSR zum Wegpunkt A.

Spalte1	G/S	FF [kg/h]	Entf. [NM]	Zeit [h]	Fuel used [kg]
A–B	250	3300	180	0,72	2376
B–C	270	3100	220	0,81	2526
C–D	235	3000	300	1,28	3830
D–E	255	2900	250	0,98	2843
E–D	280	3100	250	0,89	2768
D–C	250	3200	300	1,2	3840
C–B	300	3400	220	0,73	2493
B–A	280	3500	180	0,64	2250

Lösung:
Man subtrahiert sukzessive für jedes Streckensegment die Verbrauchswerte vom Anfangswert 25.000 kg und trägt die Werte als Y-Werte über den zugehörigen Streckenentfernungen auf. In einem weiteren Vorgang addiert man die Treibstoffverbrauchswerte für die einzelnen Rückflugstreckensegmente, also von B nach A, C nach B usw. zum Sockelbetrag von 5.000 kg und trägt auch diese Werte über der Streckenentfernung (X-Achse) auf.
Der Schnittpunkt beider Kurven ergibt den PSR, denn man kann auf der oberen Kurve von A bis zum PSR und auf der unteren Kurve zurück bis A fliegen und hat immer noch die sichere Reserve von 5.000 kg. Für jeden weiter entfernt liegenden Punkt gilt dies nicht mehr. Dies beweist, dass der Schnittpunkt tatsächlich der Point of Safe Return ist. Im Beispielfall liegt der Wert bei 810 NM (siehe Abbildung 106).
Wenn man übrigens anstelle der Treibstoffverbrauchswerte die jeweils verbrauchten Zeiten auf dieselbe Weise addiert und grafisch darstellt, einmal für die Hinrichtung und zum zweiten für die Rückrichtung, erhält man als Schnittpunkt den Point of Equal Time (siehe Abbildung 107), im Beispielfall liegt er bei ca. 1,7 h.

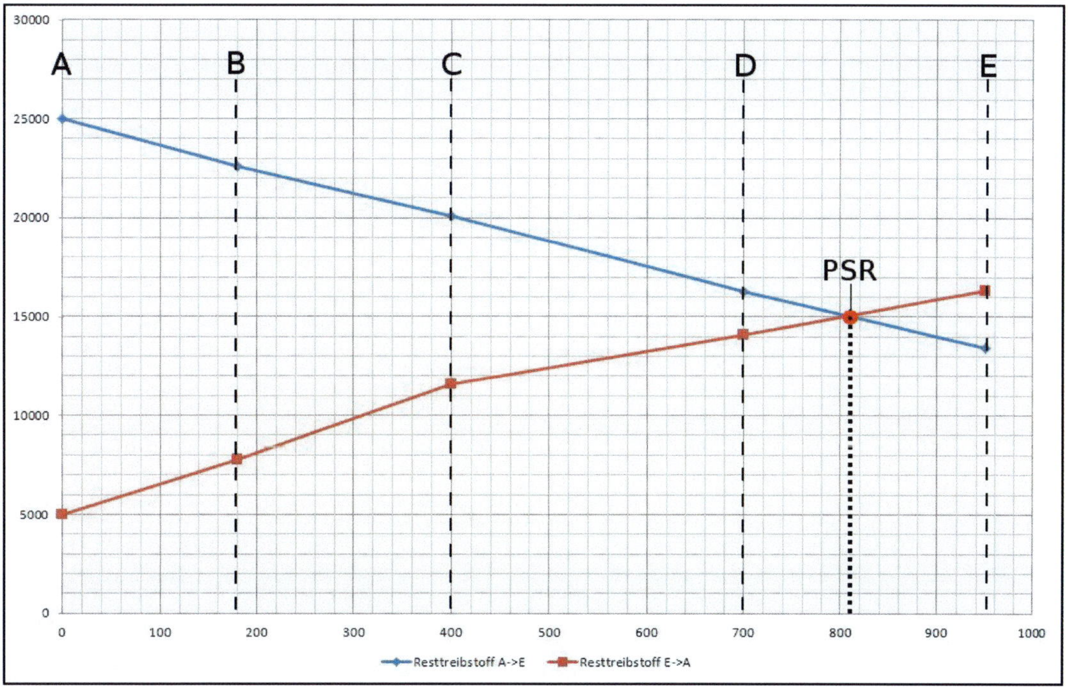

Abbildung 106: Grafische PSR Bestimmung (Grafik: KLSP)

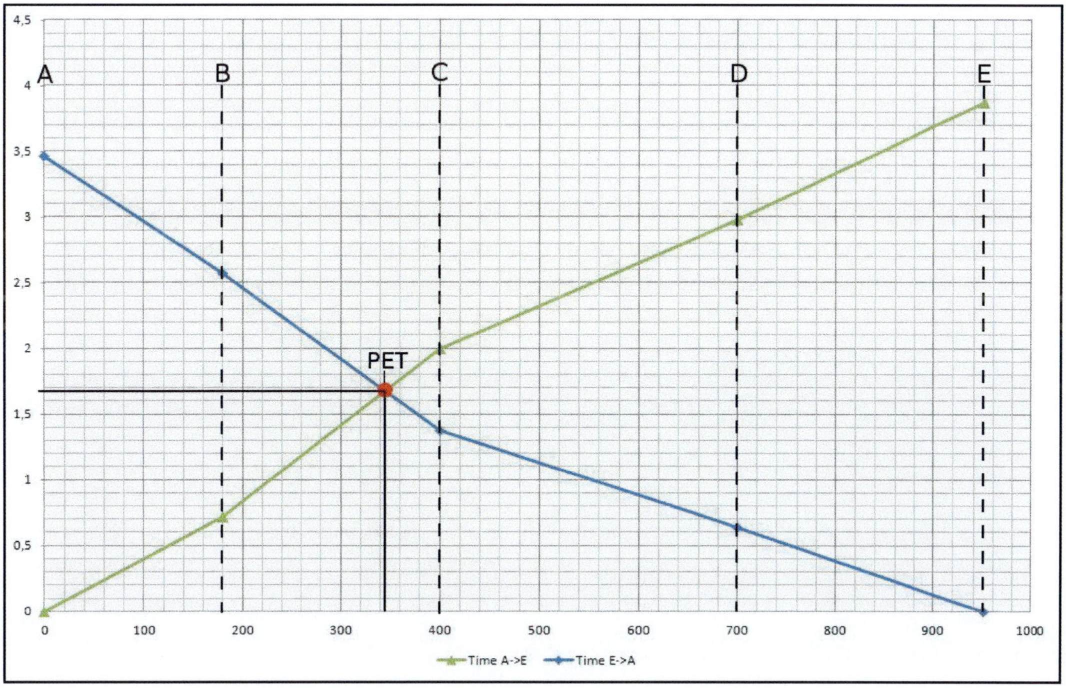

Abbildung 107: Grafische PET Bestimmung (Grafik: KLSP)

Irgendwann hat sich in diesem Zusammenhang ein besonderer Aufgabentypus bei den Prüfungen nach dem Syllabus etabliert, obwohl seine didaktische Rechtfertigung mehr als fragwürdig ist. Ein Beispiel (zitiert aus [1], S.56):

Beispiel: Flight Time 2 hr 42 min. The reserve fuel at any time should be not less than 30 % of trip fuel remaining. Block fuel 136 kg. Taxi Fuel 9 kg.
How many kg of fuel should remain after 2 hours?

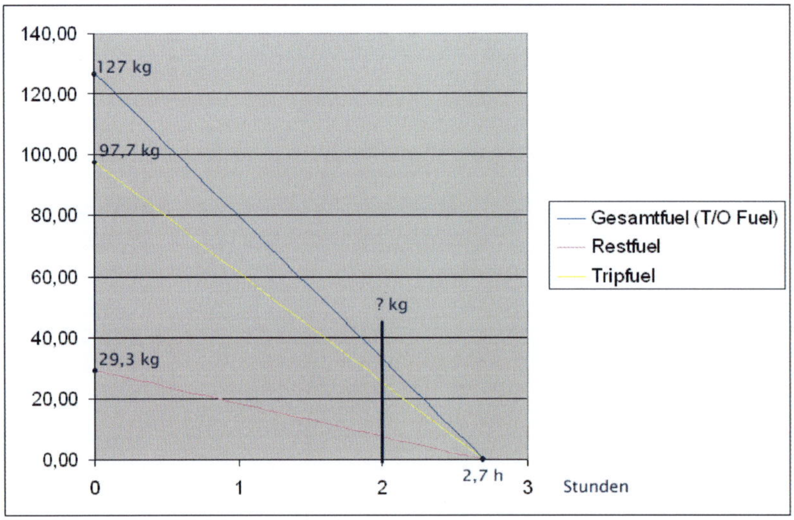

Auch dazu lässt sich ein Howgozit Graph erstellen, der allerdings mit der Praxis nichts zu tun hat und zudem vollkommen fahrlässig mit dem Begriff Reserve Fuel umgeht.
Hinzu kommt, dass die Aufgabe nur unter der Zusatzannahme zu lösen ist, dass der Tank nach den genannten 2,7 Stunden bis auf den letzten Tropfen leer ist, da ansonsten unendliche viele Lösungen existieren. Mit der Zusatzannahme lässt sich die Aufgabe wie folgt lösen. Der Tankinhalt T als Funktion der Zeit t ist eine fallende Gerade mit den beiden Punkten T(0) = 127 und T(2,7) = 0, oder als Funktionsgleichung T(t) = (-127/2,7)*t + 127. Die weiterhin gegebene Beziehung besagt, dass zu jeder Zeit im Flug
T(t) = TF(t) + RF(t) = TF(t) + 0,3*TF(t) = 1,3 TF(t) gelten muss.
Das gilt natürlich auch für den Zeitpunkt t_1=2h und ferner ist siehe oben T(t_1) = T(2) = (-127/2,7)*2 + 127 = 32,926 kg. Zusammen mit der zweiten Beziehung also 32,926=1,3*TF folgt TF = 25,32 kg und davon 30 % ergibt 7,6 kg Minimum Reserve Fuel nach 2 Stunden Flug.
Ergebnis: TF(2h) = 25,3 kg und RF(2h) = 7,6 kg

Meinung des Autors: Aufgaben dieser Art gehören nicht in eine ATPL/CPL/IR-Prüfung. Außerdem darf man als Student erwarten, dass die notwendigen Voraussetzungen in Aufgaben genannt und nicht erst erahnt werden müssen.

Flugmonitoring der Triebwerke[12]

Prinzipiell lässt sich das Flugmonitoring auf weitere Parameter erweitern, z.B. auf solche für die Triebwerke. In Transportflugzeugen erfolgt das so genannte Engine Condition Monitoring (ECM) oder Engine Health Monitoring (EHM) mittlerweile bei einigen Flugzeugtypen (A380/B787) automatisiert durch entsprechende Computereinheiten an den Triebwerken.

Abbildung 108: EHM Modul des Rolls-Royce Trent 900 (Quelle: Meggitt)

Engine Health Monitoring soll die Trends in einem Triebwerk (z.B. langsam abfallender Öldruck bei unverändertem Schubsetting) frühzeitig erkennen ohne gleich falsche Positivmeldungen zu generieren.

Darüber hinaus werden in Transportflugzeugen etliche weitere Daten von Steuerung, Hydraulik, Elektrik usw. kontinuierlich in kodierter Form auf Flight Data Recordern gespeichert und/oder per Datenlink automatisch zum Boden übertragen. Weitere Informationen zum Thema Flight Data Monitoring (FDM) findet man in CAP 739, siehe [18].

---

[12] Kein Bestandteil des Syllabus 033.

Abbildung 109: Zu verhindern: Uncontained Turbine Seizure (Quelle: Meggitt)

06 02 00 Änderung des Flugplans während des Flugs

Auch für Situationen, bei denen eine Änderung des Flugplans während des Fluges erforderlich wird (engl. in-flight replanning), sind die Anforderungen in OPS 1.375 Appendix 1 präzisiert, und zwar wie folgt.
Falls sich im Rahmen des Fuelchecks während des Fluges herausstellt, dass die berechnete Treibstoffmenge am Zielort weniger ist Alternate Fuel plus Final Reserve Fuel, muss sich der Commander folgende Informationen beschaffen:

- die vorherrschende Verkehrssituation am Zielflughafen,
- die Situation auf einer Ausweichroute zu einem Ausweichflughafen,
- die vorherrschende Verkehrssituation am Alternate des Zielflughafens,

um zu entscheiden, welche der verfügbaren Optionen sicherstellt, dass das Luftfahrzeug mit nicht weniger als Final Reserve Fuel landet.

Bei einem Flug zu einem isolierten Flughafen:
Der letztmögliche Wegpunkt (engl. least point of diversion, Abk. LPD) für das Ausweichen zu einem Enroute-Alternate muss ermittelt werden. Bevor der Commander die-

sen Punkt erreicht, muss er die restlich zu erwartende Treibstoffmenge in der Warteschleife am isolierten Flughafen bestimmen, das vorherrschende Wetter und die Betriebsbedingungen am Zielflughafen und den in Frage kommenden Enroute-Alternates feststellen, um dann zu entscheiden, ob der Flug zum isolierten Zielflughafen fortgesetzt oder besser ein Enroute-Alternate angeflogen werden soll.

> Beispiel:
> Gegeben:
> Auf einem Flug zu einem isolierten Flughafen mit einer einzigen Landebahn ergibt der Fuelcheck, dass am LPD noch 10.400 kg in den Tanks sind. Die Zeit vom LPD zum Ziel und zu einem Enroute-Alternate sind beide 1h 50min und der Fuel Flow beträgt 2.700 kg/h. Falls das Final Reserve Fuel mit 5.400 kg (2h bei cruise consumption) berechnet ist und Contingency Fuel mit 5% des Trip Fuels angesetzt wird, welche Entscheidung muss der Commander am LPD treffen?
> Lösung:
> Treibstoff für die Strecke zum Enroute-Alternate: 1h 50 min * 2.700 kg/h = 4.950 kg
> Die Gesamttreibstoffmenge zum Alternate beträgt folglich 4.950 + 5.400 = 10.350 kg
> Treibstoff für die Strecke zum Zielflughafen: 4.950 *1,05 = 5.197,5 kg
> Die Gesamttreibstoffmenge zum Zielflughafen beträgt folglich 5.197,5 + 5.400 = 10.597,5 kg
> Der Commander muss nach den Vorschriften zum Enroute-Alternate weiterfliegen, da die Treibstoffmenge zum Ziel am LPD nicht mehr in den Tanks ist.

Aufgaben dieser oder ähnlicher Art zielen stets darauf ab, dass der Commander seine Wahl so zu treffen hat, dass die Vorschriften nach OPS 1.375 inklusive Appendix 1 erfüllt sind, also beispielsweise keine Landung mit weniger als Final Reserve Fuel erfolgen darf.

Abbildung 110: B737-800 im Cruise, Zeit für Monitoring (Quelle: www.austrianaviationart.org)

Gitternavigation[13]

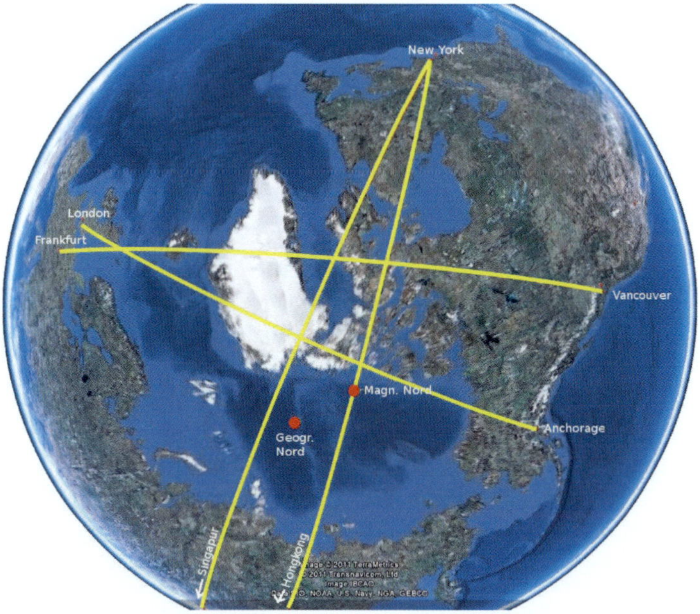

Abbildung 111: Einige kommerzielle Flüge in Polnähe (Grafik: KLSP, Basis Google Earth)

Bei polnahen Flügen, d.h. bei Flügen etwa oberhalb des siebzigsten Breitengrades, treten bei klassischer Navigation zwei Probleme auf. In diesem Bereich ist der Magnetkompass als navigationsführendes Instrument nicht mehr geeignet, denn es ändert sich dort die Variation von Ort zu Ort sehr schnell und außerdem hat man es mit Feldlinien zu tun, die an manchen Orten ohne Horizontalkomponente senkrecht nach unten zeigen, was die Nutzung dieser Größe für die Navigation unmöglich macht. In diesen Breitengraden ist folglich eine Referenzierung auf Magnetisch Nord weder realisierbar noch sinnvoll und man muss daher zwangsläufig eine Orientierung in Bezug auf True North, den geografischen Nordpol der Erde nutzen. Dies gilt für die Navigati-

[13] Kein Bestandteil des Syllabus 033, sondern in 061 sowie in 070 enthalten. Da in der Prüfung dieses Faches zum Teil auch Fragen zur Grid Navigation auftauchen, an dieser Stelle einige ergänzende Erklärungen.

on im Cockpit als auch für die Navaids am Boden (VOR, NDB), die in dieser Region auf True North referenziert werden.

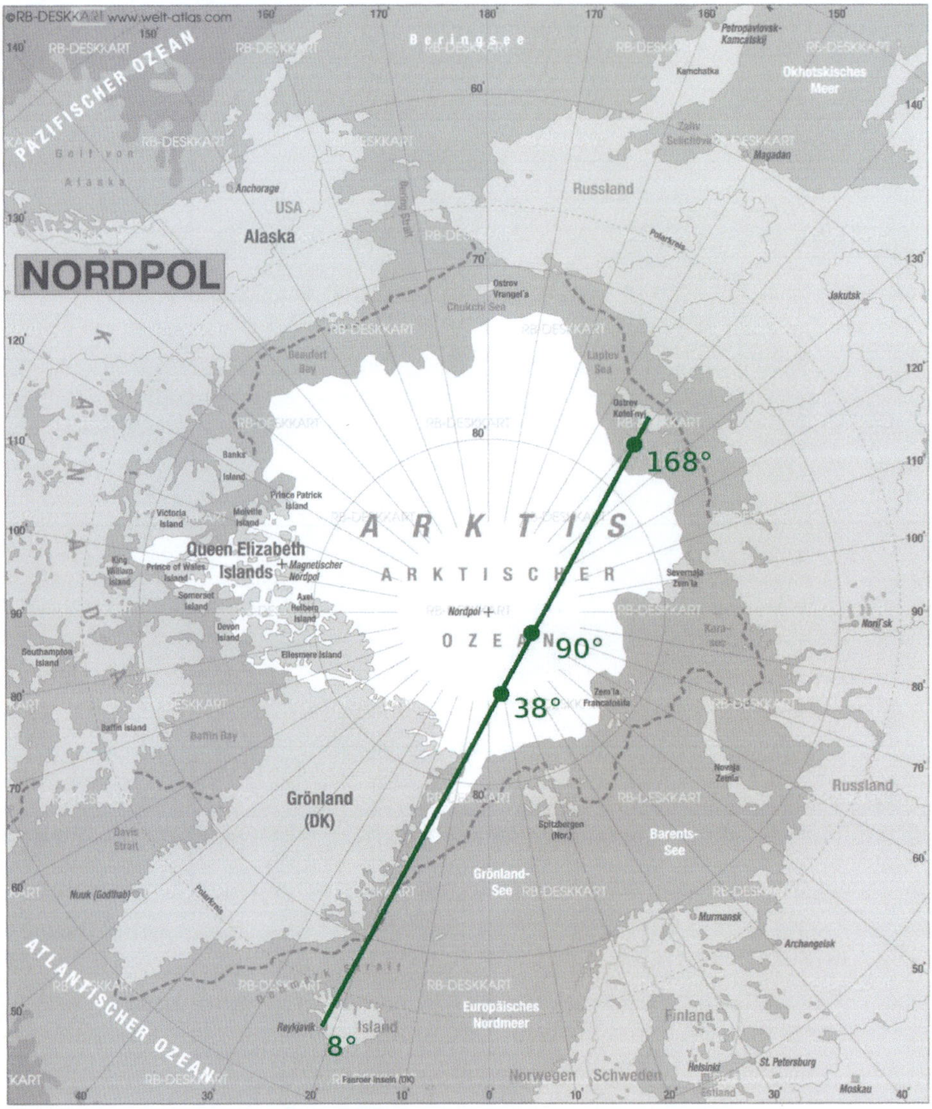

Abbildung 112: Flug von BIKF nach Ostrov Kotelnij (Grafik: KLSP, Basisgrafik welt-atlas.com)

Aber auch die Navigation in Bezug auf True North mittels True Courses hat ernsthafte Mängel, wie wir uns an folgendem Beispiel klarmachen wollen. Wir stellen uns einen Flug von BIKF auf Island nach Ostrov Kotelnij in Russland vor, wobei wir einmal kurz vergessen wollen, dass es dort keinen Flugplatz gibt (siehe Abbildung 112). Die Flug-

strecke auf dem Großkreis führt unmittelbar am Nordpol vorbei. Wir beginnen in Island mit einem anfänglichen Kurs von ca. 8° T. Wenn wir den Längengrad 10°E passieren, ist der True Course ca. 38°, querab zum Nordpol müssen wir 90° T steuern und beim Anflug auf unser Ziel sind es ca. 168° T. Insgesamt variiert der Steuerkurs um 160°, obwohl wir eigentlich nur auf einer Linie geradeaus fliegen wollen. Man erkennt sofort, dass eine solche Methode so gut wie unbrauchbar ist.
Da wir keinen Magnetkompass haben, ist unser einziges Instrument ein Kreiselkompass oder gegebenfalls ein Trägheitsnavigationssystem. Wir stellen uns für den Augenblick einen fehlerfreien Kreisel vor. Da der Kreisel seine Lage und Orientierung im Raum beibehält, reicht es aus, wenn wir einfach den über Island eingestellten Kreiselkurs (natürlich ohne Kopplung an einen Magnetkompass) bis zum Ziel weiterfliegen, denn er garantiert uns, dass wir (bei fehlerfreier Navigation und ohne Wind) auf der Geraden bzw. Orthodrome zum Ziel kommen.
Dabei können wir das Konstrukt von Längen- und Breitengraden auf der Strecke vollständig vergessen. In der Nähe des Zieles wird man wieder mit Bezug zum bekannten Orientierungssystem aus Längen- und Breitengeraden und hoffentlich mit einem Navaid den Rest des Fluges bewerkstelligen.
Es ist genau diese Methodik, die bei der Gitternavigation (engl. grid navigation) Anwendung findet. Man wechselt an einem festgelegten Punkt um auf die Navigation mittels eines zweiten Orientierungssystems und wechselt an einem weiteren Punkt wieder zurück zum bekannten System.

Das verwendete zweite Orientierungssystem ist denkbar einfach gewählt und besteht aus einem rechtwinkligen Navigationsgitter (engl. grid), welches aus parallelen Linien mit festen Abständen zueinander gebildet ist.
Das Gitter hat eine Nord-, Ost-, Süd- und Westseite und der Kurs wird wie in anderen Navigationssystemen auch als Winkelangabe zur Nordorientierung, d.h. in Bezug zu „Grid North“ festgelegt. Auf einer Strecke von A nach B fliegt man im Gridsystem mit einem festen Gridkurs, der sich auf der Strecke nicht ändert.
Die erste Frage ist, wie man das Navigationssystem aus Längen- und Breitengraden mit dem Gridsystem miteinander verbindet.
Prinzipiell kann die Verbindung der beiden Systeme bei einem beliebigen Meridian (reference or datum meridian) erfolgen, allerdings verwendet man im Normalfall ein Grid, bei dem der Greenwich-Nullmeridian mit dem „Nullmeridian“ des Grids zusammengelegt wird. Abbildung 114 zeigt eine stereografische Projektionskarte mit ihrem Mittelpunkt am Nordpol, bei der das rechtwinklige Gitter (grid) überlagert ist.

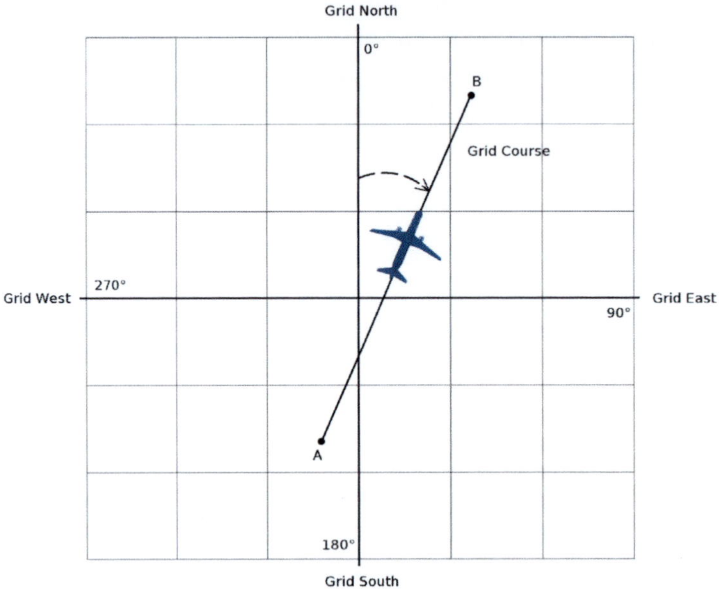

Abbildung 113: Navigationsgitter (Grafik: KLSP)

Die zweite Frage ist, wie man die Punkte im Grid definiert. Es wurde festgelegt, die Punkte im Grid nicht zusätzlich mit Gridkoordinaten zu belegen, da es für den Zweck der Navigation auf der Primärkarte nicht erforderlich ist.

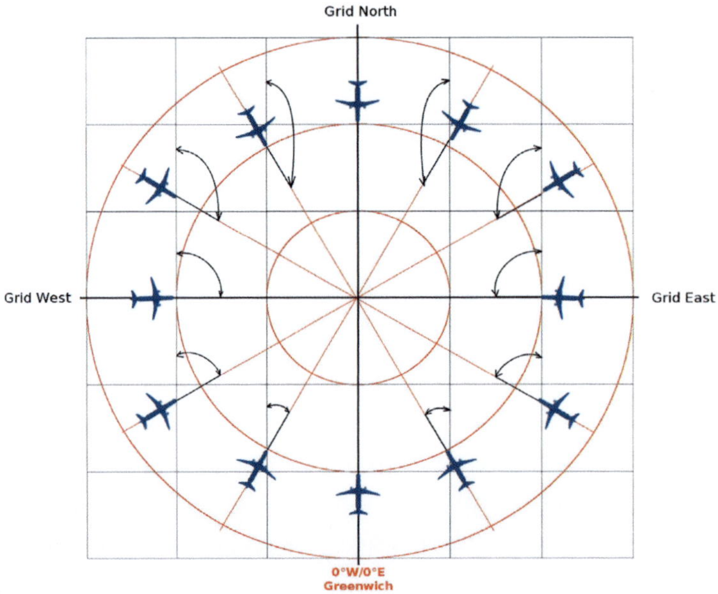

Abbildung 114: Verbindung einer polarstereografischen Karte mit dem Grid (Grafik: KLSP)

Die dritte Frage ist, wie man die Kurse von Grid zum Navigationssystem aus Längen- und Breitengraden ineinander umrechnet. Wir betrachten den Fall einer polarstereografischen Karte (siehe Abbildung 114).
Stellen wir uns vor, wir fliegen auf einem beliebigen Längengrad zum Nordpol, d.h. es gilt für jeden dieser Kurse TC = 0°, und fragen uns, welcher Grid Course (GC) jeweils dazu gehört. Auf dem Greenwich-Meridian sind offenbar True Course und Gitterkurs gleich. Fliegt man auf einem Längengrad westlich von Greenwich muss man einen bestimmten Winkel addieren, der nur vom Längengrad aber nicht vom Breitengrad abhängt. Fliegt man beispielsweise auf dem Meridian W90 zum Nordpol, so wären genau 90° zu addieren d.h. es gilt Grid Course = True Course + 90°. Der Wert 90° entspricht in diesem Fall der Longitude. Es lässt sich aus der Grafik durch Betrachtung der Dreiecke entnehmen, dass dies ganz allgemein der Fall ist, d.h. der Zusammenhang zwischen GC und TC ist erfreulich einfach, denn es gilt (Nordhalbkugel):

$$GridCourse = TrueCourse + LongitudeWest$$

Fliegt man östlich von Greenwich auf einem Meridian zum Nordpol, muss man den Längengrad offenbar subtrahieren um den Grid Course zu erhalten. Es gilt dort folglich (Nordhalbkugel):

$$GridCourse = TrueCourse - LongitudeEast$$

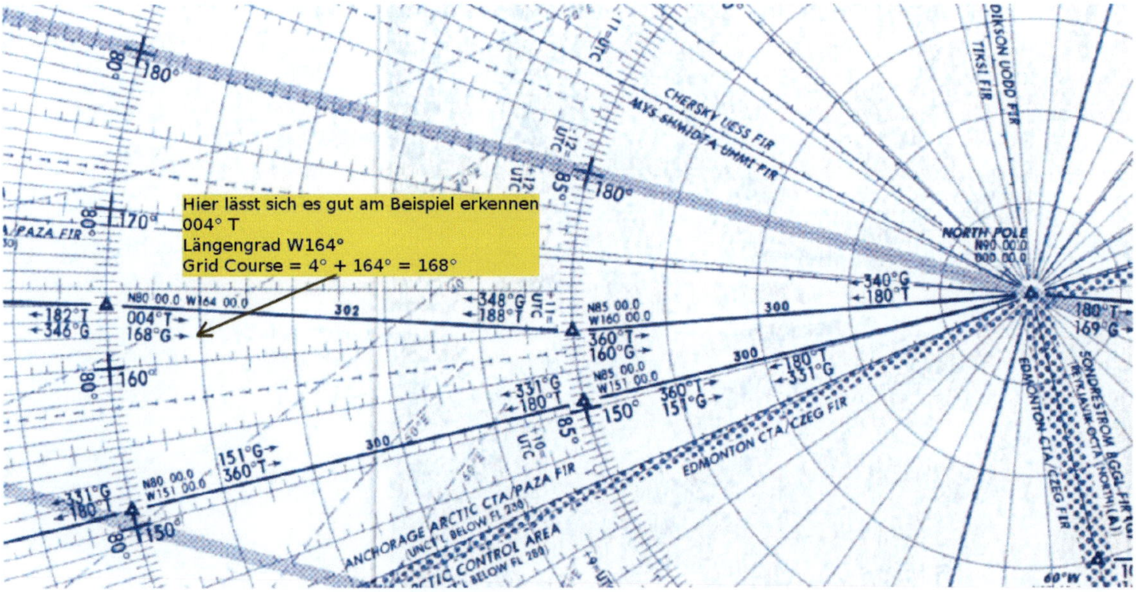

Abbildung 115: Polarstereografische Beispielkarte (Quelle: Jeppesen)

Abbildung 115 zeigt einen Ausschnitt aus einer polarstereografischen Karte, in der sowohl True als auch Grid Courses eingezeichnet sind. Wie man am markierten Beispiel erkennen kann, ist der Gridkurs mit einem großen ‚G' markiert. Der True Course zwischen dem Punkt auf dem achtzigsten Breitengrad und dem fünfundachtzigsten Breitengrad ist dort mit 004° T eingezeichnet und der Längengrad beträgt 164°. Daraus ergibt sich der Grid Course zu 004° T+164° westliche Länge = 168° G.

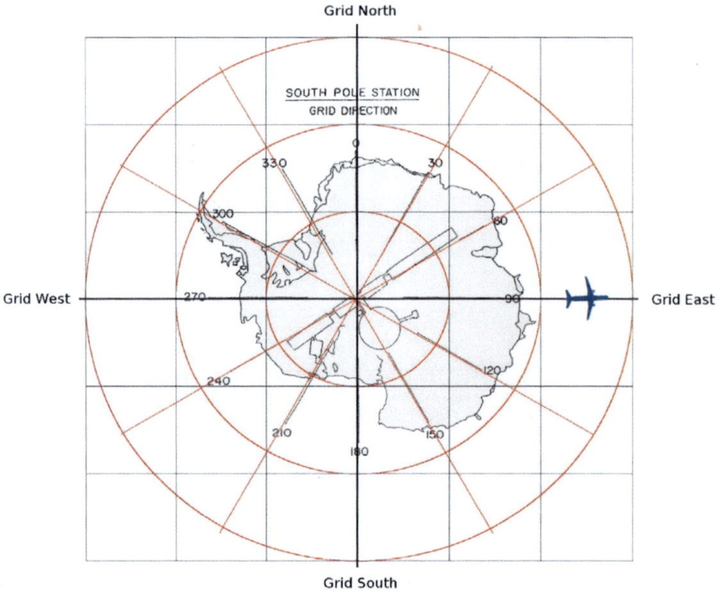

Abbildung 116: Grid am Südpol (Grafik: KLSP)

Überträgt man das Szenario auf die Südhalbkugel, stellt man fest, dass sich die Vorzeichen in den Formeln genau umdrehen. Man kann sich dies zum Beispiel klarmachen, indem man den Flugweg des dargestellten Flugzeugs zum Nordpol verfolgt. Es fliegt auf demselben Gridkurs wie ein Flugzeug westlich des Nordpols, nämlich auf Ostkurs, zum Nordpol.

Auf der <u>Südhalbkugel</u> gilt daher:

$$GridCourse = TrueCourse - LongitudeWest$$

$$GridCourse = TrueCourse + LongitudeEast$$

Es gibt tatsächlich auch Prüfungsaufgaben zur Südhalbkugel.

Berechnen wir ein paar Beispiele:

<u>Beispiel (GC aus TC/MC berechnen)</u>:
Sie befinden sich bei der Länge 20° West und der Breite 75° Nord und steuern einen True Course von 340°. Welchem Grid Course entspricht dies, bei einem Gitter auf einer polarstereografischen Karte, die am Nullmeridian angehängt ist.
<u>Lösung:</u>
GC = 340° + 20° = 0°, d.h. Sie fliegen direkt in Richtung Gitter Nord.

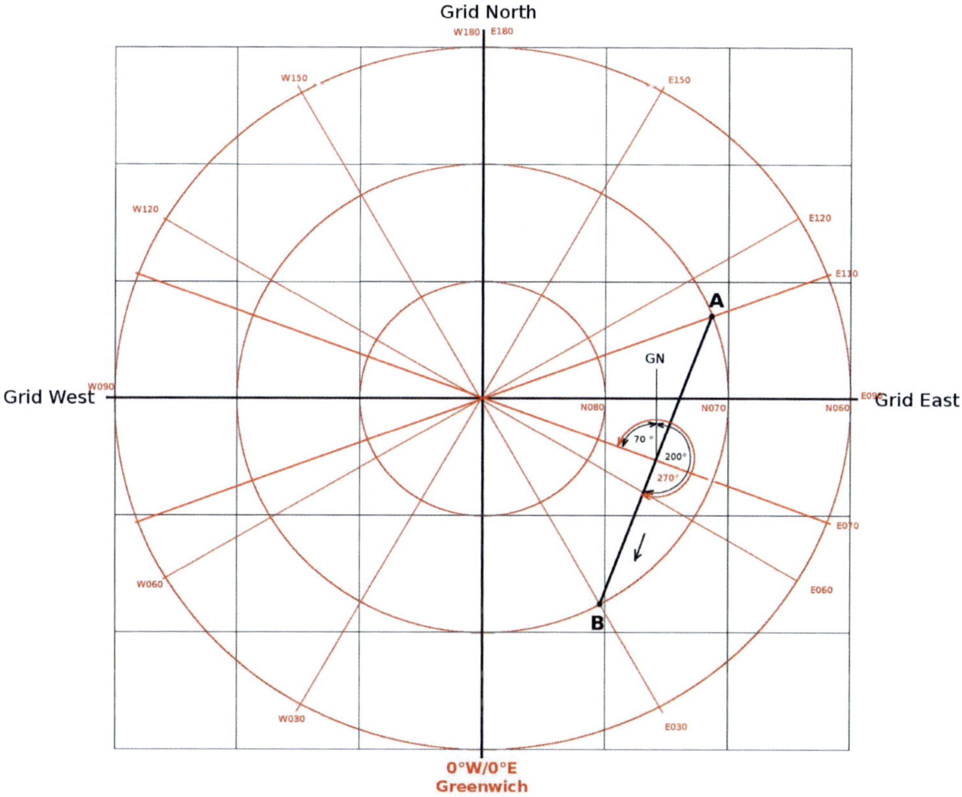

Abbildung 117: Mittelpunktsbedingung TC = 270° (Grafik: KLSP)

<u>Beispiel (TC/MC aus GC berechnen)</u>:
Sie steuern einen Grid Course von 20°, der Sie weg vom Nordpol in niedrigere Breiten führt. Welchem Magnetic Course müssen Sie als Fortsetzung Ihres Fluges mittels klassischer Kompassnavigation folgen, wenn Sie auf einer polarstereografischen Karte, die am Nullmeridian angehängt ist, anhand Ihrer Streckennavigation soeben 70° Breite und 150° östliche Länge überfliegen und die dortige Variation 10°W ist?

> Lösung:
> Es gilt 20° = TC -150°, d.h. TC = 170°.
> TC – VAR = MC, also 170° -(-10°) = 180°.
> Der Steuerkurs beträgt 180°.

> Beispiel (GC aus zwei Punkten A, B berechnen):
> Sie ziehen auf einer polarstereografischen Karte eine Kurslinie vom Punkt A=N70 E110 zum Punkt B=N70 E030. Bestimmen Sie den Gitterkurs (GC) bei einem Gitter, das am Nullmeridian angehängt ist.
> Lösung:
> Die Lösung ist ein wenig trickreich. Man nutzt aus, dass der rechtweisende Kurs TC in der Mitte zwischen beiden Punkten auf demselben Breitengrad genau nach Westen (TC = 270°) zeigen muss. Es gilt daher an diesem Punkt:
> GC = 270° - 70° = 200°

Das Gitteroverlay lässt sich nicht nur bei einer polarstereografischen Karte sondern z.B. auch mit einer Lambertkarte verwenden. Allerdings ändert sich dabei die Umrechnung von Gridkursen zu rechtweisenden Kursen. Anstelle der Umrechnungsgröße Longitude tritt bei der Lambertkarte die sogenannte Gitterkonvergenz:

$$GridConvergence = Longitude * \sin(Latitude)$$

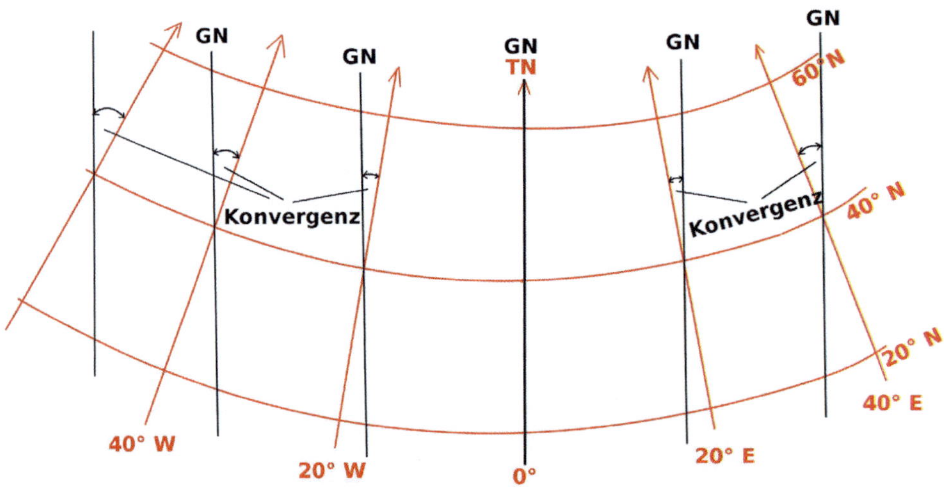

Abbildung 118: Grid über Lambertkarte (Grafik: KLSP)

Definition: **Gitterkonvergenz** (engl. grid convergence)
Als Gitterkonvergenz bezeichnet man den Winkel zwischen Grid North und True North, angegeben als Grad Ost (+ oder E) wenn GN westlich von TN oder als Grad West (- oder W), wenn GN östlich von TN liegt.

Bei 20° W und 40° N beträgt die Gitterkonvergenz 20°*sin(40°) = 12,86° und nimmt linear zum Wert des Längengrades zu. Die Umrechnung von Gridkursen zu rechtweisenden Kursen erfolgt nach vergleichbaren Formeln:

$$GridCourse = TrueCourse + - GridConvergence$$

Die Gridkonvergenz ist auch hierbei positiv bei westlichen Längen und negativ bei östlichen Längen. Im Englischen gibt es Eselsbrücken wie „Convergence West true best and Convergence East true least“.
Wir wollen auch hierzu eine Beispielaufgabe rechnen:

> Beispiel (GC auf Lambertkarte berechnen):
> Sie ziehen auf einer Lambertkarte eine Kurslinie vom Punkt A bei 40°N 110°E nach B bei 40°N 150°E. Die Kurslinie messen Sie bei A mit 70° T. Bestimmen Sie den Gitterkurs (GC) bei einem Gitter, das bei bei 90° E angelegt wird.
> Lösung:
> Da das Gitter bei 90° angelegt ist, nehmen wir die Differenz dazu: 20° Längendifferenz.
> Die Konvergenz ist demnach:
> Grid Convergence = 20°*sin (40°) = 12,86°. Wegen der östlichen Position ist der Wert vom True Course abzuziehen.
> GC = 70° T -12,86° = 57,14°.

Am Ende eines Fluges mit Gitternavigation wird man wieder auf magnetische Kurse umrechnen. Dies lässt sich über die bereits dargestellte Formel als Umrechnung von GC nach TC und danach mittels Variation und Umrechnung nach MC realisieren. Um diesen Rechenvorgang unmittelbar in einem Schritt machen zu können, definiert man, ähnlich wie bei der Definition der Variation, die Winkeldifferenz zwischen GN und MN als Grivation.

Definition: **Grivation** (engl. grivation)
Als Grivation bezeichnet man den Winkel zwischen Grid North und Magnetic North, angegeben als Grad Ost (+ oder E) oder Grad West (- oder W) von GN.

Es gilt damit in Analogie zu TC-VAR = MC:

$$GC - Grivation = MC$$
$$Grivation = Var + GridConvergence$$

Grivation ist folglich die Summe aus Variation und GridConvergence.
Punkte gleicher Grivation lassen sich ggf. auf Karten für die Gitternavigation als Isogrivationslinien darstellen und werden im Englischen als isogrives bezeichnet.

Es sei noch erwähnt, dass es natürlich auch bei der Gitternavigation einer periodischen Überprüfung der eigenen Position und des Gridkurses bedarf, um den Track möglichst nahe beim oder auf dem geplanten Kurs zu halten. Früher wurde diese Korrektur bei Fehlen bodengestützter Navaids z.B. über den Polen mittels Astronavigation (Blasensextant) vorgenommen. Heutzutage bietet die Navigation mit INS und GPS oder anderer Satellitensysteme die direkte Kontrolle des Flugwegs aufgrund kontinuierlicher präziser Ortsbestimmung. Daher hat die Gitternavigation in der kommerziellen Luftfahrt kaum noch Bedeutung. Sie wird allerdings nach wie vor im militärischen Bereich angewandt, und zwar überall und nicht nur an den Polen, da ohne die Kenntnis des verwendeten Grids beim Mithören die Position nicht abgeleitet werden kann.

Musterprüfungsfragen

In diesem Abschnitt wollen wir eine komplette Musterprüfung, übernommen aus [1] Seite 334ff, mit 56 Fragen (Prüfungszeit 3 Stunden) bearbeiten, mit entsprechenden Erklärungen und Kommentaren zu den einzelnen Fragen. Da die Prüfungen in Englisch abgelegt werden, sind die Fragen in der Originalformulierung belassen.

1. Information on Search and Rescue (SAR) procedures may be obtained:

a. from NOTAMs.
b. from the latest AIC.
c. from the Aeronautical Information Publication.
d. by RT communication with the FIR within which the aircraft is operating.

Die richtige Antwort ist c. Allerdings könnte man meinen, es handele sich eher um eine Frage des Luftrechts (Inhalt des AIP).

2. Refer to ED-6. The track and distance between Friedrichshafen (EDNY) and Stuttgart (EDDS) are:

a.	350°(M)	62,5 km.
b.	345°(M)	65 NM
c.	349°(M)	62,5 NM
d.	351°(M)	116 km

Die richtige Antwort ist c. ED-6 ist die Jeppesen VFR-Karte für den Süden Deutschlands. Es geht natürlich auch mit der ICAO-Karte. Gemeint ist der True Course und nicht der Track. TC ist 350°, Entfernung 116 km oder 62,5 NM. Die magnetische Variation ist 1°E. TC-Var = MC-> 349° MC. Die 1°E-Isogone geht fast genau durch EDNY. Man muss den True Course exakt ausmessen, sonst kann man auf (d) als richtige Antwort kommen.

3.	The radio navigation aid at N48 54.8 E009 20.4 is:		
a.	a VOR/DME	call sign LBU	frequency 109,20 kHz
b.	a Tacan	call sign LBU	channel number 109,20
c.	a VOR/TAC	call sign LBU	frequency 109,20 MHz
<u>d.</u>	a VOR/DME	call sign LBU	frequency 109,20 MHz

Die richtige Antwort ist d. Siehe auch Abbildung 5 auf Seite 22. Vom Symbol her könnte es auch ein VORTAC sein, doch es fehlt die militärische Kanalzahl.

4. Refer to CAP 697 SEP Figure 2.1:

Given Airfield elevation 6000 ft, OAT 15°C, Initial Weight 3.525 lb, Cruise Altitude 14000 ft, OAT -13°C, Wind component 60 kt tail.

The time, fuel and ground nautical miles to TOC are:

a.	16 min	5 gall	13 ngm
b.	15 min	6 gall	18 ngm
c.	17 min	7 gall	46 ngm
<u>d.</u>	16 min	5 gall	52 ngm

Die richtige Antwort ist d. Mit Initial Weight ist die Take-Off Mass, mit tail ist tail wind und mit ground nautical miles sind nautical ground miles gemeint.

Die Aufgabe lässt sich mit Abbildung 49 auf Seite 99 lösen, wie dort beschrieben.

5. Refer to CAP 697 SEP Figure 2.2:

Given:

Pressure Altitude 10000 ft; OAT -15 °C; Power 23 in Hg @ 2300 RPM

The fuel flow and KIAS are:

<u>a.</u>	67.3 PPH	140 kt
b.	67.3 PPH	157 kt
c.	11.4 GPH	139 kt
d.	66.2 GPH	137 kt

Die richtige Antwort ist a. ISA in 10.000 ft ist -5 °C, d.h. OAT entspricht ISA -10 °C

Mittelwerte: (66,2+68,4)/2 = 67,3 PPH und ferner (137+143)/2 = 140 KIAS.

Eine kleine Interpolationsaufgabe, die keine Probleme bereiten sollte.

6. Refer to CAP 697 MEP Figure 3.4:
An aircraft is flying at a High Speed Cruise at a pressure altitude of 12000 ft, temperature ISA +15 °C. The TAS is:
a. 189 kt
b. 186 kt
c. 183 kt
d. 182 kt

Die richtige Antwort ist b. ISA bei 12.000 ft ist -9 °C + 15°C = 6 °C
Mit diesem Wert liest man den TAS-Wert im Diagramm ab: 186 kt.

7. Refer to CAP 697 MEP Figure 3.5:
The endurance "with 45 Min Reserve at 45 % Power" for an Economy Cruise at 13000 ft is:
a. 4 hr 25 min
b. 4 hr 04 min
c. 4 hr 57 min
d. 6 hr 18 min

Die richtige Antwort ist a. Man benutzt die linke Seite des Diagramms mit 65 % Power.

8. The air distance and time to climb is 197 nam and 33 min respectively. What is the required ground distance with a 40 kt headwind component.
a. 222 ngm
b. 184 ngm
c. 157 ngm
d. 175 ngm

Die richtige Antwort ist d. 197*60/33 = 358,18 TAS, d.h. 318,18 G/S * 33/60 = 175 NM. Allerdings fehlt die Angabe, man solle näherungsweise ohne Berücksichtigung des Steigwinkels rechnen.

9. Given:
Trip time 3 hr 06 min; Block fuel 118 kg; Taxi Fuel 8 kg.
If the aircraft is required at any time during its flight to have a minimum reserve fuel of 30 % of trip fuel remaining, the minimum fuel amount after 2 h is:

a.	39 kg
b.	55 kg
c.	42 kg
d.	45 kg

Die „richtige“ Antwort ist a. Die Aufgabe gehört zu dem bereits geschilderten kranken Typ. Methode siehe Seite 204. Auch hier muss man wieder annehmen, dass am Ende des „Trips“ der Tank leer ist.

10. An aircraft is airborne from an airfield, elevation 1560 ft amsl, on a QNH of 986 hPa. On its track of 269° (M) there is a mountain 12090 ft amsl. To clear this obstacle by a minimum of 2000 ft its correct ICAO VFR Flight Level is (1 hPa = 30 ft)[14]

a. FL 145
b. FL 155
c. FL 160
d. FL 165

Die richtige Antwort ist d. Da der Kurs nach Westen führt sind nur gerade VFR-Flugflächen erlaubt, also beispielsweise FL 145 oder FL 165. Die Frage ist, ob die Pressure Altitude bei FL 145 hoch genug liegt.

$Alt_{QNH} = Alt_{1013} + (986 - 1013)*30 = 14.500 - 810 = 13.690$ ft

Dies liegt nur 1.600 ft höher als das Hindernis, folglich ist FL 165 richtig.

11. On a Jeppesen chart the figures “FL 80 2700a” are displayed below an airway. What does FL 80 indicate?

a. The Route MORA (a Safety Altitude)
b. Minimum Enroute Altitude
c. Maximum Authorized Altitude
d. the base of the airway

Die richtige Antwort ist b. Eine reine Wissensfrage, siehe Legende in Abbildung 22. ‚FL80‘ ist die MEA, ‚2700a‘ ist die MORA.

[14] abweichend von der Syllabus-Normierung auf 27 ft/hPa.

12.	In the Jeppesen SID, STAR, IAP directions are given as:
a.	True Course/Track
b.	Magnetic Course/Track
c.	True Heading
d.	Magnetic Heading

Die richtige Antwort ist b. IAP soll wahrscheinlich Approach Charts bedeuten.
Eine reine Wissensfrage, siehe Legende in Abbildung 22.
Rechtweisende Kurse sind zum Unterschied mit „T" markiert.

13. Refer to CAP 697 Simplified LRC (Figures 4.5.3.1 & 4.3.1b)
Given: Distance 997 ngm; tail wind component 160 kt; landing weight 45000 kg; Cruise weight 56000 kg; FL370; ISA +0°C
The fuel required and trip time is:

a.	11200 kg	4 hr 09 min
b.	5300 kg	1 hr 09 min
c.	4200 kg	1 hr 51 min
d.	5000 kg	2 hr 00 min

Die richtige Antwort ist c.
Da die Tailwindkomponente größer ist als im Diagramm maximal möglich, muss man die Aufgabe in eine äquivalente Aufgabe ohne Wind umrechnen.
In Tabelle 4.5.3.1 liest man eine TAS von 427 KTAS ab. Mit 587 G/S ergibt dies eine äquivalente Entfernung von (427/587)* 987 = 725 NM.
Damit geht man in das Diagramm 4.3.1b und erhält 4.150 kg Treibstoffmasse und 1h 52 min Flugzeit (siehe Abbildung 119), c liegt folglich am nächsten.

14. Refer to CAP 697 MRJT (Figure 4.4)
Given: Aircraft mass 43000 kg; Destination airfield elevation = 3500 ft; Alternate airfield elevation 10 ft; ISA conditions. What is the final reserve?
The fuel required and trip time is:

a.	2110 kg
b.	1025 kg
c.	1038 kg
d.	1055 kg

Die richtige Antwort ist d.

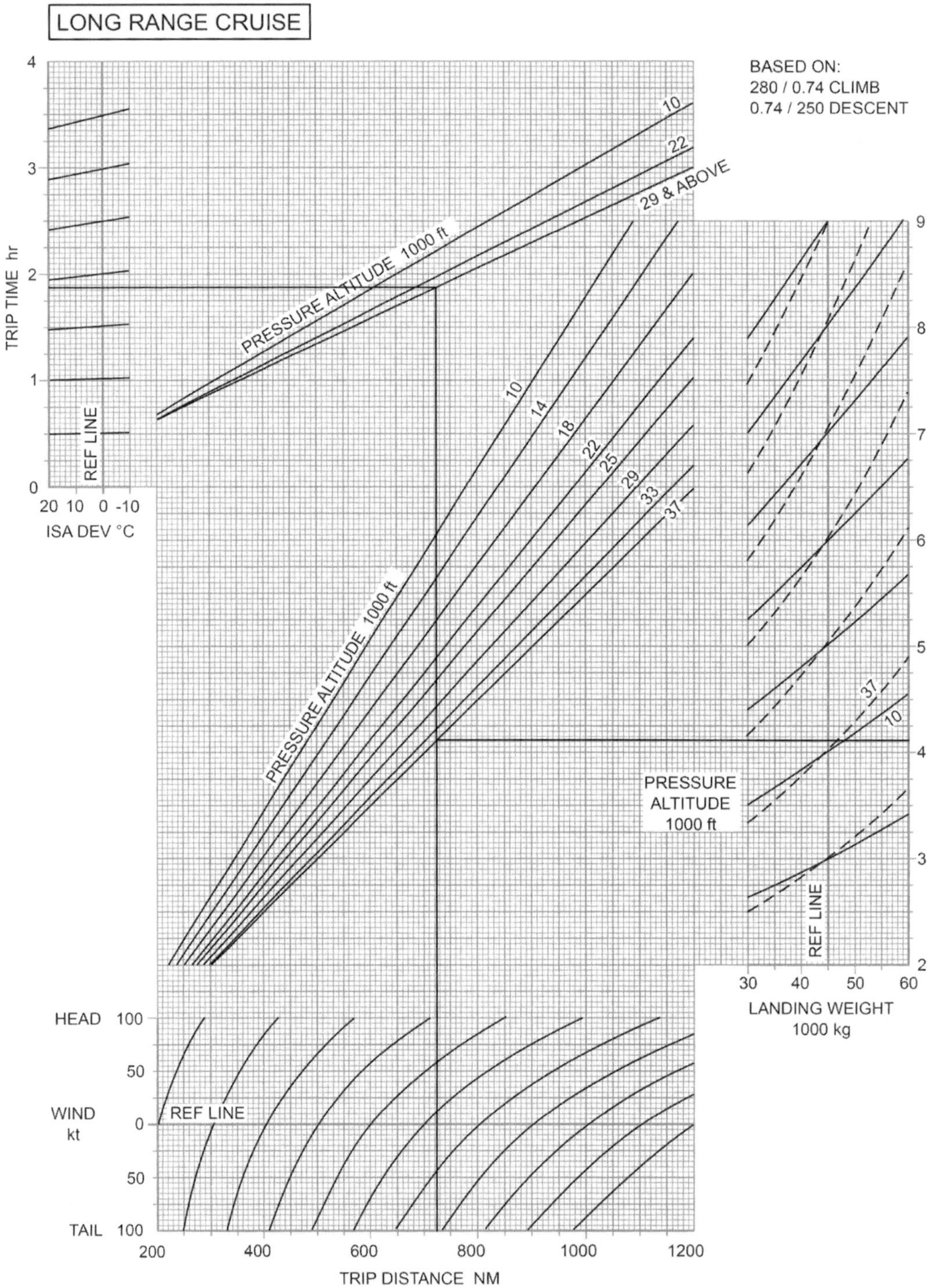

Abbildung 119: Lösung zu Aufgabe 13 (Grafik: KLSP)

Reserve Fuel wird kalkuliert mit 30 Minuten im Holding am Alternate in 1.500 ft AGL. In diesem Fall sind die Werte in der Tabelle 4.4 bei 1.500 ft zu verwenden. Interpolieren (2.140+2.080)/2 = 2.110, davon bei 30 Minuten die Hälfte ist 1055 kg.

15. Refer to CAP 697 MRJT (Figure 4.5.4)
An aircraft with an estimated landing weight of 55000 kg plans a descent from FL 310 through turbulence; the mean wind component in the descent is 45 kt headwind. The fuel and ground distance are:

a.	280 kg	82 ngm
b.	270 kg	107 ngm
c.	270 kg	79 ngm
d.	275 kg	117 ngm

Die richtige Antwort ist c.
Als Treibstoffmasse liest man in der Tabelle 4.5.4b 270 kg ab, die still air Entfernung beträgt 93 NM. Mittlere Altitude 15500 ft, dabei entspricht 250 KIAS nach Drehmeier 318 KTAS. Die Groundspeed ist folglich 273 Kts und die zurückgelegte Entfernung über Grund beträgt (273/318)*93 = 79,8 NM.

16. Refer to CAP 697 MRJT (Figure 4.3.2b)
Given: 5000 kg fuel available; Cruise at FL210; 50 kt headwind; Landing weight 45000 kg; How far could you fly?

a. 600 ngm
b. 750 ngm
c. 500 ngm
d. 670 ngm

Die richtige Antwort ist a.
Dies ist eine Aufgabe, bei der man die Ref-Line-Methodik rückwärts anwenden muss, d.h. erst auf die Kurve und danach erst zur Ref.-Line gehen und weiter zum Ablesewert. Bei korrekter Zeichnung erhält man 610 NM als Ergebnis (siehe Abbildung 120).

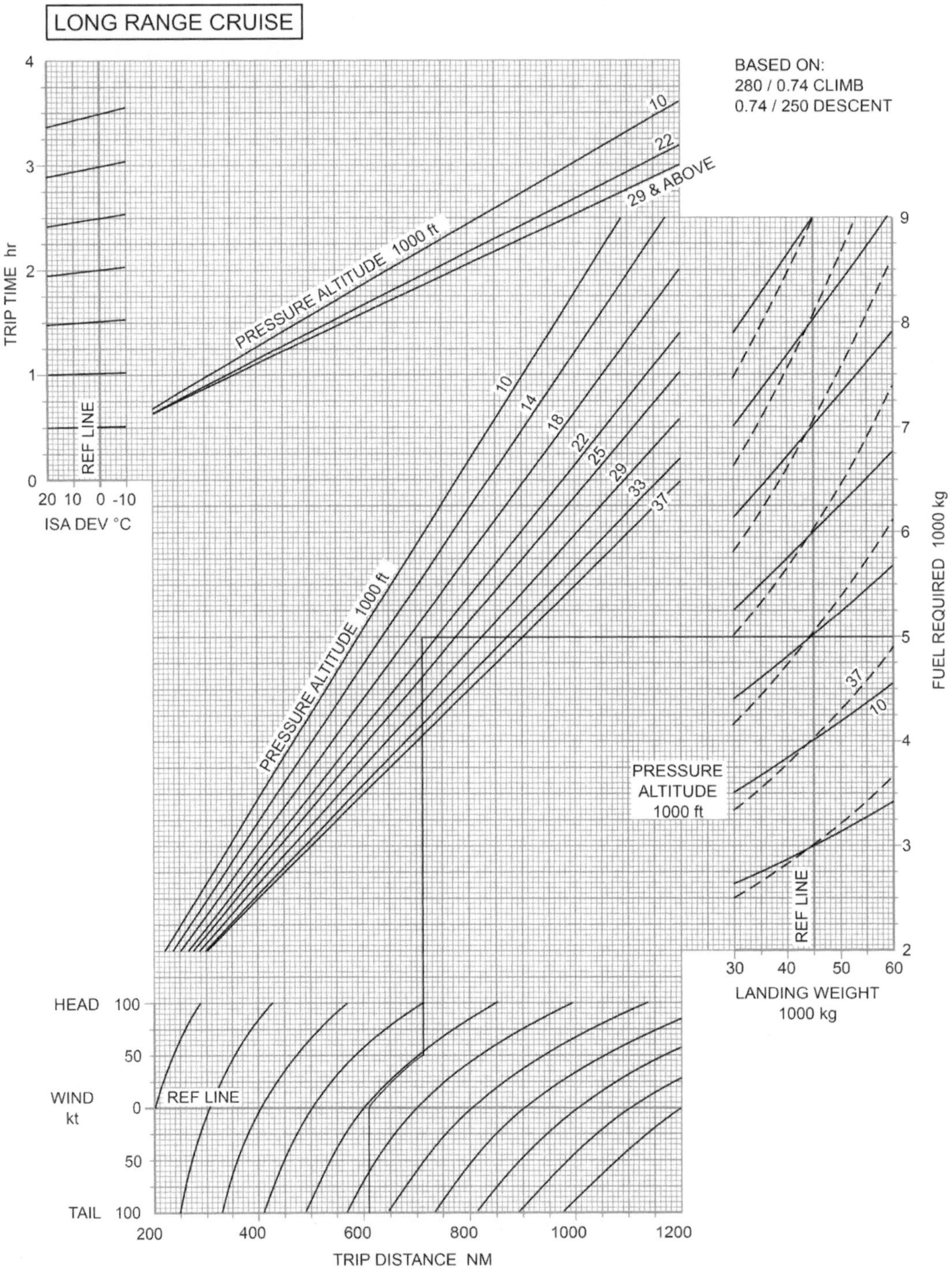

Abbildung 120: Lösung zu Aufgabe 16 (Grafik: KLSP)

17. Given:

MTOM	62000 kg	MLM	54000 kg
DOM	35500 kg	MZFM	51300 kg
TOF	14500 kg	Landing Fuel	3500 kg

The maximum traffic load for this flight is:

a. 15000 kg

b. 15800 kg

c. 12000 kg

d. 4000 kg

Die richtige Antwort ist c. Dies ist eigentlich eine Aufgabe aus Syllabus Thema 031. Methodik siehe Band 031, Seite 61.

Minimum der drei Werte liegt bei T/O = MTOM - DOM - TOF = 12000 kg.

18. Refer to CAP 697 MRJT Figure 4.3.1b

Given: Trip distance 1000 NM; Nil wind; FL 290;

For a temperature increase of 30 °C the approximate change in Trip Time is:

a. +10 %

b. -5 %

c. -10 %

d. + 7 %

Die richtige Antwort ist b.

Da es nur um die prozentuale Änderung geht, nimmt man einfach die Werte der Geraden oben links bei 3 Stunden. 9 Minuten Differenz zwischen (ISA –10 °C) und (ISA +20°C), -9 min/180 min = -5 %. Die richtige Antwort folglich ist -5 %.

19. Refer to CAP 697 MRJT Figure 4.1

If an aircraft's cruise weight is 50000 kg the Optimum Altitude for a .78Mach flight is:

a. 35500 ft pressure altitude

b. 36200 ft pressure altitude

c. 35500 ft altitude

d. FL 360

Die richtige Antwort ist a. Der Wert ist lediglich im Diagramm (siehe Abbildung 61) abzulesen.

20. Refer to CAP 697 MRJT Figure 4.5.3.2 Given: Brake Release Mass 62800 kg; Fuel to TOC 1400 kg; 0.74 Mach Cruise at FL 310; ISA -10 °C; Wind component 50 kt head Mass at first reporting point after TOC 59500 kg The planned ground distance TOC to the first reporting point is: a. 356 nm b. 314 nm <u>c.</u> 277 nm d. 280 nm

Die richtige Antwort ist c.
Die Masse bei TOC ist 61.400 kg und am nächsten Punkt 59500 kg.
Ablesen der NAM-Werte aus der Tabelle in CAP 697 auf Seite 79:
Bei 61400 kg = 4989 NAM
Bei 59500 kg = 4675 NAM
Differenz = 314 NAM
Die TAS ist 434 KTAS (siehe oben rechts über der Tabelle). Wegen ISA -10 °C ist der Wert auf 424 KTAS zu korrigieren.
G/S = 374 Kts
Strecke über Grund = (374/424)*314 = 277 NM

21. Given: Track 185° (T); Variation 9° East; Heading 182° (M) Which is the lowest suitable ICAO IFR cruising level? a. FL 280 b. FL 310 c. FL 290 <u>d.</u> FL 270

Die richtige Antwort ist d. MC = TC - Var = 185°-9° = 176°, folglich ungerade Level. Unter den angebotenen Level ist FL 270 die niedrigste, die passt.

22. Refer to CAP 697 MRJT Figure 4.5.1 Given: Climb to FL 350; ISA +6 °C; MSL airfield; Break Release Weight 57500 kg The time, fuel, and distance covered are:

a.	22' 1625 kg 395 kt 114 nam
b.	20' 1625 kg 395 kt 117 nam
c.	20' 1630 kg 395 kt 100 nam
d.	21' 1675 kg 398 kt 133 nam

Die richtige Antwort ist b.

Die Interpolation zwischen 56.000 und 58.000 kg ergibt:

19,75 / 1625 / 116,75 / 394,75.

23. Refer to CAP 697 MRJT Figure 4.3.6

Given:

Time to alternate 54 min; Landing weight 55000 kg; Wind component 50 kt tail

The alternate fuel and ground nautical mile are:

a.	2500 kg	320 ngm
b.	1500 kg	175 ngm
c.	2350 kg	355 ngm
d.	2200 kg	350 ngm

Die richtige Antwort ist c.

Man erhält die Antwort durch rückwärtiges Einzeichnen von 0,9 h ins Diagramm (siehe Abbildung 121)

24. Refer to CAP 697 MRJT Figure 4.5.3.1

Given: Pressure altitude 33000 ft; LRC; OAT -61 °C; Cruise time 29 min;

Zero wind; Initial Gross weight 54100 kg;

The fuel required is:

a. 1100 kg
b. 1200 kg
c. 1207 kg
d. 900 kg

Die richtige Antwort ist a.

ISA in 33000 ft = -51 °C, folglich ISA -10 °C.

TAS 433 KTAS, Korrektur wegen ISA -10 ergibt: 423 KTAS*29/60 = 204 NAM

NAM-Wert bei 54.100 = 3.929 minus 204 = 3.725 NAM respektive 52984 kg (interpoliert). Differenz 54100 - 52984 = 1.116 kg, d.h. a ist beinahe richtig.

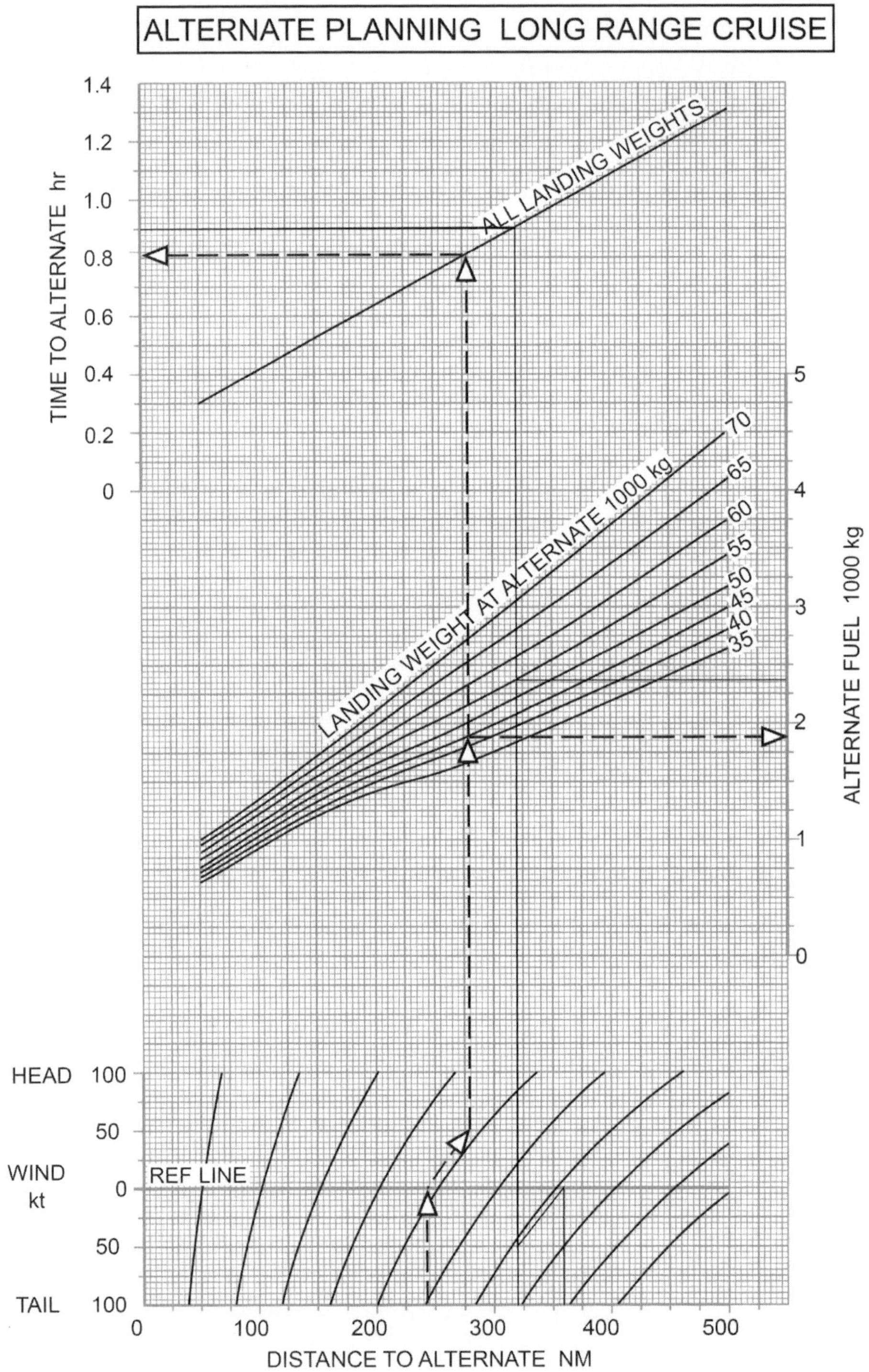

Abbildung 121: Lösung zu Aufgabe 23 (Grafik: KLSP)

25.	Refer to CAP 697 MRJT Figure 4.3.1	
Given:		
FL 370 @ LRC; ISA +20 °C; Distance 800 ngm		
50 kt headwind; Landing weight 50000 kg		
What is the trip fuel and flight time:		
a.	5600 kg	2hr 15 min
b.	4500 kg	2 hr 00 min
c.	4100 kg	1 hr 48 min
d.	4400 kg	1 hr 48 min

Die richtige Antwort ist a. Man muss die Daten lediglich im Diagramm 4.3.1b abtragen und ablesen.

26. A flight is due to operate between London and Glasgow on a Repetitive Flight Plan (RPL). Prior to departure Glasgow is closed due heavy snow. The operator intends to operate the flight from Edinburgh instead. The correct action regarding this flight plan is?

a. This cannot be done, go back to airport hotel.
b. Operations should inform the London ATC Unit at least 10 minutes before departure
c. Cancel the RPL and file a standard ICAO Flight Plan to Edinburgh
d. Take-off for Glasgow and divert along route

Die richtige Antwort ist c, entsprechend der Regeln.

27. A normal commercial IFR flight has an estimated EOBT of 1540 UTC with the estimated take-off time as 1555 UTC. What is the latest time for filing the ICAO Flight Plan?

a. 1510 UTC
b. 1455 UTC
c. 1525 UTC
d. 1440 UTC

Die richtige Antwort ist d. Regel: Spätestens eine Stunde vor EOBT.

28. A flight from Birmingham (EGBB) to Dublin (EIDW) has an EOBT of 9:30 UTC. Actual airborne time is 9:50, expected trip time 1 hour, estimated flying time to Shannon FIR (EISN) boundary of 55 minutes.
How should you complete item 18 of the ICAO flight plan regarding your estimate for the FIR boundary?

a. EET/EIDW1045
b. EET/EISN1025
c. EET/EISN0055
d. EET/EISN0060

Die richtige Antwort ist c. Siehe Andere Angaben (18) auf Seite 181.

29. Refer to Jeppesen Munich 10-2B (in Jeppesen SPTRM).
When approaching Munich via Tango with a westerly surface wind, the route and track miles to the IAF are expected to be?

a. AALEN-WLD-ROKIL-MBG 90 nm
b. AALEN-WLD-ROKIL 51 nm
c. AALEN-WLD-ROKIL-MBG 124 nm
d. WLD-ROKIL 10 nm

Die richtige Antwort ist a. Diese Frage bezieht sich auf eine veraltete Munich STAR Chart und lässt sich anhand heutiger Karten nicht mehr nachvollziehen, denn das VOR MBG (Moosburg) gibt es bereits seit Jahren nicht mehr.

30. Refer to Jeppesen E(LO)1.
The magnetic course and the distance from LIFFY (N5329 W00530) and WAL (N5324 W00308) is:

a. 279° (M) 85 nm
b. 099° (M) 114 NM
c. 099° (M) 85 NM
d. 099° (M) 59 NM

Die richtige Antwort ist c, wie der Karte zu entnehmen ist.
Magnetic Course an der Strecke ablesen.
Entfernung: 42+17+26 = 85

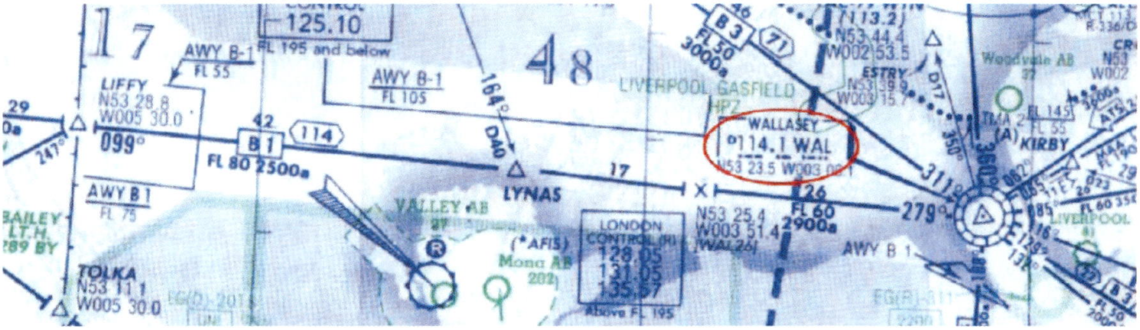

Abbildung 122: Die Strecke von Liffy nach WAL (Grafik: KLSP)

31. Refer to Jeppesen Polar High Altitude Chart 5AT(HI).

What is the grid track from Stornoway (N58 W006) to Kulusuk (N6530 W03710)?

a. 318°

b. 298°

c. 138°

d. 118°

Die richtige Antwort ist a. Siehe Gitternavigation auf Seite 209.

32. Given:

A to B distance 2050 nm; Safe Endurance 6 hrs

GS OUT = 480 kt; GS ON = 450 kt; GS HOME = 380 kt

Calculate the distance and time to the Point of Equal Time from A.

a.	1272 nm	2 hr 39 min
b.	906 nm	1 hr 53 min
c.	1111 nm	2 hr 19 min
d.	939 nm	1 hr 57 min

Die richtige Antwort ist d. Es handelt sich offenbar um einen OEI-PET. Da die Speeds gegben sind, nimmt man Formel (1).

x = 2050*(380/(380+450) = 938,55 nm

T = 939 nm /480 kt = 1,956 h = 1h 57 min

33. Given:
GS OUT = 178; GS HOME = 249
Distance A to B 450 nm; Endurance 3 hrs
What is the distance to the Point of Safe Return from A?
a. 204 nm
b. 311 nm
c. 415 nm
d. 262 nm

Die richtige Antwort ist b. Man verwendet Formel (3).
x = 3*(178*249/(178+249) = 311,4 NM

34. You plan to fly from A to B at a TAS of 230 kt, a GS of 255 kt and an initial cruising pressure altitude of 15000 ft. What should you complete Item 15 of the ICAO Flight Plan?
a. K0230 F150
b. N0230 F150
c. N0255 S1500
d. N0230 FL150

Die richtige Antwort ist b, entsprechend der Regeln.

35. Refer to Jeppesen E(LO)5 (alte Karte).
What is the lowest continuous flight level you should maintain along B45 when flying from Czempin/CZE (N5207 E01643) to Chocivel/CHO (N5328 E01521)?
a. FL60
b. FL70
c. FL180
d. FL80

Die richtige Antwort ist d. Die MEA auf der Karte in FL 70, aufgrund der Halbkreisregeln ist FL 80 die richtige Antwort.

36. A current flight plan is:
a. the filed plan with amendments and clearances included
b. the filed plan without any changes
c. flight plan with correct time of departure
d. one that is stored via repetitive flight plan procedures.

Die richtige Antwort ist offensichtlich a.

37. Refer to CAP 697 MRJT Figure 4.3.6
Flight from Paris to London with Manchester being the alternate.
Given: London-Manchester 160 NM; Mean track 350° (T); W/V 250/30° (T)
Estimated Landing mass at alternate 50000 kg
What is the fuel and time to the alternate?

a. 1200 kg 20 min
b. 1600 kg 36 min
c. 1450 kg 32 min
d. 1300 kg 28 min

Die richtige Antwort ist c. Zunächst muss man mit dem Drehmeier die Windkomponente berechnen: 5 Kt Rückenwind. Danach die Daten im Diagramm verwenden.

Refer to the Glasgow EGPF actual and TAFs and answer questions 38 & 39.

```
Glasgow EGPF
SA      271420Z 19010KT 999 RA FEW010 BKN030 08/06 Q1012
FC      271322 20007KT 9999 SCT020 BKN030 TEMPO 1322 6000 -RA BKN012
        PROB30 TEMPO 1318 24018G30KT BECMG 1922 32010KT
FT      271812 25012KT 9999 BKN020 TEMPO 1803 7000 -RA BKN012 BECMG
        1922 35008KT
```

38. What is the temperature and dewpoint at 1420Z on the 27th?

a. no data given
b. Temperature +8 °C Dewpoint +6 °C Refer to SA for 1420Z
c. Temperature -8 °C Dewpoint - 6 °C
d. Temperature +10 °C Dewpoint +12 °C.

Die richtige Antwort ist b.

39. What is the worst visibility you might experience when landing at 0200Z on the 28th?

a. no data given covering this period
b. 10 kilometres or more
c. 7 kilometres in light rain
d. 7000 meters in moderate rain

Die richtige Antwort ist c.

40. Refer to CAP 697 MRJT Figure 4.7.2
Given: ETOPS approval for 120 min; Weight at diversion 50000 kg; Long Range Cruise
Your diversion airfield should bei within ..

a. 742 nm
b. 379 nm
c. 768 nm
d. 1101 nm

Die richtige Antwort ist a. Der Wert muss nur in der Tabelle abgelesen werden.

41. Refer to Jeppesen Amsterdam Schiphol (EHAM) SID 10-3
Which of the following statements is true regarding an ANDIK departure from RWY 19L?

a. Contact Schiphol Departure on 119.05 Mhz when passing 2000 ft and report altitude
b. the distance to ANDIK is 25 nm
c. cross ANDIK below FL60
d. maximum IAS 250 kt till turning left at SPL 3.1 DME

Die richtige Antwort ist a. Unsinn ausschließen und genau hinschauen.

42. You are cruising at FL250 and need to be at FL50 10 nm before a VOR/DME. Your rate of descent is 1250 ft/min and your GS in the descent is 250 kt. How far before the VOR/DME should you start the descent?

a. 66.7 nm
b. 83.3 nm
c. 98.5 nm
d. 76.7 nm

Die richtige Antwort ist d. 20000/1250 = 16 min *250 kt = 66,67 nm
Hinzu kommen die 10 nm zum VOR/DME, d.h. 76,7 nm ist richtig.

43. You are required to uplift 40 US Gallons of AVGAS with Sp.G of 0.72. How many litres and kilograms is this?

a. 109 ltr 151 kg
b. 182 ltr 131 kg
c. 182 ltr 289 kg
d. 151 ltr 109 kg

Die richtige Antwort ist d. (Sp.G = Specific Gravity = Dichte)
40 Gal *3,785 ltr/Gal = 151,4 ltr
151,4 ltr *0,72 kg/ltr = 109 kg

44. Refer to CAP 697 MRJT Figure 4.3.2c
Given:
Mach 0.74 cruise; Trip Fuel available 17000 kg; FL 280;
Estimated landing mass 52000 kg; Trip distance 2500 ngm;
What is the maximum wind component?

a. Zero
b. 25 kt head
c. 25 kt tail
d. 60 kt head

Die richtige Antwort ist b. Mit Trip Fuel available ist wohl Total fuel available gemeint. Eigentlich gilt für MRJT: maximal 16.145 kg Fuel. Das Ergebnis erhält man durch rückwärtiges Einzeichnen, ausgehend von 17.000 kg (siehe Abbildung 123).

45. Refer to Jeppesen E(LO)1
What type of radio navigation aid is located at Perth (N5626 W00322)?

a. VOR on 110.4 Mhz and NDB on 394 khz
b. TACAN on 110.4 khz
c. VOR on 110.4 Mhz
d. VOR/DME on 110.4 Mhz

Die richtige Antwort ist c, siehe Legende der Jeppesen Symbole.

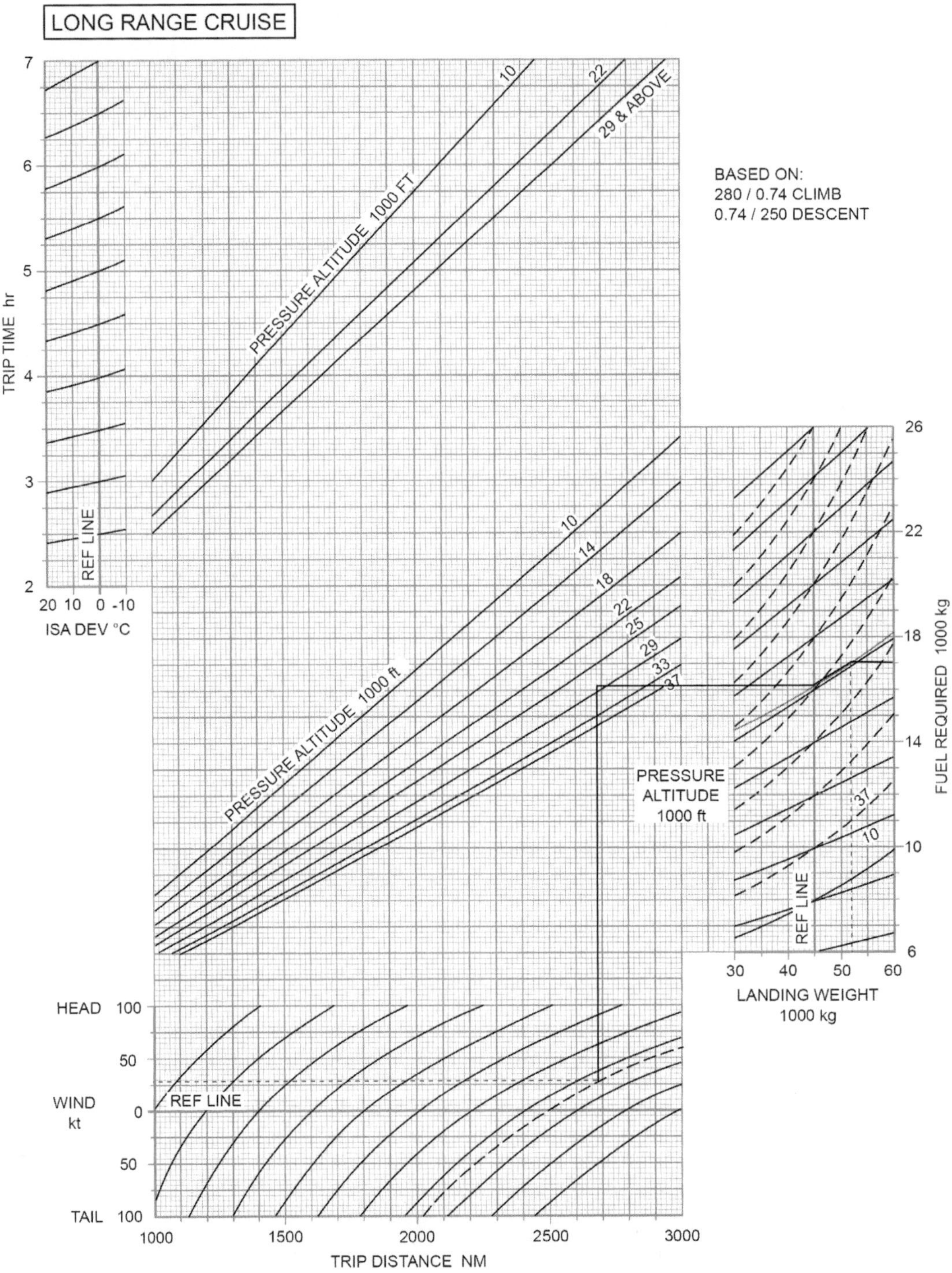

Abbildung 123: Lösung zu Aufgabe 44 (Grafik: KLSP)

46. Given:

DOM 33510 kg Traffic Load 7600 kg Taxi Fuel 250 kg
Trip Fuel 2500 kg Contingency Fuel 125 kg Final Reserve Fuel 983 kg
Alternate Fuel 1100 kg

What is the estimated landing mass at the destination?

a. 43318 kg
b. 45818 kg
c. 42218 kg
d. 43193 kg

Die richtige Antwort ist a. Dies ist eigentlich eine Aufgabe aus Syllabus Thema 031. Wenn man unterstellt, dass CF nicht verbraucht wurde, erhält man durch einfache Rechnung 43318 kg (alles außer Taxi Fuel addieren minus Trip Fuel).

47. When completing an IFR flight plan the "Total Elapsed Time" in item 16 is from..

a. take-off to overhead the destination airport
b. from first taxiing under own power until the IAF for destination airport
c. take-off to the IAF for the destination airport
d. take-off until landing at the destination airport

Die richtige Antwort ist c, siehe Seite 180.

48. An aircraft has been planned to fly via a significant point based upon the TIR VORDME, QDM 120 at range of 95 nm.

The correct entry for the ICAO Flight Plan is:

a. TIR300095
b. TIR120095
c. TIR30095
d. 300095TIR

Die richtige Antwort ist a.

Es ist die Richtung vom VOR (QDR) anzugeben, siehe Seite 179.

49. Reference E(HI)4 (CAA FOR EXAMS)
GIBSO (N5045.1 W00230.3)
Aircraft intending to use UR-14 will be expected to cross GIBSO at or above FL?

a. FL 200
b. FL 250
c. FL 280
d. FL 310

Die richtige Antwort ist b. Siehe auf der Karte „note 11".

50. Reference E(HI)5 CAA for examinations.
From Mende-Nasimbals (N4436.4 E00309.7) to Gaillac (N4357.3 E00149.5) via UG5.
Which of these levels is the lowest available?

a. 290
b. 310
c. 330
d. 350

Die richtige Antwort ist a. Von der Halbkreisregel eine gerade Flugfläche, aber wegen „<O", d.h. nur „odd" (ungerade) Levels in diese Richtung.

51. Reference E(HI) 4 (CAA FOR EXAMS)
What is the total distance and mean true course between Abbeville (N5008.1 E00151.3) and Biggin (N5119.8 E00002.2) on UA20?

a. 100 nm 321° T
b. 162 nm 313° T
c. 162 nm 316° T
d. 100 nm 316° T

Die richtige Antwort ist d. Die Variation ist 5° W.
Der True Course ist daher 321° (M) + (-5°) = 316° (T).

52.	An aircraft is carrying Maritime Survival Equipment. The correct entry at Item 19 is:
a.	Cross out indicators P, D and J; tick M.
b.	Circle indicator M.
c.	Tick indicator M.
d.	Cross out indicators P, D and J.

Die richtige Antwort ist d. Siehe Seite 184.

53.	Refer to Training Manual, Amsterdam page 10-9X. What is the minimum radar altitude for a CAT 2 ILS DME approach to runway 01L?
a.	88'
b.	100'
c.	300 m
d.	103'

Die richtige Antwort ist b. Da EHAM unter dem Meeresspiegel liegt, ist RA (100') größer als DA(H) (88').

54.	At a fuel Relative Density of 0.80 an aircraft turbine engine burns 220 litres per hour. If Relative Density is 0.75 what is the fuel burn?
a.	235 l/hr
b.	206
c.	220
d.	176

Die richtige Antwort ist a. Dichte ist Masse/Volumen. Sofern in beiden Fällen dieselbe Masse (176 kg) pro Stunde verbraucht wird, dann (und nur dann) ist der fuel burn 235 l/hr.

55.	Refer to Annex "A". The weather feature lying from Northern Ireland (N54 W007) into the Atlantic ocean at N38 W019 is a..
a.	Cold front
b.	Warm front
c.	Occluded front
d.	100 kt jetstream at FL 310

Die richtige Antwort ist a.

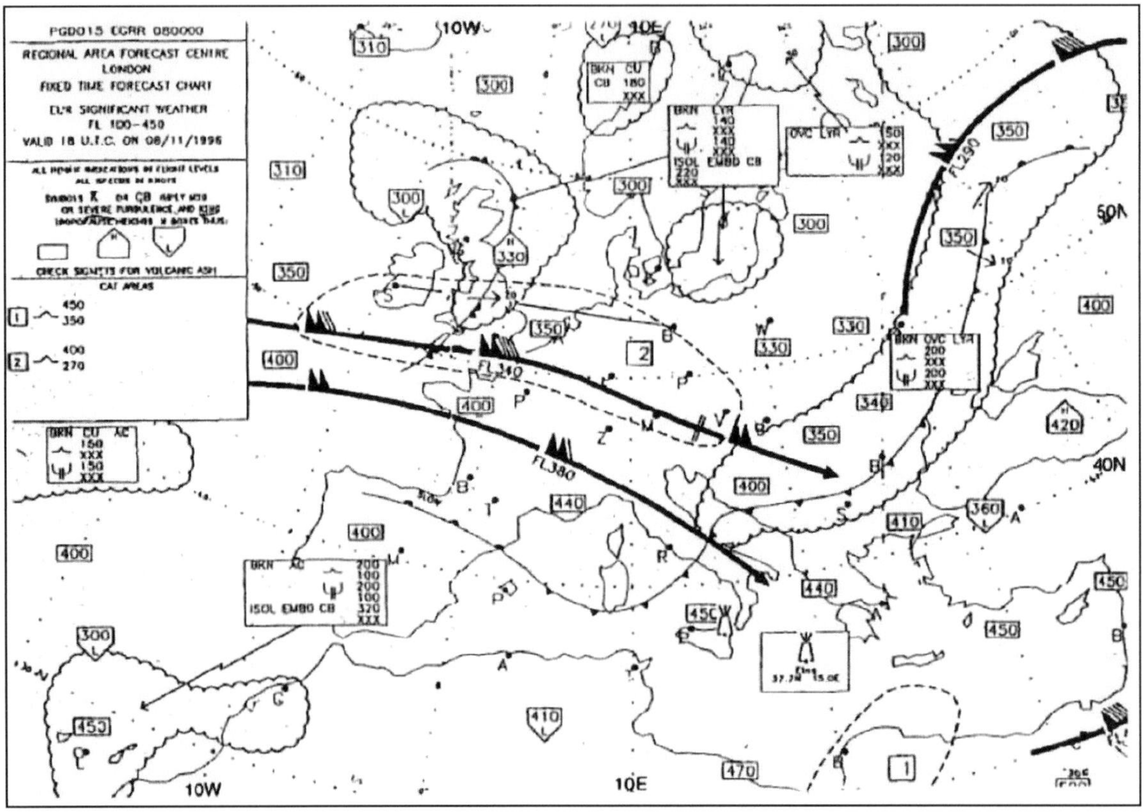

Abbildung 124: Annex A

56. Refer to Annex "A".

When flying from Paris (N49 E002) to Lisbon (N39 W009) what is the worst significant weather you might encounter at FL 280?

a. None

b. Severe turbulence and icing within CBs

c. Moderate CAT at FL 400

d. Moderate turbulence and icing

Die richtige Antwort ist b. Man soll hier annehmen, dass sich im schlimmsten Fall das Wetter an der marokkanischen Atlantikseite nach Lissabon verlagert und so sind die Isolated Embedded CBs bis FL 320 mit severe turbulence und icing zu berücksichtigen.

Flight Planning and Monitoring (Syllabus)

Hinweise zum englischen Original-Syllabus

Für dieses Buch wurde der vollständige Lerninhalt des englischen FCL Syllabus in der Fassung von 2014 (LBA-Fassung Sept. 2014 inklusive der ergänzten Spalte EIR/CB-IR) zugrunde gelegt.

Im Folgenden ist der genannte Original-Syllabus abgedruckt, der auch die Basis für Inhalt und Struktur dieses Lehrbuchs darstellt. Das gilt auch für die Nummerierung. Die Behandlung der einzelnen Learning Objectives in den jeweiligen Unterabschnitten ist aus didaktischen Gründen nicht zwangsweise in derselben Reihenfolge wie im Syllabus ausgeführt. Abweichungen dieser Art sind jedoch gekennzeichnet.

Syllabus reference	Syllabus details and associated Learning Objectives	*Aeroplane*		*Helicopter*			*IR*	CB-IR EIR
		ATPL	CPL	ATPL/IR	ATPL	CPL		
033 00 00 00	**FLIGHT PLANNING AND FLIGHT MONITORING**							
033 01 00 00	**FLIGHT PLANNING FOR VFR FLIGHTS** *Remark – Using Training Route Manual VFR charts or CQB Annexes*							
033 01 01 00	**VFR Navigation plan**							
033 01 01 01	Routes, airfields, heights and altitudes from VFR charts							
LO	Select routes and altitudes taking the following criteria into account: - Classification of airspace - Controlled airspace - Uncontrolled airspace - Restricted areas - Minimum safe altitudes - VFR Semi-circular rules - Conspicuous points - Navigation aids	x	x	x	x	x		
LO	Calculate the vertical and/or horizontal distance and time to climb to a given level or altitude	x	x	x	x	x		
LO	Calculate the vertical and/or horizontal distance and time to descend from a given level or altitude	x	x	x	x	x		
LO	Find the frequency and/or identifiers of radio navigation aids from charts	x	x	x	x	x		
033 01 01 02	Courses and distances from VFR charts							
LO	Choose waypoints in accordance with specified criteria	x	x	x	x	x		
LO	Calculate, or obtain from the chart, courses and distances	x	x	x	x	x		
LO	Find the highest obstacle within a given distance either side of the course	x	x	x	x	x		
LO	Find the following data from the chart and transfer to the navigation plan: - Waypoints and/or turning points - Distances - True/magnetic courses	x	x	x	x	x		
033 01 01 03	Aerodrome Charts and Aerodrome Directory							
LO	Explain the reasons for studying the visual departure procedures and the available approach	x	x	x	x	x		

Syllabus reference	Syllabus details and associated Learning Objectives	Aeroplane ATPL	Aeroplane CPL	Helicopter ATPL/IR	Helicopter ATPL	Helicopter CPL	IR	CB-IR EIR
	procedures							
LO	Find all visual procedures which can be expected at the departure, destination and alternate airfields	x	x	x	x	x		
LO	Find the following data from the charts or directory: - Aerodrome regulations and opening hours - Terrain high points and man made structures - Altitudes - Courses and radials - Helipads (for helicopter only) - Any other relevant information	x	x	x	x	x		
033 01 01 04	Communications and Radio Navigation planning data							
LO	Find communication frequencies and call signs for the following: - control agencies and service facilities - flight information services - weather information stations - Automatic Terminal Information Service	x	x	x	x	x		
LO	Find the frequency and/or identifier of appropriate radio navigation aids	x	x	x	x	x		
033 01 01 05	Completion of navigation plan							
LO	Complete the navigation plan with the courses and distances as taken from charts	x	x	x	x	x		
LO	Find departure and arrival routes	x	x	x	x	x		
LO	Determine the position of the top of climb (TOC) and top of descend (TOD) given appropriate data	x	x	x	x	x		
LO	Determine variation and calculate magnetic courses	x	x	x	x	x		
LO	Calculate the True Air Speed (TAS) given aircraft performance data, altitude and outside air temperature (OAT)	x	x	x	x	x		
LO	Calculate Wind Correction Angles (WCA) / Drift and Ground Speeds (GS)	x	x	x	x	x		
LO	Calculate individual and accumulated times for each leg to destination and alternate airfields	x	x	x	x	x		
033 02 00 00	**FLIGHT PLANNING FOR IFR FLIGHTS** *Remark – Using Training Route Manual IFR charts or CQB Annexes*							
033 02 01 00	**IFR Navigation plan**							

Syllabus reference	Syllabus details and associated Learning Objectives	Aeroplane		Helicopter			IR	CB-IR
		ATPL	CPL	ATPL/IR	ATPL	CPL		EIR
033 02 01 01	Airways and routes							
LO	Select the preferred airway(s) or route(s) considering: - Altitudes and Flight levels - Standard routes - ATC restrictions - Shortest distance - Obstacles - Any other relevant data	x		x			x	x
033 02 01 02	Courses and distances from en-route charts							
LO	Determine courses and distances	x		x			x	x
LO	Determine bearings and distances of waypoints from radio navigation aids	x		x			x	x
033 02 01 03	Altitudes							
LO	Define the following minimum altitudes: - Minimum En-route Altitude (MEA) - Minimum Obstacle Clearance Altitude (MOCA) - Minimum Off Route Altitude (MORA) - Grid Minimum Off-Route Altitude (Grid MORA) - Maximum Authorized Altitude (MAA) - Minimum Crossing Altitude (MCA) - Minimum Holding Altitude (MHA)	x		x			x	x
LO	Extract the following minimum altitudes from the chart(s): - Minimum En-route Altitude (MEA) - Minimum Obstacle Clearance Altitude (MOCA) - Minimum Off Route Altitude (MORA) - Grid Minimum Off-Route Altitude (Grid MORA) - Maximum Authorized Altitude (MAA) - Minimum Crossing Altitude (MCA) - Minimum Holding Altitude (MHA)	x		x			x	x
033 02 01 04	Standard Instrument Departures (SIDs) and Standard Arrival Routes (STARs)							
LO	Explain the reasons for studying SID and STAR charts	x		x			x	x
LO	State the reasons why the SID and STAR charts show procedures only in a pictorial presentation style	x		x			x	x

Syllabus reference	Syllabus details and associated Learning Objectives	Aeroplane ATPL	Aeroplane CPL	Helicopter ATPL/IR	Helicopter ATPL	Helicopter CPL	IR	CB-IR EIR
	which is not to scale							
LO	Interpret all data and information represented on SID and STAR charts, particularly: - Routings - Distances - Courses - Radials - Altitudes/Levels - Frequencies - Restrictions	x		x			x	x
LO	Identify SIDs and STARs which might be relevant to a planned flight	x		x			x	x
033 02 01 05	Instrument Approach Charts							
LO	State the reasons for being familiar with instrument approach procedures and appropriate data for departure, destination and alternate airfields	x		x			x	x
LO	Select instrument approach procedures appropriate for departure, destination and alternate airfields	x		x			x	x
LO	Interpret all procedures, data and information represented on Instrument Approach Charts, particularly: - Courses and Radials - Distances - Altitudes/Levels/Heights - Restrictions - Obstructions - Frequencies - Speeds and times - Decision Altitudes/Heights (DA/H) and Minimum Descent Altitudes/Heights (MDA/H) - Visibility and runway visual ranges (RVR) - Approach light systems	x		x			x	x
033 02 01 06	Communications and Radio Navigation planning data							
LO	Find communication frequencies and call signs for the following: - control agencies and service facilities - flight information services (FIS) - weather information stations - Automatic Terminal Information Service (ATIS)	x		x			x	x
LO	Find the frequency and/or identifiers of radio navigation aids	x		x			x	x

Syllabus reference	Syllabus details and associated Learning Objectives	Aeroplane		Helicopter			IR	CB-IR
		ATPL	CPL	ATPL/IR	ATPL	CPL		EIR
033 02 01 07	Completion of navigation plan							
LO	Complete the navigation plan with the courses, distances and frequencies taken from charts	x		x			x	x
LO	Find Standard Instrument Departure and Arrival Routes to be flown and/or to be expected	x		x			x	x
LO	Determine the position of Top of Climb (TOC) and Top of Descent (TOD) given appropriate data	x		x			x	x
LO	Determine variation and calculate magnetic/true courses	x		x			x	x
LO	Calculate True Air Speed (TAS) given aircraft performance data, altitude and outside air temperature (OAT)	x		x			x	x
LO	Calculate Wind Correction Angles (WCA) / Drift and Ground Speeds (GS)	x		x			x	x
LO	Determine all relevant Altitudes/Levels particularly MEA, MOCA, MORA , MAA, MCA, MRA and MSA	x		x			x	x
LO	Calculate individual and accumulated times for each leg to destination and alternate airfields	x		x			x	x
033 03 00 00	**FUEL PLANNING**							
033 03 01 00	**General**							
LO	Convert between volume, mass and density given in different units which are commonly used in aviation	x	x	x	x	x	x	x
LO	Determine relevant data from flight manual, such as fuel capacity, fuel flow/consumption at different power/thrust settings, altitudes and atmospheric conditions	x	x	x	x	x	x	x
LO	Calculate attainable flight time/range given fuel flow/consumption and available amount of fuel	x	x	x	x	x	x	x
LO	Calculate the required fuel given fuel flow/consumption and required time/range to be flown	x	x	x	x	x	x	x
LO	Calculate the required fuel for a VFR flight given expected meteorological conditions and expected delays under defined conditions	x	x	x	x	x	x	x
LO	Calculate the required fuel for an IFR flight given expected meteorological conditions and expected delays under defined conditions.	x		x			x	
033 03 02 00	**Pre-flight fuel planning for commercial flights**							
033 03 02 01	Taxi fuel							

Syllabus reference	Syllabus details and associated Learning Objectives	*Aeroplane*		*Helicopter*			*IR*	CB-IR EIR
		ATPL	CPL	ATPL/IR	ATPL	CPL		
LO	Determine the fuel required for engine start and taxi by consulting the fuel usage tables and/or graphs from the flight manual taking into account all relevant conditions	x	x	x	x	x		
033 03 02 02	Trip fuel							
LO	Define trip fuel and name the segments of flight for which the trip fuel is relevant	x	x	x	x	x		
LO	Determine the trip fuel for the flight using data from the navigation plan and fuel tables and/or graphs from the flight manual	x	x	x	x	x		
033 03 02 03	Reserve fuel and its components							
	Contingency fuel							
LO	Explain the reasons for having contingency fuel	x	x	x	x	x		
LO	State and explain the requirements for contingency fuel as detailed in EU-OPS 1.255	x	x					
LO	Calculate contingency fuel using requirements as detailed in EU-OPS 1.255	x	x					
LO	State and explain the requirements for contingency fuel as detailed in JAR-OPS 3.255			x	x	x		
LO	Calculate the contingency fuel using requirements as detailed in JAR-OPS 3.255 for IFR flights			x				
LO	Calculate the contingency fuel using requirements as detailed in JAR-OPS 3.255 for VFR flights in a hostile environment			x	x	x		
LO	Calculate the contingency fuel using requirements as detailed in JAR-OPS 3.255 for VFR flights in a non-hostile environment			x	x	x		
	Alternate fuel							
LO	Explain the reasons and regulations for having alternate fuel and name the segments of flight for which the fuel is relevant	x	x	x	x	x		
LO	Calculate the alternate fuel in accordance with EU-OPS 1.255 and relevant data from the navigation plan and the Flight Manual	x	x					
LO	Calculate the alternate fuel in accordance with JAR-OPS 3.255 and relevant data from the navigation plan and the Flight Manual			x	x	x		
	Final reserve fuel							
LO	Explain the reasons and regulations for having final reserve fuel	x	x	x	x	x		

Syllabus reference	Syllabus details and associated Learning Objectives	Aeroplane		Helicopter			IR	CB-IR EIR
		ATPL	CPL	ATPL/IR	ATPL	CPL		
LO	Calculate the final reserve fuel for an aeroplane with reciprocating engines and for an aeroplane with turbine power units in accordance with EU-OPS 1.255 requirements and using relevant data from the Flight Manual	x	x					
LO	Calculate the final reserve fuel for a VFR flight (by day with reference to visual landmarks) in accordance with JAR-OPS 3.255 requirements and using relevant data from the Flight Manual			x	x	x		
LO	Calculate the final reserve fuel for a IFR flight in accordance with JAR-OPS 3.255 requirements and using relevant data from the Flight Manual			x	x	x		
	Additional fuel							
LO	Explain the reasons and regulations for having additional fuel	x	x	x	x	x		
LO	Calculate the additional fuel for an IFR flight without a destination alternate in accordance with EU-OPS 1.255 and 1.295 for an isolated aerodrome	x						
LO	Calculate the additional fuel for a flight to an isolated heliport in accordance with AMC OPS 3.255			x	x	x		
033 03 02 04	Extra fuel							
LO	Explain the reasons and regulations for having extra fuel in accordance with EU-OPS 1.255	x	x					
LO	Explain the reasons and regulations for having extra fuel in accordance with JAR-OPS 3.255.			x	x	x		
LO	Calculate the possible extra fuel under given conditions	x	x	x	x	x		
033 03 02 05	Calculation of total fuel and completion of the fuel section of the navigation plan (fuel log)							
LO	Calculate the total fuel required for a flight	x	x	x	x	x		
LO	Complete the fuel log	x	x	x	x	x		
033 03 03 00	**Specific fuel calculation procedures**							
033 03 03 01	Decision point procedure							
LO	Explain the reasons and regulations for the decision point procedure as stated in AMC OPS 1.255	x						
LO	Calculate the contingency fuel and trip fuel required in accordance with the decision point procedure	x						
033 03 03 02	Isolated aerodrome procedure							
LO	Explain the basic procedures for an isolated aerodrome as stated in AMC OPS 1.255	x						

Syllabus reference	Syllabus details and associated Learning Objectives	Aeroplane		Helicopter			IR	CB-IR EIR
		ATPL	CPL	ATPL/IR	ATPL	CPL		
LO	Calculate additional fuel for aeroplanes with reciprocating engines according to the isolated aerodrome procedures	x						
LO	Calculate additional fuel for aeroplanes with turbine engines according to isolated aerodrome procedures	x						
033 03 03 03	Pre-determined point procedure							
LO	Explain the basic idea of the pre-determined point procedure as stated in AMC OPS 1.255	x						
LO	Calculate additional fuel for aeroplanes with reciprocating engines according to pre-determined point procedure	x						
LO	Calculate additional fuel for aeroplanes with turbine engines according to pre-determined point procedure	x						
033 03 03 04	Fuel tankering							
LO	Explain the basic idea of fuel tankering procedures	x						
LO	Explain that there is an optimum fuel quantity to be tankered (as a function of the fuel price ratio between departure and destination airports and air distance to fly)	x						
LO	Calculate tankered fuel using given appropriate graphs, tables and/or data .	x						
033 03 03 05	Isolated heliport procedure							
LO	Explain the basic idea of the isolated heliport procedures as stated in AMC OPS 3.255			x	x			
LO	Calculate additional fuel according to isolated heliport procedure as stated in AMC OPS 3.255 flying IFR			x	x			
LO	Calculate additional fuel according to isolated heliport procedure as stated in AMC OPS 3.255 flying VFR and navigating by means other than by reference to visual landmarks.			x	x			
033 04 00 00	**PRE-FLIGHT PREPARATION**							
033 04 01 00	**NOTAM briefing**							
033 04 01 01	Ground facilities and services							
LO	Check that ground facilities and services required for the planned flight are available and adequate	x	x	x	x	x	x	x
033 04 01 02	Departure, destination and alternate aerodromes							

Syllabus reference	Syllabus details and associated Learning Objectives	Aeroplane ATPL	Aeroplane CPL	Helicopter ATPL/IR	Helicopter ATPL	Helicopter CPL	IR	CB-IR EIR
LO	Find and analyse the latest state at the departure, destination and alternate aerodromes, in particular for: - Opening hours - Work in Progress (WIP) - Special procedures due to Work in Progress (WIP) - Obstructions - Changes of frequencies for communications, navigation aids and facilities	x	x	x	x	x	x	x
033 04 01 03	Airway routings and airspace structure							
LO	Find and analyse the latest en-route state for: - Airway(s) or Route(s) - Restricted, Dangerous and Prohibited areas - Changes of frequencies for communications, navigation aids and facilities	x	x	x	x	x	x	x
033 04 02 00	**Meteorological briefing**							
033 04 02 01	Extraction and analysis of relevant data from meteorological documents *Remark - this item is taught and examined in subject 050)*							
033 04 02 02	Update of navigation plan using the latest meteorological information:							
LO	Confirm the optimum altitude/FL given wind, temperature and aircraft data	x	x	x	x	x	x	x
LO	Confirm true altitudes to ensure that statutory minimum clearance is attained given atmospheric data	x	x	x	x	x	x	
LO	Confirm magnetic headings and ground speeds	x	x	x	x	x	x	x
LO	Confirm the individual leg times and the total time en route	x	x	x	x	x	x	x
LO	Confirm the total time en route for the trip to the destination	x	x	x	x	x	x	x
LO	Confirm the total time from destination to the alternate airfield	x	x	x	x	x	x	x
033 04 02 03	Update of Mass and Balance *Remark - this item is taught and examined in subjects 031*							
033 04 02 04	Update of Performance data *Remark - this item is taught and examined in subject 032 for Aeroplanes and subject 034 for Helicopters*							
033 04 02 05	Update of fuel log							

Syllabus reference	Syllabus details and associated Learning Objectives	Aeroplane ATPL	Aeroplane CPL	Helicopter ATPL/IR	Helicopter ATPL	Helicopter CPL	IR	CB-IR EIR
LO	Calculate revised fuel data in accordance with changed conditions	x	x	x	x	x	x	x
033 04 03 00	**Point of Equal Time (PET) and Point of Safe Return (PSR)**							
033 04 03 01	Point of Equal Time (PET)							
LO	Define PET	x		x	x			
LO	Explain the basic idea of determination of PET	x		x	x			
LO	Calculate the position of a PET and the ETA at the PET given relevant data	x		x	x			
033 04 03 02	Point of Safe Return (PSR)							
LO	Define PSR	x		x	x			
LO	Explain the basic idea of determination of PSR	x		x	x			
LO	Calculate the position of a PSR and the ETA at the PSR given relevant data	x		x	x			
033 05 00 00	**ICAO FLIGHT PLAN (ATS Flight Plan)**							
033 05 01 00	**Individual Flight Plan**							
033 05 01 01	Format of Flight Plan							
LO	State the reasons for a fixed format of an ICAO ATS Flight Plan (FPL)	x	x	x	x	x	x	x
LO	Determine the correct entries to complete an FPL plus decode and interpret the entries in a completed FPL, particularly for the following: - Aircraft identification (Item 7) - Flight rules and type of flight (Item 8) - Number and type of aircraft and wake turbulence category (Item 9) - Equipment (Item 10) - Departure aerodrome and time (Item 13) - Route (Item 15) - Destination aerodrome, total estimated elapsed time and Alternate aerodrome (Item 16) - Other information (Item 18) - Supplementary Information (Item 19)	x	x	x	x	x	x	x
033 05 01 02	Completion of an ATS Flight Plan (FPL)							
LO	Complete the Flight Plan using information from the following: - Navigation plan	x	x	x	x	x	x	x

Syllabus reference	Syllabus details and associated Learning Objectives	Aeroplane		Helicopter			IR	CB-IR EIR
		ATPL	CPL	ATPL/IR	ATPL	CPL		
	- Fuel plan - Operator's records for basic aircraft information							
033 05 02 00	Repetitive Flight Plan							
LO	Explain the difference between an Individual Flight Plan (FPL) and a Repetitive Flight Plan (RPL)	x		x	x			
LO	Explain the basic idea of a Repetitive Flight Plan and state the general requirements for the use of a Repetitive Flight Plan (RPL)	x		x	x			
033 05 03 00	**Submission of an ATS Flight Plan (FPL)**							
LO	Explain the requirements for the submission of an ATS Flight Plan	x	x	x	x	x	x	x
LO	Explain the actions to be taken in case of Flight Plan changes	x	x	x	x	x	x	x
LO	State the actions to be taken in case of inadvertent changes to Track, TAS and time estimate affecting the current Flight Plan	x	x	x	x	x	x	x
LO	Explain the procedures for closing a Flight Plan	x	x	x	x	x	x	x
033 06 00 00	**FLIGHT MONITORING AND IN-FLIGHT RE-PLANNING**							
033 06 01 00	**Flight monitoring**							
033 06 01 01	Monitoring of track and time							
LO	Assess deviations from the planned course, headings (by maintaining desired courses) and times.	x	x	x	x	x	x	
LO	State the reasons for possible deviations	x	x	x	x	x	x	
LO	Calculate the ground speed using actual in-flight parameters	x	x	x	x	x	x	
LO	Calculate expected leg times using actual flight parameters	x	x	x	x	x	x	
033 06 01 02	In-flight fuel management							
LO	Explain why fuel checks must be carried out in flight at regular intervals and why relevant fuel data must be recorded	x	x	x	x	x	x	
LO	Assess deviations of actual fuel consumption from planned consumption	x	x	x	x	x	x	
LO	State reasons for possible deviations	x	x	x	x	x	x	

Syllabus reference	Syllabus details and associated Learning Objectives	Aeroplane		Helicopter			IR	CB-IR EIR
		ATPL	CPL	ATPL/IR	ATPL	CPL		
LO	Calculate the fuel quantities used, fuel consumption and fuel remaining at navigation checkpoints/waypoints	x	x	x	x	x	x	
LO	Compare the actual and the planned fuel consumption by means of calculation or flight progress chart	x	x	x	x	x	x	
LO	Assess the remaining range and endurance by means of calculation or flight progress chart	x	x	x	x	x	x	
033 06 02 00	**In-flight re-planning in case of deviation from planned data**							
LO	Justify that the commander is responsible that even in case of diversion the remaining fuel is not less than the fuel required to proceed to an aerodrome where a safe landing can be made, with final reserve fuel remaining.	x	x	x	x	x		
LO	Perform in-flight updates, if necessary, based on results of in-flight monitoring, specifically by: - Selecting a new destination/alternate aerodrome - Adjusting flight parameters and power settings	x	x	x	x	x		
LO	Explain why, in the case of an in-flight update, the commander has to check the following: - The suitability of the new destination and/or alternate aerodrome - Meteorological conditions on revised routing and at revised destination and/or alternate aerodrome - The aircraft must be able to land with the prescribed final reserve fuel	x	x	x	x	x		
LO	Assess the revised destination/alternate aerodrome landing mass given the latest data.	x	x	x	x	x		

END

Anzahl Prüfungsfragen nach PART.ARA

Subject: 033 - FLIGHT PERFORMANCE AND PLANNING - FLIGHT PLANNING AND MONITORING						
Theoretical knowledge examination						
Exam length, total number of questions and distribution of questions						
	ATPL(A)	CPL(A)	ATPL(H)/IR	ATPL(H)	CPL(H)	IR(A) & (H)
Time allowed (hours)	2:00	1:30	2:00	1:30	1:30	1:30
Distribution of questions with regard to the topics of the syllabus						
033 01	05	05	05	05	05	XX
033 02	10	XX	10	XX	XX	10
033 03	10	10	10	10	10	05
033 04	08	08	08	08	08	08
033 05	05	05	05	05	05	05
033 06	05	05	05	05	05	05
Total questions	43	33	43	33	33	33

Fachbearbeitungszeiten für Prüfungen (Time frame for examination)

		ATPL(A) MPL(A)	CPL(A)	ATPL(H)/IR	ATPL(H)	CPL(H)	IR(A IR(H)	EIR CB-IR
010	Luftrecht (Air Law)	1:00	0:45	1:00	0:45	0:45	0:45	0:30
021	Allgemeine Luftfahrzeugkenntnisse -Zelle/Systeme /Triebwerk (Airframe/Systems /Power plant)	2:00	1:30	2:00	2:00	1:30	-	-
022	Allgemeine Luftfahrzeugkenntnisse -Instrumentierung (Instrumentation)	1:30	1:00	1:30	1:30	1:00	0:30	0:20
031	Masse und Schwerpunktlage (Mass and Balance)	1:00	1:00	1:00	1:00	1:00	-	-
032	Flugleistung (Flugzeuge) (Performance A)	1:00	0:45	-	-	-	-	-
033	Flugplanung und Überwachung des Flugverlaufes (Flight Planning)	2:00	1:30	2:00	1:30	1:30	1:30	0:40
034	Flugleistung (Hubschrauber) (Performance H)	-	-	1:00	1:00	0:45	-	-
040	Menschliches Leistungsvermögen (Human Performance)	1:00	0:45	1:00	1:00	0:45	0:45	0:20
050	Meteorologie (Meteorology)	2:00	1:30	2:00	2:00	1:30	1:30	0.50
061	Allgemeine Navigation (General Navigation)	2:00	1:30	2:00	2:00	1:30	-	-
062	Funknavigation (Radio Navigation)	1:30	0:30	1:30	1:00	0:30	1:00	0:40
070	Betriebliche Verfahren (Operational Procedures)	1:15	0:45	1:00	1:00	0:45	-	-
081	Aerodynamik (Flugzeuge) (Principles of Flight A)	1:00	0:45	-	-	-	-	-
082	Aerodynamik (Hubschrauber) (Principles of Flight H)	-	-	1:00	1:00	1:00	-	-
091	VFR-Sprechfunkverkehr (Communications VFR)	0:30	0:30	0:30	0:30	0:30	-	-
092	IFR-Sprechfunkverkehr (Communications IFR)	0:30	-	0:30	-	-	0:30	0:30
	Gesamt:	**18:15**	**13:15**	**18:00**	**16:15**	**13:30**	**7:00**	**3:50**

Anhang

Abkürzungen

AD	Aerodromes	Flugplätze im AIP
ADF	Automatic Direction Finder	Funkpeilgerät
AGL	Above Ground Level	über Grund
ALS	Airport Lighting System	Flughafenbeleuchtungssystem
APCH	Approach	Anflug
ATC	Air Traffic Control	Flugsicherungseinheit
ATIS	Automatic Terminal Information Service	Automatischer Informationsansagedienst an Verkehrsflughäfen
CAA	Civil Aviation Authority	Luftfahrtbehörde UK
CAP	Civil Aviation Publication	Luftfahrtpublikation (CAA)
CAT (I, II, III..)	Category	Kategorie Instrumentenanflug
CC, CH	Compass Course/Heading	Kompasskurs, -steuerkurs
CFMU	Central Flow Management Unit	Zentrales Verkehrsmanagement (Eurocontrol)
CP	Critical Point	Kritischer Punkt (ETOPS)
CQB	Central Question Base	Zentrale Datenbank Prüfungsfragen
DA(H)	Decision Altitude (Height)	Entscheidungsaltitude/-höhe
DEV	Deviation	Kompassmissweisung
DFS		Deutsche Flugsicherung
DME	Distance Measurement Equipment	Entfernungsmesseinrichtung, meistens kombiniert mit einem VOR
DPP	Decision Point Procedure	Decision Point Verfahren
EAD	Eurocontrol AIS Database	Eurocontrol AIS Datenbank
EAT	Expected Approach Time	Erwartete Zeit für den Approach aus dem Holding
ECAM	Electronic Centralised Aircraft Monitor	Zentrale Monitoringanzeige bei Airbus
ECM	Engine Condition Monitoring	Triebwerkzustandsüberwachung
EHM	Engine Health Monitoring	Triebwerkzustandsüberwachung
EICAS	Engine Indication and Crew Alerting System	Zentrale Monitoringanzeige bei Boeing
EOBT	Expected Off-Block Time	Erwartete Off-Block-Zeit
EROPS	Extended-Range Operations	Betrieb mit erhöhter Reichweite
ETA	Expected Time of Arrival	Erwartete Ankunftszeit (IFR: am IAF)
ETE	Expected Time Enroute	Erwartete Zeit an einem Streckenpunkt

ETO	Expected Time Over	Erwartete Zeit an einem Punkt
ETOPS	Extended-Range Twin Operating Performance Standards	Betriebsverfahren für erhöhte Reichweite bei zweistrahligen Jets
FAA	Federal Aviation Authority	Amerikanische Luftfahrtbehörde
FAP	Final Approach Point	Startpunkt für den Endanflug
FDM	Flight Data Monitoring	Aufzeichnung der Flugüberwachungsdaten
FIS	Flight Information Service	Fluginformationsdienst
FL	Flight Level	Flugfläche
FMC	Flight Management Computer	Flugmanagementcomputer
FMS	Flight Management System	Flugmanagementsystem
G/S, GS	Ground Speed	Fluggeschwindigkeit über Grund
Gal	Gallon	1 US Gallone = 3,785 Liter
GC	Grid Course	Kurs bei Gitternavigation
GND	Ground	ATC Einheit (Bodenverkehr)
Grid-MORA	Grid Minimum Off-Route Altitude	
IAF	Initial Approach Fix	Startpunkt IFR-Approach
IAS	Indicated Air Speed	Angezeigte Fluggeschwindigkeit
ICAO	International Civil Aviation Organization	Internationale Zivilluftfahrtorganisation
IFPS	Integrated Initial Flight Plan Processing System	Integriertes System für die Flugplanbearbeitung (Eurocontrol)
IFR	Instrument Flight Rules	Instrumentenflugregeln
ILS	Instrument Landing system	Instrumentenlandesystem
IMC	Instrument Meteorological Conditions	Instrumentenflugbedingungen
ISA	ICAO Standard Atmosphere	ICAO Standardatmosphäre
KIAS	Knots Indicated Airspeed	Angezeigte Geschwindigkeit [kt]
Kt, Kts	Knots = NM/h	Knoten = NM/h
KTAS	Knots True Airspeed	Wahre Geschwindigkeit [kt]
LBA		Luftfahrtbundesamt
LPD	Least Point of Diversion	Letztmöglicher Abzweigpunkt
LRC	Long Range Cruise	Setting für d. Langstrecke
MAA	Maximum Authorized Altitude	Maximal nutzbare Altitude/FL
MAP	Manifold Absolute Pressure	Ladedruck (des Kolbenmotors)
MC, MH	Magnetic Course/Heading	Missweisender Kurs /- Steuerkurs
MCA	Minimum Crossing Altitude	Minimum Altitude beim Wechsel der Luftstraße
MDA(H)	Minimum Descent Altitude/Height	Minimale Altitude/Höhe beim Non-Precision-Anflug
MEA	Minimum Enroute Altitude	Minimale Altitude auf d. Luftstraße

MEP	Multi-Engine Piston	Mehrmotoriges Kolbenmotorflugzeug
METAR	MÉTéorologique Aviation Régulière	Wetterbeobachtungsdaten Flughafen
MLS	Microwave Landing System	Mikrowellenpräzisionsanflugsystem
MOCA	Minimum Obstacle Clearance Altitude	Sichere Mindestflughöhe (IFR)
MORA	Minimum Off-Route Altitude	Sichere Mindestflughöhe (IFR), Jeppesen
MRA	Minimum Reception Altitude	Minimale Altitude für Nav-Empfang
MRJT	Medium Range Jet Transport	Mittelstreckenjet
MSA	Minimum Sector Altitude	Minimale Sektorhöhe (25 NM TVOR)
MSL	Mean Sea Level	Mittlere Meereshöhe
MTM, MTW	Maximum Taxi Mass / Weight	Maximale Masse/Gewicht vor dem Rollvorgang
MTOM, MTOW	Maximum Take-off Mass / Weight	Maximale Startmasse/-gewicht
NDB	Non-Directional Beacon	ungerichtetes Funkfeuer
NM	Nautical Mile	Nautische Meile (1,852 km)
NOTAM	Notice To Airmen	Luftfahrtinformation kurzer Laufzeit
NVFR	Night VFR	Nachtflug
O/R	On request	Auf Anfrage
O/T	Other times	Sonstige Betriebszeiten
OAT	Outer Air Temperature	Statische Außentemperatur
OPS	Operational Procedures	Betriebsvorschriften
PET	Point of Equal Time	Punkt mit Zeitgleichheit
PPH	Pounds per hour	Stundenverbrauch in Pfund
PPR	Prior Permission Required	Vorherige Genehmigung erforderlich
PSR	Point of Safe Return	Sicherer Rückkehrpunkt
RAD	Route Availability Document	Eurocontrol-Dokument, Bedingungen für die Nutzung von Luftstraßen
RADAR	ATC Unit (Enroute)	ATC Einheit (Strecke)
RNAV	Area Navigation	Navigation mit GPS, RNAV-Geräten
RNP	Required Navigational Performance	Anforderung Navigationsgenauigkeit
RPL	Repetitive Flight Plan	Dauerflugplan
RPM	Revolutions Per Minute	Drehzahl in U/min
RTF	Radio Telephony	Funkverkehr
RVR	Runway Visibility Range	Pistensichtweite
RVSM	Reduced vertical separation minimum	Reduzierter Vertikalabstand (>=FL290)
SEP	Single Engine Piston	Einmotoriges Kolbenmotorflugzeug
SGR	Specific Ground Range	Spezifische Reichweite über Grund
SID	Standard Instrument Departure procedure	Standardabflugverfahren beim Instrumentenflug

SR	Specific (Air) Range	Spezifische Reichweite
SS	Sunset	Sonnenuntergang
STAR	STandard ARrival procedure	Standardanflugverfahren beim Instrumentenflug
SWC	Significant Weather Chart	IFR-Wetterkarte mit signifik. Wetter
TACAN	Tactical Air Navigation	militärisches Flugnavigationsverfahren
TAF	Terminal Aerodrome Forecast	Wettervorhersage Flughafen (9-24h)
TAS	True Airspeed	Wahre Fluggeschwindigkeit
TC	True Course	Rechtweisender Kurs
TF	Trip Fuel	Treibstoffmenge für die Strecke
TH	True Heading	Rechtweisender Steuerkurs
TOC	Top Of Climb	Endpunkt des Steigflugs
TOD	Top Of Descent	Startpunkt für den Sinkflug
TOF	Take-off Fuel	Treibstoffmenge am Start
TOM,TOW	Take-off Mass / Weight	Startmasse/-gewicht
TVOR	Terminal VOR	Zentrales VOR eines Flughafens
TWR	Tower	ATC Einheit (Flughafenturm)
UHF	Ultra High Frequency	Dezimeterwellen (0,3 - 3 Ghz)
UTC	Universal Time Coordinated	Standardisierte Weltzeit
VAR	Variation	Ortsmissweisung
VFR	Visual Flight Rules	Sichtflugregeln
VHF	Very High Frequency	Ultrakurzwelle 30 - 300 Mhz
VMC	Visual Meteorological Conditions	Sichtflugbedingungen
VOLMET	meteorological information for aircraft in flight	Wetterdaten im Flug
VOR	VHF omnidirectional radio range	VHF Funkfeuer
VORTAC	VOR-TACAN	VOR mit TACAN-Funktionalität (DME mit höherer Genauigkeit)
W/C	Wind component	Windkomponente
WCA	Wind Correction Angle	Vorhaltewinkel zum Windausgleich

Legenden deutsche ICAO-Luftfahrtkarte und Jeppesen Karte VFR

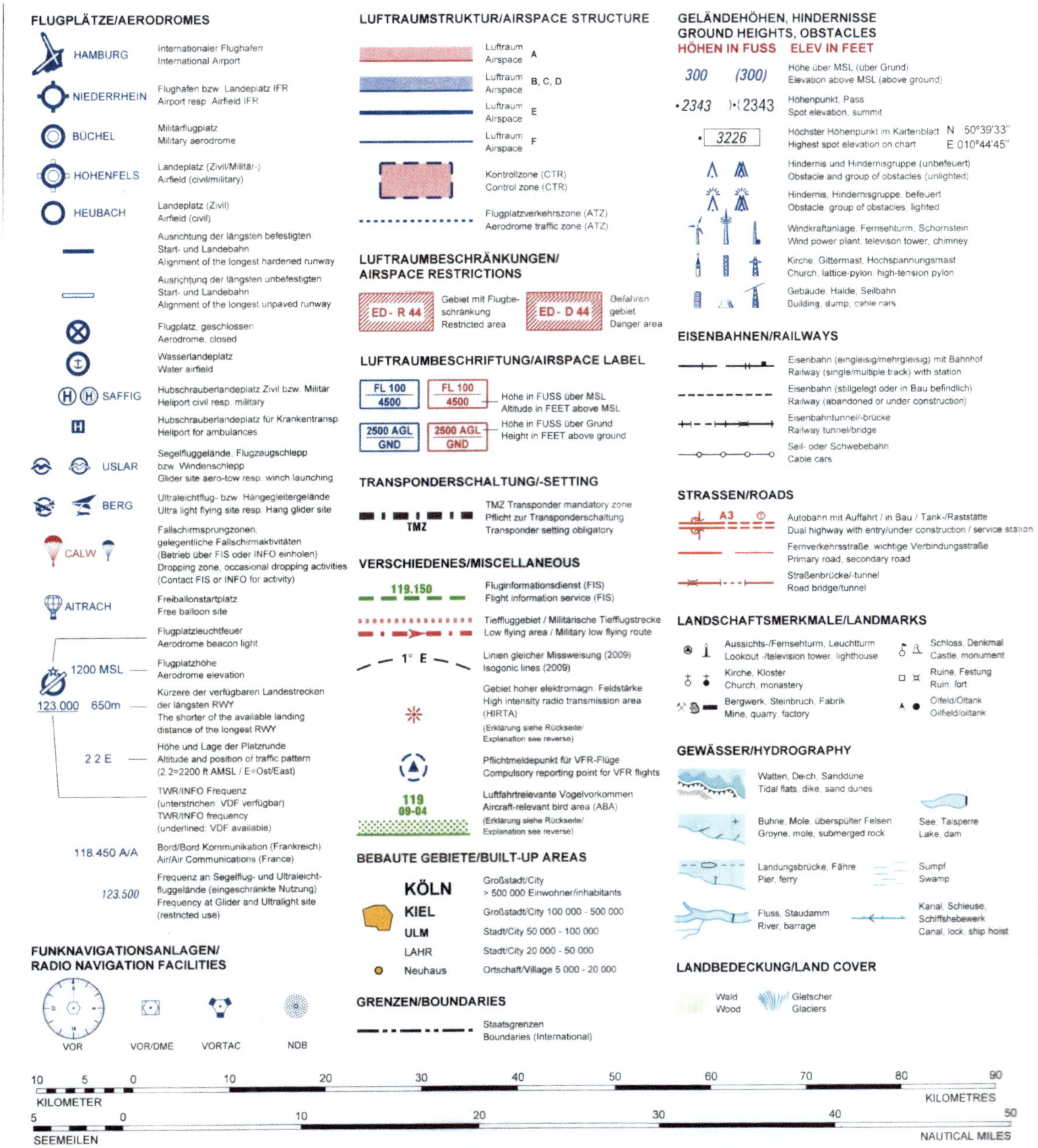

Abbildung 125: Quelle: DFS (Legende 2010 neue Farbdarstellung)

Legende für Jeppesen VFR-Karten:

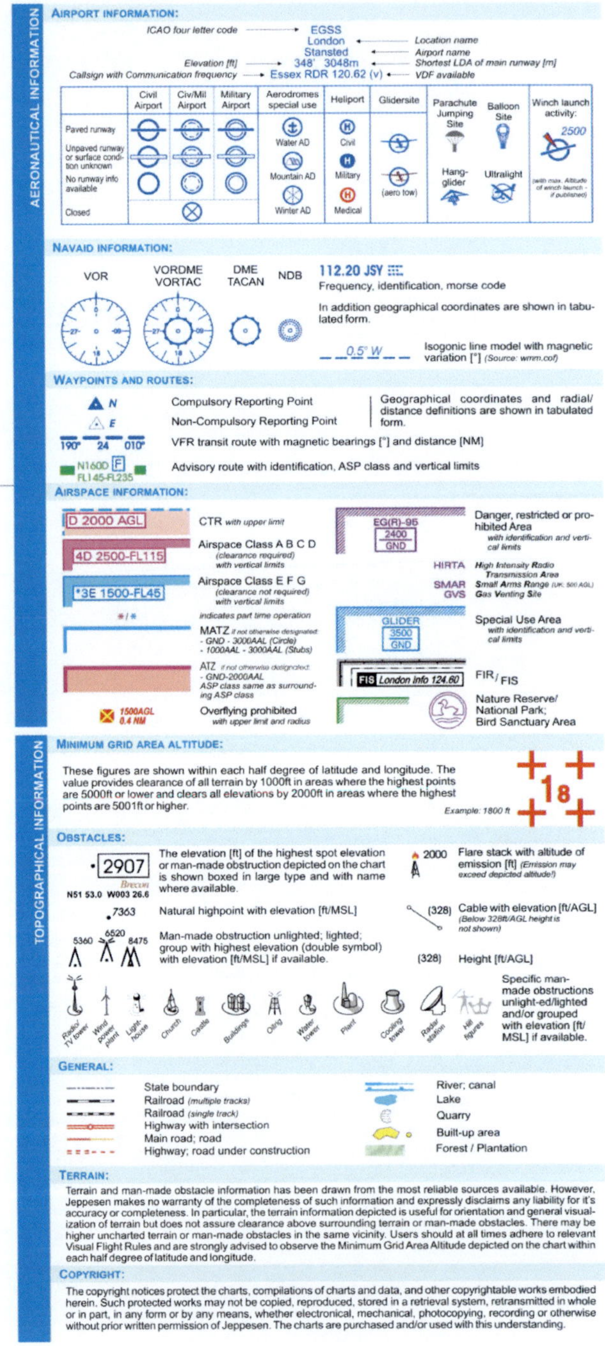

Abbildung 126: Quelle: Jeppesen

Appendix 2

FLIGHT PLAN

1. ICAO model flight plan form
2. Instructions for the completion of the flight plan form
3. Instructions for the transmission of a filed flight plan (FPL) message
4. Instructions for the transmission of a supplementary flight plan (SPL) message
5. Example of a completed flight plan form
6. ICAO model repetitive flight plan (RPL) listing form
7. Instructions for the completion of the repetitive flight plan (RPL) listing form
8. Example of a completed repetitive flight plan (RPL) listing form

1. ICAO model flight plan form

FLIGHT PLAN
PLAN DE VOL

PRIORITY
Priorité
≪≡ FF →

ADDRESSEE(S)
Destinataire(s)

≪≡

FILING TIME
Heure de dépôt

ORIGINATOR
Expéditeur
≪≡

SPECIFIC IDENTIFICATION OF ADDRESSEE(S) AND/OR ORIGINATOR
Identification précise du(des) destinataire(s) et/ou de l'expéditeur

3 MESSAGE TYPE
Type de message
≪≡ (FPL

7 AIRCRAFT IDENTIFICATION
Identification de l'aéronef

8 FLIGHT RULES
Règles de vol

TYPE OF FLIGHT
Type de vol
≪≡

9 NUMBER
Nombre

TYPE OF AIRCRAFT
Type d'aéronef

WAKE TURBULENCE CAT.
Cat. de turbulence de sillage
/

10 EQUIPMENT
Équipement
/ ≪≡

13 DEPARTURE AERODROME
Aérodrome de départ

TIME
Heure
≪≡

15 CRUISING SPEED
Vitesse croisière

LEVEL
Niveau

ROUTE
Route

≪≡

16 DESTINATION AERODROME
Aérodrome de destination

TOTAL EET
Durée totale estimée
HR MIN

ALTN AERODROME
Aérodrome de dégagement

2ND ALTN AERODROME
2e aérodrome de dégagement
≪≡

18 OTHER INFORMATION
Renseignements divers

)≪≡

SUPPLEMENTARY INFORMATION (NOT TO BE TRANSMITTED IN FPL MESSAGES)
Renseignements complémentaires (À NE PAS TRANSMETTRE DANS LES MESSAGES DE PLAN DE VOL DÉPOSÉ)

19 ENDURANCE
Autonomie
HR MIN
— E /

PERSONS ON BOARD
Personnes à bord
→ P /

EMERGENCY RADIO
Radio de secours
→ R/ UHF U VHF V ELT E

SURVIVAL EQUIPMENT/Équipement de survie
→ S / POLAR Polaire P DESERT Désert D MARITIME Maritime M JUNGLE Jungle J

JACKETS/Gilets de sauvetage
→ J / LIGHT Lampes L FLUORES Fluores F UHF U VHF V

DINGHIES/Canots
NUMBER Nombre CAPACITY Capacité COVER Couverture COLOUR Couleur
→ D / → → C → ≪≡

AIRCRAFT COLOUR AND MARKINGS
Couleur et marques de l'aéronef
A /

REMARKS
Remarques
→ N / ≪≡

PILOT-IN-COMMAND
Pilote commandant de bord
C /)≪≡

FILED BY / Déposé par

SPACE RESERVED FOR ADDITIONAL REQUIREMENTS
Espace réservé à des fins supplémentaires

2. Instructions for the completion of the flight plan form

2.1 General

Adhere closely to the prescribed formats and manner of specifying data.

Commence inserting data in the first space provided. Where excess space is available, leave unused spaces blank.

Insert all clock times in *4 figures UTC.*

Insert all estimated elapsed times in 4 figures (hours and minutes).

Shaded area preceding Item 3 — to be completed by ATS and COM services, unless the responsibility for originating flight plan messages has been delegated.

Note.— The term "aerodrome" where used in the flight plan is intended to cover also sites other than aerodromes which may be used by certain types of aircraft, e.g. helicopters or balloons.

2.2 Instructions for insertion of ATS data

Complete Items 7 to 18 as indicated hereunder.

Complete also Item 19 as indicated hereunder, when so required by the appropriate ATS authority or when otherwise deemed necessary.

Note 1.— Item numbers on the form are not consecutive, as they correspond to Field Type numbers in ATS messages.

Note 2.— Air traffic services data systems may impose communications or processing constraints on information in filed flight plans. Possible constraints may, for example, be limits with regard to item length, number of elements in the route item or total flight plan length. Significant constraints are documented in the relevant Aeronautical Information Publication.

ITEM 7: AIRCRAFT IDENTIFICATION (MAXIMUM 7 CHARACTERS)

INSERT one of the following aircraft identifications, not exceeding 7 alphanumeric characters and without hyphens or symbols:

a) the ICAO designator for the aircraft operating agency followed by the flight identification (e.g. KLM511, NGA213, JTR25) when in radiotelephony the call sign to be used by the aircraft will consist of the ICAO telephony designator for the operating agency followed by the flight identification (e.g. KLM511, NIGERIA 213, JESTER 25);

OR b) the nationality or common mark and registration mark of the aircraft (e.g. EIAKO, 4XBCD, N2567GA), when:

1) in radiotelephony the call sign to be used by the aircraft will consist of this identification alone (e.g. CGAJS), or preceded by the ICAO telephony designator for the aircraft operating agency (e.g. BLIZZARD CGAJS);

2) the aircraft is not equipped with radio.

Note 1.— Standards for nationality, common and registration marks to be used are contained in Annex 7, Chapter 2.

Note 2.— Provisions for the use of radiotelephony call signs are contained in Annex 10, Volume II, Chapter 5. ICAO designators and telephony designators for aircraft operating agencies are contained in Doc 8585 — Designators for Aircraft Operating Agencies, Aeronautical Authorities and Services.

ITEM 8: FLIGHT RULES AND TYPE OF FLIGHT (ONE OR TWO CHARACTERS)

Flight rules

INSERT one of the following letters to denote the category of flight rules with which the pilot intends to comply:

I if it is intended that the entire flight will be operated under the IFR
V if it is intended that the entire flight will be operated under the VFR
Y if the flight initially will be operated under the IFR, followed by one or more subsequent changes of flight rules or
Z if the flight initially will be operated under the VFR, followed by one or more subsequent changes of flight rules

Specify in Item 15 the point or points at which a change of flight rules is planned.

Type of flight

INSERT one of the following letters to denote the type of flight when so required by the appropriate ATS authority:

S if scheduled air service
N if non-scheduled air transport operation
G if general aviation
M if military
X if other than any of the defined categories above.

Specify status of a flight following the indicator STS in Item 18, or when necessary to denote other reasons for specific handling by ATS, indicate the reason following the indicator RMK in Item 18.

ITEM 9: NUMBER AND TYPE OF AIRCRAFT AND WAKE TURBULENCE CATEGORY

Number of aircraft (1 or 2 characters)

INSERT the number of aircraft, if more than one.

Type of aircraft (2 to 4 characters)

INSERT the appropriate designator as specified in ICAO Doc 8643, *Aircraft Type Designators*,

OR, if no such designator has been assigned, or in case of formation flights comprising more than one type,

INSERT ZZZZ, and *SPECIFY* in Item 18, the (numbers and) type(s) of aircraft preceded by TYP/ .

Wake turbulence category (1 character)

INSERT an oblique stroke followed by one of the following letters to indicate the wake turbulence category of the aircraft:

H — HEAVY, to indicate an aircraft type with a maximum certificated take-off mass of 136 000 kg or more;

M — MEDIUM, to indicate an aircraft type with a maximum certificated take-off mass of less than 136 000 kg but more than 7 000 kg;

L — LIGHT, to indicate an aircraft type with a maximum certificated take-off mass of 7 000 kg or less.

ITEM 10: EQUIPMENT AND CAPABILITIES

Capabilities comprise the following elements:

a) presence of relevant serviceable equipment on board the aircraft;

b) equipment and capabilities commensurate with flight crew qualifications; and

c) where applicable, authorization from the appropriate authority.

Radiocommunication, navigation and approach aid equipment and capabilities

INSERT one letter as follows:

N if no COM/NAV/approach aid equipment for the route to be flown is carried, or the equipment is unserviceable,

OR S if standard COM/NAV/approach aid equipment for the route to be flown is carried and serviceable *(see Note 1)*,

AND/OR

INSERT one or more of the following letters to indicate the serviceable COM/NAV/approach aid equipment and capabilities available:

A	GBAS landing system	J6	CPDLC FANS 1/A SATCOM (MTSAT)
B	LPV (APV with SBAS)	J7	CPDLC FANS 1/A SATCOM (Iridium)
C	LORAN C	K	MLS
D	DME	L	ILS
E1	FMC WPR ACARS	M1	ATC RTF SATCOM (INMARSAT)
E2	D-FIS ACARS	M2	ATC RTF (MTSAT)
E3	PDC ACARS	M3	ATC RTF (Iridium)
F	ADF	O	VOR
G	GNSS *(See Note 2)*	P1–P9	Reserved for RCP
H	HF RTF	R	PBN approved *(See Note 4)*
I	Inertial Navigation	T	TACAN
J1	CPDLC ATN VDL Mode 2 *(See Note 3)*	U	UHF RTF
J2	CPDLC FANS 1/A HFDL	V	VHF RTF
J3	CPDLC FANS 1/A VDL Mode 4	W	RVSM approved
J4	CPDLC FANS 1/A VDL Mode 2	X	MNPS approved
J5	CPDLC FANS 1/A SATCOM (INMARSAT)	Y	VHF with 8.33 kHz channel spacing capability
		Z	Other equipment carried or other capabilities *(See Note 5)*

Any alphanumeric characters not indicated above are reserved.

Note 1.— If the letter S is used, standard equipment is considered to be VHF RTF, VOR and ILS, unless another combination is prescribed by the appropriate ATS authority.

Note 2.— If the letter G is used, the types of external GNSS augmentation, if any, are specified in Item 18 following the indicator NAV/ and separated by a space.

Note 3.— See RTCA/EUROCAE Interoperability Requirements Standard for ATN Baseline 1 (ATN B1 INTEROP Standard – DO-280B/ED-110B) for data link services air traffic control clearance and information/air traffic control communications management/air traffic control microphone check.

Note 4.— If the letter R is used, the performance-based navigation levels that can be met are specified in Item 18 following the indicator PBN/. Guidance material on the application of performance-based navigation to a specific route segment, route or area is contained in the Performance-based Navigation (PBN) Manual (Doc 9613).

Note 5.— If the letter Z is used, specify in Item 18 the other equipment carried or other capabilities, preceded by COM/ , NAV/ and/or DAT, as appropriate.

Note 6.— Information on navigation capability is provided to ATC for clearance and routing purposes.

Surveillance equipment and capabilities

INSERT N if no surveillance equipment for the route to be flown is carried, or the equipment is unserviceable,

OR

INSERT one or more of the following descriptors, to a maximum of 20 characters, to describe the serviceable surveillance equipment and/or capabilities on board:

SSR Modes A and C

A Transponder — Mode A (4 digits — 4 096 codes)
C Transponder — Mode A (4 digits — 4 096 codes) and Mode C

SSR Mode S

E Transponder — Mode S, including aircraft identification, pressure-altitude and extended squitter (ADS-B) capability
H Transponder — Mode S, including aircraft identification, pressure-altitude and enhanced surveillance capability
I Transponder — Mode S, including aircraft identification, but no pressure-altitude capability
L Transponder — Mode S, including aircraft identification, pressure-altitude, extended squitter (ADS-B) and enhanced surveillance capability
P Transponder — Mode S, including pressure-altitude, but no aircraft identification capability
S Transponder — Mode S, including both pressure altitude and aircraft identification capability
X Transponder — Mode S with neither aircraft identification nor pressure-altitude capability

Note.— Enhanced surveillance capability is the ability of the aircraft to down-link aircraft derived data via a Mode S transponder.

ADS-B

B1 ADS-B with dedicated 1 090 MHz ADS-B "out" capability
B2 ADS-B with dedicated 1 090 MHz ADS-B "out" and "in" capability
U1 ADS-B "out" capability using UAT
U2 ADS-B "out" and "in" capability using UAT
V1 ADS-B "out" capability using VDL Mode 4
V2 ADS-B "out" and "in" capability using VDL Mode 4

ADS-C

D1 ADS-C with FANS 1/A capabilities
G1 ADS-C with ATN capabilities

Alphanumeric characters not indicated above are reserved.

Example: ADE3RV/HB2U2V2G1

Note.— Additional surveillance application should be listed in Item 18 following the indicator SUR/ .

ITEM 13: DEPARTURE AERODROME AND TIME (8 CHARACTERS)

INSERT the ICAO four-letter location indicator of the departure aerodrome as specified in Doc 7910, *Location Indicators*,

OR, if no location indicator has been assigned,

INSERT ZZZZ and *SPECIFY*, in Item 18, the name and location of the aerodrome preceded by DEP/ ,

OR, the first point of the route or the marker radio beacon preceded by DEP/…, if the aircraft has not taken off from the aerodrome,

OR, if the flight plan is received from an aircraft in flight,

INSERT AFIL, and *SPECIFY*, in Item 18, the ICAO four-letter location indicator of the location of the ATS unit from which supplementary flight plan data can be obtained, preceded by DEP/ .

THEN, WITHOUT A SPACE,

INSERT for a flight plan submitted before departure, the estimated off-block time (EOBT),

OR, for a flight plan received from an aircraft in flight, the actual or estimated time over the first point of the route to which the flight plan applies.

ITEM 15: ROUTE

INSERT the *first cruising speed* as in (a) and the *first cruising level* as in (b), without a space between them.

THEN, following the arrow, *INSERT* the route description as in (c).

(a) Cruising speed (maximum 5 characters)

INSERT the *True airspeed* for the first or the whole cruising portion of the flight, in terms of:

Kilometres per hour, expressed as K followed by 4 figures (e.g. K0830), *or*

Knots, expressed as N followed by 4 figures (e.g. N0485), *or*

True Mach number, when so prescribed by the appropriate ATS authority, to the nearest hundredth of unit Mach, expressed as M followed by 3 figures (e.g. M082).

(b) Cruising level (maximum 5 characters)

INSERT the planned cruising level for the first or the whole portion of the route to be flown, in terms of:

Flight level, expressed as F followed by 3 figures (e.g. F085; F330), *or*

**Standard metric level in tens of metres,* expressed as S followed by 4 figures (e.g. S1130), *or*

Altitude in hundreds of feet, expressed as A followed by 3 figures (e.g. A045; A100), *or*

* When so prescribed by the appropriate ATS authorities.

Altitude in tens of metres, expressed as M followed by 4 figures (e.g. M0840), *or*

for uncontrolled VFR flights, the letters VFR.

(c) Route (including changes of speed, level and/or flight rules)

Flights along designated ATS routes

INSERT, if the departure aerodrome is located on or connected to the ATS route, the designator of the first ATS route,

OR, if the departure aerodrome is not on or connected to the ATS route, the letters DCT followed by the point of joining the first ATS route, followed by the designator of the ATS route.

THEN

INSERT each point at which either a change of speed and/or level is planned to commence, or a change of ATS route, and/or a change of flight rules is planned,

Note.— When a transition is planned between a lower and upper ATS route and the routes are oriented in the same direction, the point of transition need not be inserted.

FOLLOWED IN EACH CASE

by the designator of the next ATS route segment, even if the same as the previous one,

OR by DCT, if the flight to the next point will be outside a designated route, unless both points are defined by geographical coordinates.

Flights outside designated ATS routes

INSERT points normally not more than 30 minutes flying time or 370 km (200 NM) apart, including each point at which a change of speed or level, a change of track, or a change of flight rules is planned.

OR, when required by appropriate ATS authority(ies),

DEFINE the track of flights operating predominantly in an east-west direction between 70°N and 70°S by reference to significant points formed by the intersections of half or whole degrees of latitude with meridians spaced at intervals of 10 degrees of longitude. For flights operating in areas outside those latitudes the tracks shall be defined by significant points formed by the intersection of parallels of latitude with meridians normally spaced at 20 degrees of longitude. The distance between significant points shall, as far as possible, not exceed one hour's flight time. Additional significant points shall be established as deemed necessary.

For flights operating predominantly in a north-south direction, define tracks by reference to significant points formed by the intersection of whole degrees of longitude with specified parallels of latitude which are spaced at 5 degrees.

INSERT DCT between successive points unless both points are defined by geographical coordinates or by bearing and distance.

USE ONLY the conventions in (1) to (5) below and *SEPARATE* each sub-item by a space.

(1) | ATS route (2 to 7 characters) |

The coded designator assigned to the route or route segment including, where appropriate, the coded designator assigned to the standard departure or arrival route (e.g. BCN1, Bl, R14, UB10, KODAP2A).

Note.— Provisions for the application of route designators are contained in Annex 11, Appendix 1.

(2) | Significant point (2 to 11 characters) |

The coded designator (2 to 5 characters) assigned to the point (e.g. LN, MAY, HADDY),

or, if no coded designator has been assigned, one of the following ways:

— *Degrees only* (7 characters):

2 figures describing latitude in degrees, followed by "N" (North) or "S" (South), followed by 3 figures describing longitude in degrees, followed by "E" (East) or "W" (West). Make up the correct number of figures, where necessary, by insertion of zeros, e.g. 46N078W.

— *Degrees and minutes* (11 characters):

4 figures describing latitude in degrees and tens and units of minutes followed by "N" (North) or "S" (South), followed by 5 figures describing longitude in degrees and tens and units of minutes, followed by "E" (East) or "W" (West). Make up the correct number of figures, where necessary, by insertion of zeros, e.g. 4620N07805W.

— *Bearing and distance from a reference point*:

The identification of the reference point, followed by the bearing from the point in the form of 3 figures giving degrees magnetic, followed by the distance from the point in the form of 3 figures expressing nautical miles. In areas of high latitude where it is determined by the appropriate authority that reference to degrees magnetic is impractical, degrees true may be used. Make up the correct number of figures, where necessary, by insertion of zeros — e.g. a point 180° magnetic at a distance of 40 nautical miles from VOR "DUB" should be expressed as DUB180040.

(3) | Change of speed or level (maximum 21 characters) |

The point at which a change of speed (5% TAS or 0.01 Mach or more) or a change of level is planned to commence, expressed exactly as in (2) above, followed by an *oblique stroke and both the cruising speed and the cruising level*, expressed exactly as in (a) and (b) above, without a space between them, *even when only one of these quantities will be changed.*

Examples:
LN/N0284A045
MAY/N0305Fl80
HADDY/N0420F330
4602N07805W/N0500F350
46N078W/M082F330
DUB180040/N0350M0840

(4) Change of flight rules (maximum 3 characters)

The point at which the change of flight rules is planned, expressed exactly as in (2) or (3) above as appropriate, *followed by a space and one of the following*:

VFR if from IFR to VFR
IFR if from VFR to IFR

Examples: LN VFR
LN/N0284A050 IFR

(5) Cruise climb (maximum 28 characters)

The letter C followed by an *oblique stroke*; *THEN the point at which cruise climb is planned to start*, expressed exactly as in (2) above, *followed by an oblique stroke; THEN the speed to be maintained during cruise climb*, expressed exactly as in (a) above, followed by *the two levels defining the layer to be occupied during cruise climb*, each level expressed exactly as in (b) above, *or the level above which cruise climb is planned followed by the letters PLUS*, without a space between them.

Examples: C/48N050W/M082F290F350
C/48N050W/M082F290PLUS
C/52N050W/M220F580F620.

ITEM 16: DESTINATION AERODROME AND TOTAL ESTIMATED ELAPSED TIME, DESTINATION ALTERNATE AERODROME(S)

Destination aerodrome and total estimated elapsed time (8 characters)

INSERT the ICAO four-letter location indicator of the destination aerodrome as specified in Doc 7910, *Location Indicators*,

OR, if no location indicator has been assigned,

INSERT ZZZZ and *SPECIFY* in Item 18 the name and location of the aerodrome, preceded by DEST/ .

THEN WITHOUT A SPACE

INSERT the total estimated elapsed time.

Note.— For a flight plan received from an aircraft in flight, the total estimated elapsed time is the estimated time from the first point of the route to which the flight plan applies to the termination point of the flight plan.

Destination alternate aerodrome(s)

INSERT the ICAO four-letter location indicator(s) of not more than two destination alternate aerodromes, as specified in Doc 7910, *Location Indicators*, separated by a space,

OR, if no location indicator has been assigned to the destination alternate aerodrome(s),

INSERT ZZZZ and SPECIFY in Item 18 the name and location of the destination alternate aerodrome(s), preceded by ALTN/ .

ITEM 18: OTHER INFORMATION

Note.— Use of indicators not included under this item may result in data being rejected, processed incorrectly or lost.

Hyphens or oblique strokes should only be used as prescribed below.

INSERT 0 (zero) if no other information,

OR, any other necessary information in the sequence shown hereunder, in the form of the appropriate indicator selected from those defined hereunder followed by an oblique stroke and the information to be recorded:

STS/ Reason for special handling by ATS, e.g. a search and rescue mission, as follows:

ALTRV:	for a flight operated in accordance with an altitude reservation;
ATFMX:	for a flight approved for exemption from ATFM measures by the appropriate ATS authority;
FFR:	fire-fighting;
FLTCK:	flight check for calibration of navaids;
HAZMAT:	for a flight carrying hazardous material;
HEAD:	a flight with Head of State status;
HOSP:	for a medical flight declared by medical authorities;
HUM:	for a flight operating on a humanitarian mission;
MARSA:	for a flight for which a military entity assumes responsibility for separation of military aircraft;
MEDEVAC:	for a life critical medical emergency evacuation;
NONRVSM:	for a non-RVSM capable flight intending to operate in RVSM airspace;
SAR:	for a flight engaged in a search and rescue mission; and
STATE:	for a flight engaged in military, customs or police services.

Other reasons for special handling by ATS shall be denoted under the designator RMK/.

PBN/ Indication of RNAV and/or RNP capabilities. Include as many of the descriptors below, as apply to the flight, up to a maximum of 8 entries, i.e. a total of not more than 16 characters.

	RNAV SPECIFICATIONS
A1	RNAV 10 (RNP 10)
B1	RNAV 5 all permitted sensors
B2	RNAV 5 GNSS
B3	RNAV 5 DME/DME
B4	RNAV 5 VOR/DME
B5	RNAV 5 INS or IRS
B6	RNAV 5 LORANC
C1	RNAV 2 all permitted sensors
C2	RNAV 2 GNSS
C3	RNAV 2 DME/DME
C4	RNAV 2 DME/DME/IRU
D1	RNAV 1 all permitted sensors
D2	RNAV 1 GNSS
D3	RNAV 1 DME/DME
D4	RNAV 1 DME/DME/IRU
	RNP SPECIFICATIONS
L1	RNP 4
O1	Basic RNP 1 all permitted sensors
O2	Basic RNP 1 GNSS
O3	Basic RNP 1 DME/DME
O4	Basic RNP 1 DME/DME/IRU
S1	RNP APCH
S2	RNP APCH with BARO-VNAV
T1	RNP AR APCH with RF (special authorization required)
T2	RNP AR APCH without RF (special authorization required)

Combinations of alphanumeric characters not indicated above are reserved.

NAV/ Significant data related to navigation equipment, other than specified in PBN/, as required by the appropriate ATS authority. Indicate GNSS augmentation under this indicator, with a space between two or more methods of augmentation, e.g. NAV/GBAS SBAS.

COM/ Indicate communications applications or capabilities not specified in Item 10 a).

DAT/ Indicate data applications or capabilities not specified in 10 a).

SUR/ Include surveillance applications or capabilities not specified in Item 10 b).

DEP/ Name and location of departure aerodrome, if ZZZZ is inserted in Item 13, or the ATS unit from which supplementary flight plan data can be obtained, if AFIL is inserted in Item 13. For aerodromes not listed in the relevant Aeronautical Information Publication, indicate location as follows:

With 4 figures describing latitude in degrees and tens and units of minutes followed by "N" (North) or "S" (South), followed by 5 figures describing longitude in degrees and tens and units of minutes, followed by "E"

(East) or "W" (West). Make up the correct number of figures, where necessary, by insertion of zeros, e.g. 4620N07805W (11 characters).

OR, Bearing and distance from the nearest significant point, as follows:

The identification of the significant point followed by the bearing from the point in the form of 3 figures giving degrees magnetic, followed by the distance from the point in the form of 3 figures expressing nautical miles. In areas of high latitude where it is determined by the appropriate authority that reference to degrees magnetic is impractical, degrees true may be used. Make up the correct number of figures, where necessary, by insertion of zeros, e.g. a point of 180° magnetic at a distance of 40 nautical miles from VOR "DUB" should be expressed as DUB180040.

OR, The first point of the route (name or LAT/LONG) or the marker radio beacon, if the aircraft has not taken off from an aerodrome.

DEST/ Name and location of destination aerodrome, if ZZZZ is inserted in Item 16. For aerodromes not listed in the relevant Aeronautical Information Publication, indicate location in LAT/LONG or bearing and distance from the nearest significant point, as described under DEP/ above.

DOF/ The date of flight departure in a six-figure format (YYMMDD, where YY equals the year, MM equals the month and DD equals the day).

REG/ The nationality or common mark and registration mark of the aircraft, if different from the aircraft identification in Item 7.

EET/ Significant points or FIR boundary designators and accumulated estimated elapsed times from take-off to such points or FIR boundaries, when so prescribed on the basis of regional air navigation agreements, or by the appropriate ATS authority.

Examples: EET/CAP0745 XYZ0830
EET/EINN0204

SEL/ SELCAL Code, for aircraft so equipped.

TYP/ Type(s) of aircraft, preceded if necessary without a space by number(s) of aircraft and separated by one space, if ZZZZ is inserted in Item 9.

Example: TYP/2F15 5F5 3B2

CODE/ Aircraft address (expressed in the form of an alphanumerical code of six hexadecimal characters) when required by the appropriate ATS authority. Example: "F00001" is the lowest aircraft address contained in the specific block administered by ICAO.

DLE/ Enroute delay or holding, insert the significant point(s) on the route where a delay is planned to occur, followed by the length of delay using four-figure time in hours and minutes (hhmm).

Example: DLE/MDG0030

OPR/ ICAO designator or name of the aircraft operating agency, if different from the aircraft identification in item 7.

ORGN/ The originator's 8 letter AFTN address or other appropriate contact details, in cases where the originator of the flight plan may not be readily identified, as required by the appropriate ATS authority.

Note.— In some areas, flight plan reception centres may insert the ORGN/ identifier and originator's AFTN address automatically.

PER/ Aircraft performance data, indicated by a single letter as specified in the *Procedures for Air Navigation Services — Aircraft Operations* (PANS-OPS, Doc 8168), *Volume I — Flight Procedures*, if so prescribed by the appropriate ATS authority.

ALTN/ Name of destination alternate aerodrome(s), if ZZZZ is inserted in Item 16. For aerodromes not listed in the relevant Aeronautical Information Publication, indicate location in LAT/LONG or bearing and distance from the nearest significant point, as described in DEP/ above.

RALT/ ICAO four letter indicator(s) for en-route alternate(s), as specified in Doc 7910, *Location Indicators*, or name(s) of en-route alternate aerodrome(s), if no indicator is allocated. For aerodromes not listed in the relevant Aeronautical Information Publication, indicate location in LAT/LONG or bearing and distance from the nearest significant point, as described in DEP/ above.

TALT/ ICAO four letter indicator(s) for take-off alternate, as specified in Doc 7910, *Location Indicators*, or name of take-off alternate aerodrome, if no indicator is allocated. For aerodromes not listed in the relevant Aeronautical Information Publication, indicate location in LAT/LONG or bearing and distance from the nearest significant point, as described in DEP/ above.

RIF/ The route details to the revised destination aerodrome, followed by the ICAO four-letter location indicator of the aerodrome. The revised route is subject to reclearance in flight.

Examples: RIF/DTA HEC KLAX
RIF/ESP G94 CLA YPPH

RMK/ Any other plain-language remarks when required by the appropriate ATS authority or deemed necessary.

ITEM 19: SUPPLEMENTARY INFORMATION

Endurance

After E/ *INSERT* a 4-figure group giving the fuel endurance in hours and minutes.

Persons on board

After P/ *INSERT* the total number of persons (passengers and crew) on board, when required by the appropriate ATS authority. *INSERT* TBN (to be notified) if the total number of persons is not known at the time of filing.

Emergency and survival equipment

R/ (RADIO) *CROSS OUT* U if UHF on frequency 243.0 MHz is not available. *CROSS OUT* V if VHF on frequency 121.5 MHz is not available. *CROSS OUT* E if emergency locator transmitter (ELT) is not available.

S/ (SURVIVAL EQUIPMENT)	*CROSS OUT* all indicators if survival equipment is not carried. *CROSS OUT* P if polar survival equipment is not carried. *CROSS OUT* D if desert survival equipment is not carried. *CROSS OUT* M if maritime survival equipment is not carried. *CROSS OUT* J if jungle survival equipment is not carried.
J/ (JACKETS)	*CROSS OUT* all indicators if life jackets are not carried. *CROSS OUT* L if life jackets are not equipped with lights. *CROSS OUT* F if life jackets are not equipped with fluorescein. *CROSS OUT* U or V or both as in R/ above to indicate radio capability of jackets, if any.
D/ (DINGHIES) (NUMBER)	*CROSS OUT* indicators D and C if no dinghies are carried, or *INSERT* number of dinghies carried; and
(CAPACITY)	*INSERT* total capacity, in persons, of all dinghies carried; and
(COVER)	*CROSS OUT* indicator C if dinghies are not covered; and
(COLOUR)	*INSERT* colour of dinghies if carried.
A/ (AIRCRAFT COLOUR AND MARKINGS)	*INSERT* colour of aircraft and significant markings.
N/ (REMARKS)	*CROSS OUT* indicator N if no remarks, or *INDICATE* any other survival equipment carried and any other remarks regarding survival equipment.
C/ (PILOT)	*INSERT* name of pilot-in-command.

2.3 Filed by

INSERT the name of the unit, agency or person filing the flight plan.

2.4 Acceptance of the flight plan

Indicate acceptance of the flight plan in the manner prescribed by the appropriate ATS authority.

2.5 Instructions for insertion of COM data

Items to be completed

COMPLETE the top two shaded lines of the form, and *COMPLETE* the third shaded line only when necessary, in accordance with the provisions in PANS-ATM, Chapter 11, 11.2.1.2, unless ATS prescribes otherwise.

3. Instructions for the transmission of a filed flight plan (FPL) message

Correction of obvious errors

Unless otherwise prescribed, *CORRECT* obvious format errors and/or omissions (i.e. oblique strokes) to ensure adherence as specified in Section 2.

Items to be transmitted

TRANSMIT items as indicated hereunder, unless otherwise prescribed:

a) the items in the shaded lines, above Item 3;

b) commencing with <<≡ (FPL of Item 3:

all symbols and data in the unshaded boxes down to the)<<≡ at the end of Item 18,

additional alignment functions as necessary to prevent the inclusion of more than 69 characters in any line of Items 15 or 18. The alignment function is to be inserted only in lieu of a space so as not to break up a group of data,

letter shifts and figure shifts (not preprinted on the form) as necessary;

c) the AFTN Ending, as described below:

End-of-Text Signal

a) one LETTER SHIFT

b) two CARRIAGE RETURNS, one LINE FEED

Page-feed Sequence

Seven LINE FEEDS

End-of-Message Signal

Four of the letter N.

4. Instructions for the transmission of a supplementary flight plan (SPL) message

Items to be transmitted

Transmit items as indicated hereunder, unless otherwise prescribed:

a) AFTN Priority Indicator, Addressee Indicators <<≡, Filing Time, Originator Indicator <<≡ and, if necessary, specific identification of addressees and/or originator;

b) commencing with <<≡ (SPL:

all symbols and data in the unshaded areas of boxes 7, 13, 16 and 18, except that the ')' at the end of box 18 is *not* to be transmitted, and then the symbols in the unshaded area of box 19 down to and including the)<<≡ of box 19,

additional alignment functions as necessary to prevent the inclusion of more than 69 characters in any line of Items 18 and 19. The alignment function is to be inserted only in lieu of a space so as not to break up a group of data, letter shifts and figure shifts (not preprinted on the form) as necessary;

c) the AFTN Ending, as described below:

End-of-Text Signal

a) one LETTER SHIFT

b) two CARRIAGE RETURNS, one LINE FEED

Page-feed Sequence

Seven LINE FEEDS

End-of-Message Signal

Four of the letter N.

5. Example of a completed flight plan form

FLIGHT PLAN
PLAN DE VOL

PRIORITY / Priorité: ≪≡ FF ➔

ADDRESSEE(S) / Destinataire(s):
EHAA ZQZX EBURZQZX EDDYZQZX LFFFZQZX
LFRR ZQZX LFBBZQZX LECMZQZX LPPCZQZX
≪≡

FILING TIME / Heure de dépôt: 1 9 0 8 3 6 ➔ ORIGINATOR / Expéditeur: E H A M Z P Z X ≪≡

SPECIFIC IDENTIFICATION OF ADDRESSEE(S) AND/OR ORIGINATOR
Identification précise du(des) destinataire(s) et/ou de l'expéditeur

3 MESSAGE TYPE / Type de message: ≪≡ (FPL
7 AIRCRAFT IDENTIFICATION / Identification de l'aéronef: — A C F 4 0 2
8 FLIGHT RULES / Règles de vol: — I
TYPE OF FLIGHT / Type de vol: N ≪≡

9 NUMBER / Nombre: —
TYPE OF AIRCRAFT / Type d'aéronef: E A 3 0
WAKE TURBULENCE CAT. / Cat. de turbulence de sillage: / H
10 EQUIPMENT / Équipement: — S /C ≪≡

13 DEPARTURE AERODROME / Aérodrome de départ: — E H A M
TIME / Heure: 0 9 4 0 ≪≡

15 CRUISING SPEED / Vitesse croisière: — K 0 8 3 0
LEVEL / Niveau: F 2 9 0
ROUTE / Route: ➔ LEK2B LEK UA6 XMM/M078 F330
UA6 PON URION CHW UA5 NTS DCT 4611N00412W
DCT STG UA5 FTM FATIM1A
≪≡

16 DESTINATION AERODROME / Aérodrome de destination: — L P P T
TOTAL EET / Durée totale estimée HR MIN: 0 2 3 0
ALTN AERODROME / Aérodrome de dégagement: ➔ L P P R
2ND ALTN AERODROME / 2ᵉ aérodrome de dégagement: ➔ ≪≡

18 OTHER INFORMATION / Renseignements divers:
— REG/FBVGA SEL/EJFL
EET/LPPC0158
)≪≡

SUPPLEMENTARY INFORMATION (NOT TO BE TRANSMITTED IN FPL MESSAGES)
Renseignements complémentaires (À NE PAS TRANSMETTRE DANS LES MESSAGES DE PLAN DE VOL DÉPOSÉ)

19 ENDURANCE / Autonomie HR MIN: — E/ 0 3 4 5
PERSONS ON BOARD / Personnes à bord: ➔ P/ 3 0 0
EMERGENCY RADIO / Radio de secours: ➔ R/ UHF U VHF V ELT E

SURVIVAL EQUIPMENT/Équipement de survie: ➔ S / POLAR Polaire ~~P~~ DESERT Désert ~~D~~ MARITIME Maritime M JUNGLE Jungle ~~J~~
JACKETS/Gilets de sauvetage: ➔ J / LIGHT Lampes L FLUORES Fluores F UHF ~~U~~ VHF ~~V~~

DINGHIES/Canots
NUMBER / Nombre: ➔ D/ 1 1 CAPACITY / Capacité: ➔ 3 3 0 COVER / Couverture: ➔ C COLOUR / Couleur: ➔ YELLOW ≪≡

AIRCRAFT COLOUR AND MARKINGS / Couleur et marques de l'aéronef
A/ WHITE

REMARKS / Remarques
➔ ~~N~~/ ≪≡

PILOT-IN-COMMAND / Pilote commandant de bord
C/ DENKE)≪≡

FILED BY / Déposé par: AIR CHARTER INT.

SPACE RESERVED FOR ADDITIONAL REQUIREMENTS
Espace réservé à des fins supplémentaires

6. ICAO model repetitive flight plan (RPL) listing form

REPETITIVE FLIGHT PLAN LISTING

A OPERATOR	B ADDRESSEE(S)	C DEPARTURE AERODROME(S)	D DATE - - - - - - - yymmdd	E SERIAL NO. - - - - -	F PAGE OF - - / - -
			G SUPPLEMENTARY DATA (Item 19) AT:		

H	I	J	K							L	M	N	O			P		Q
	VALID FROM	VALID UNTIL	DAYS OF OPERATION							AIRCRAFT IDENTIFI-CATION (Item 7)	TYPE OF AIRCRAFT AND WAKE TURBULENCE CATEGORY (Item 9)	DEPARTURE AERODROME AND TIME (Item 13)	ROUTE (Item 15)			DESTINATION AERODROME AND TOTAL ESTIMATED ELAPSED TIME (Item 16)		
+ –	yymmdd	yymmdd	1	2	3	4	5	6	7				CRUISING SPEED	LEVEL	ROUTE			REMARKS

7. Instructions for the completion of the repetitive flight plan (RPL) listing form

7.1 General

List only flight plans that will operate in accordance with IFR. (Flight rules I in FPL format).

It is assumed that all aircraft are operating as scheduled flights (Type of flight S in FPL format), otherwise *notify* in Q (Remarks).

It is assumed that all aircraft operating on RPLs are equipped with 4 096-code transponders with Modes A and C. Otherwise, *notify* in Q (Remarks).

List flight plans in *alphabetical order of the location indicator of the departure aerodrome.*

List flight plans for each departure aerodrome in chronological order of estimated off-block times.

Adhere closely to the data conventions as indicated for the Flight Plan Form (Appendix 3, 1.6) unless otherwise specifically indicated in 7.4.

Insert all clock times in 4 figures UTC.

Insert all estimated elapsed times in 4 figures (hours and minutes).

Insert data on a separate line for each segment of operations with one or more stops, i.e. from any departure aerodrome to the next destination aerodrome even though call sign or flight number is the same for multiple segments.

Clearly identify additions and deletions in accordance with Item H at 7.4. Subsequent listings shall list the corrected and added data, and deleted flight plans shall be omitted.

Number pages by indicating number of page and total number of pages in submission.

Utilize more than one line for any RPL where the space provided for items O and Q on one line is not sufficient.

7.2 A flight shall be cancelled as follows:

a) indicate a minus sign in Item H followed by all other items of the cancelled flight;

b) insert a subsequent entry denoted by a plus sign in Item H and the date of the last flight in Item J, with all other items of the cancelled flight unchanged.

7.3 Modification to a flight shall be made as follows:

a) carry out the cancellation as indicated in 7.2; and

b) insert a third entry giving the new flight plan(s) with the appropriate items modified as necessary, including the new validity dates in Items I and J.

Note.— All entries related to the same flight will be inserted in succession in the order specified above.

7.4 Instructions for insertion of RPL data

Complete Items A to Q as indicated hereunder.

ITEM A: OPERATOR

INSERT name of operator.

ITEM B: ADDRESSEE(S)

INSERT name of agency(ies) designated by States to administer RPLs for FIRs or areas of responsibility concerned with the route of flight.

ITEM C: DEPARTURE AERODROME(S)

INSERT location indicator(s) of departure aerodrome(s).

ITEM D: DATE

INSERT on each page of submission the date (year, month, day) in a 6-figure group that the listing was submitted.

ITEM E: SERIAL NO.

INSERT serial number of submission (2 numerics) indicating last two digits of year, a dash, and the sequential no. of the submission for the year indicated (start with numeral 1 each new year).

ITEM F: PAGE OF

INSERT page number and total number of pages submitted.

ITEM G: SUPPLEMENTARY DATA AT

INSERT name and appropriate contact details of entity where information normally provided under Item 19 of the FPL is kept readily available and can be supplied without delay.

ITEM H: ENTRY TYPE

INSERT a minus sign (–) for each flight plan that is to be deleted from the listing.

INSERT a plus sign (+) for each initial listing and, in the case of subsequent submissions, for each flight plan not listed in the previous submission.

Note.— No information is required under this item for any flight plan which is unchanged from the previous submission.

ITEM I: VALID FROM

INSERT first date (year, month, day) upon which the flight is scheduled to operate.

ITEM J: VALID UNTIL

INSERT last date (year, month, day) upon which the flight is scheduled to operate as listed, or

UFN if the duration is unknown.

ITEM K: DAYS OF OPERATION

INSERT number corresponding to the day of the week in the appropriate column;
Monday = 1 through Sunday = 7.

INSERT 0 for each day of non-operation in the appropriate column.

ITEM L: AIRCRAFT IDENTIFICATION

(Item 7 of the ICAO flight plan)

INSERT aircraft identification to be used for the flight.

ITEM M: TYPE OF AIRCRAFT AND WAKE TURBULENCE CATEGORY

(Item 9 of the ICAO flight plan)

INSERT appropriate ICAO designator as specified in ICAO Doc 8643 — *Aircraft Type Designators.*

INSERT H, M or L indicator as appropriate:

H — HEAVY to indicate an aircraft type with a maximum certificated take-off mass of 136 000 kg or more,

M — MEDIUM to indicate an aircraft type with a maximum certificated take-off mass of less than 136 000 kg but more than 7 000 kg,

L — LIGHT to indicate an aircraft type with a maximum certificated take-off mass of 7 000 kg or less.

ITEM N: DEPARTURE AERODROME AND TIME

(Item 13 of the ICAO flight plan)

INSERT location indicator of the departure aerodrome.

INSERT the off-block time, i.e. the estimated time that the aircraft will commence movement associated with departure.

ITEM O: ROUTE

(Item 15 of the ICAO flight plan)

(a) Cruising speed

INSERT the true airspeed for the first or whole cruising portion of the flight in accordance with Item 15 (a) of the ICAO flight plan.

(b) Cruising level

INSERT the planned cruising level for the first or whole portion of the route in accordance with Item 15 (b) of the ICAO flight plan.

(c) Route

INSERT the entire route in accordance with Item 15 (c) of the ICAO flight plan.

ITEM P: DESTINATION AERODROME AND TOTAL ESTIMATED ELAPSED TIME

(Item 16 of the ICAO flight plan)

INSERT location indicator of the destination aerodrome.

INSERT the total estimated elapsed time.

ITEM Q: REMARKS

INSERT items of information as required by the appropriate ATS authority, items normally notified in Item 18 of the ICAO flight plan and any other information pertinent to the flight of concern to ATS.

8. Example of a completed repetitive flight plan (RPL) listing form

REPETITIVE FLIGHT PLAN LISTING

A OPERATOR	B ADDRESSEE(S)	C DEPARTURE AERODROME(S)	D DATE	E SERIAL NO.	F PAGE OF
BRITISH AIRWAYS	UK STORED FLIGHT PLAN OFFICE EGTXZBZX Chef de la Subdivision informatique 9 rue de Champagne 91205 Athismons France	EGLL	800305 ------- yymmdd	80 - 12 -- --	3 / 3 --/--
			G SUPPLEMENTARY DATA (Item 19) AT: BAW Briefing Office		

H + –	I VALID FROM yymmdd	J VALID UNTIL yymmdd	K DAYS OF OPERATION 1	2	3	4	5	6	7	L AIRCRAFT IDENTIFI-CATION (Item 7)	M TYPE OF AIRCRAFT AND WAKE TURBULENCE CATEGORY (Item 9)		N DEPARTURE AERODROME AND TIME (Item 13)		O ROUTE (Item 15) CRUISING SPEED	LEVEL	ROUTE	P DESTINATION AERODROME AND TOTAL ESTIMATED ELAPSED TIME (Item 16)		Q REMARKS
+	800401	811031	1	2	3	4	5	6	7	BAW004	HS21	M	EGLL	0700	N0440	F210	A1E UA1E DPE UA16 MAN	LFPG	0045	
+	800401	800731	1	2	3	4	5	6	7	BAW032	HS21	M	EGLL	1800	N0440	F210	A1E UA1E DPE UA16 MAN	LFPG	0045	
+	800801	811031	1	0	3	0	5	0	7	BAW032	HS21	M	EGLL	1800	N0440	F210	A1E UA1E DPE UA16 MAN	LFPG	0045	
+	800601	800930	0	0	0	0	0	0	7	BAW082	HS21	M	EGLL	1805	N0450	F270	A1S UA1S RBT UA3 MTL			
																	UA3W STP DCT GL	LFMN	0130	
–	800103	800930	0	0	0	0	0	6	7	BAW092	B737	M	EGLL	1810	N0430	F190	A1E UA1E DPE UA16 MAN	LFPG	0400	CHARTERED ACFT
+	800103	800315	0	0	0	0	0	6	7	BAW092	B737	M	EGLL	1810	N0430	F190	A1E UA1E DPE UA16 MAN	LFPG	0400	CHARTERED ACFT

Änderungen im ICAO Flugplanformat 2012

<u>Abgabezeitpunkt</u>:
Aktuell: FPL Abgabe nicht früher als 24h vor EOBT
Neue Regelung: FPL Abgabe nicht früher als 120 h vor EOBT

<u>Feld 7</u>:
Änderung: zukünftig keine Bindestriche mehr in der Aircraft Id erlaubt.

<u>Feld 10a (COM/NAV/APCH-Ausrüstung)</u>:

	ALT	NEU
A		GBAS Landing System (Ground-Based Augmentation System)
B		APV-SBAS (Approach mit satellitenbasierter Vertikalführung)
C	LORAN C	
D	DME (Entfernungsmessgerät)	
E1		FMC WPR ACARS (Waypoint reporting)
E2		D-FIS ACARS (Data Link flight information services)
E3		PDC ACARS
F	ADF (Radiokompass)	
G	GNSS (Global Navigation Satellite System)	ggf. in Item 18 bei NAV/ das System ergänzen
H	HF RTF (Kurzwellen-Sprechfunk)	
I	Trägheitsnavigation (Inertial Navigation)	
~~J~~	~~Datenverbindung (Data Link)~~	
J1		CPDLC ATN VDL Mode 2
J2		CPDLC ATN FANS 1/A HFDL
J3		CPDLC ATN FANS 1/A VDL Mode A
J4		CPDLC FANS 1/A VDL Mode 2
J5		CPDLC FANS 1/A SATCOM (INMARSAT)
J6		CPDLC FANS 1/A SATCOM (MTSAT)
J7		CPDLC FANS 1/A SATCOM (Iridium)
K	MLS (Micro Wave Landing System)	
L	ILS (Instrumentenlandesystem)	
~~M~~	~~Omega (Funknavigationssystem von 1968)~~	
M1		ATC RTF SATCOM (INMARSAT)
M2		ATC RTF (MTSAT)
M3		ATC RTF (Iridium)
N	keine COM/NAV/APCH Ausrüstung	
O	VOR (UKW-Drehfunkfeuer)	
P1-P9		reserviert für Required Communication Performance (RCP)
R	RNP (Required Navigational Performance)	PBN level sind in Feld 18 hinter PBN/ aufzulisten
S	ADF, ILS, VOR, VHF RTF	~~ADF~~
T	TACAN (militärisches VOR/DME)	
U	UHF RTF (Dezimeterwellen-Sprechfunk)	
V	VHF RTF (Ultrakurzwellen-Sprechfunk)	
W	Besondere Verwendung durch ATS	RVSM Zulassung
X	Besondere Verwendung durch ATS	MNPS Zulassung
Y	Besondere Verwendung durch ATS	VHF Sender 8.33 KHZ f. IFR-Flüge in bestimmten Lufträumen
Z	andere Ausrüstung	

Feld 10b (Surveillance-Ausrüstung):

	ALT	NEU
A	Transponder - Modus A (4 Ziffern - 4096 Kodes)	
B1		ADS-B auf 1090 MHz mit ADS-B-OUT
B2		ADS-B auf 1090 MHz mit ADS-B OUT & IN
C	Transponder - Modus A (4 Ziffern - 4096 Kodes) und Modus C	
~~D~~	~~ADS-Tauglichkeit~~	
D1		ADS-C mit FANS 1/A Fähigkeit
E		Transponder - Modus S mit Druckhöhenübermittlung und Übermittlung der Luftfahrzeugidentifizierung inklusive Extended Squitter (ES) für ADS-B
G		ADS-C mit ATN Fähigkeit
H		Transponder - Modus S mit Druckhöhenübermittlung und Übermittlung der Luftfahrzeugidentifizierung inklusive Enhanced Surveillance (A/C Data)
I	Transponder - Modus S mit Übermittlung der Luftfahrzeugidentifizierung, aber ohne Druckhöhenübermittlung	
L		Transponder - Modus S mit Druckhöhenübermittlung und Übermittlung der Luftfahrzeugidentifizierung inklusive ES & Enhanced Surveillance
N	keine vorhanden, oder funktionsuntüchtig	
P	Transponder - Modus S mit Druckhöhenübermittlung, aber ohne Übermittlung der Luftfahrzeugidentifizierung	
S	Transponder - Modus S mit Druckhöhenübermittlung und Übermittlung der Luftfahrzeugidentifizierung	
U1		ADS-B über UAT mit ADS-B-OUT
U2		ADS-B über UAT mit ADS-B-OUT & IN
V1		ADS-B über VDL4 mit ADS-B-OUT
V2		ADS-B über VDL4 mit ADS-B-OUT & IN
X	Transponder - Modus S ohne Übermittlung der Luftfahrzeugidentifizierung und ohne Druckhöhenübermittlung	

Feld 18 (Andere Angaben):

STS/	Änderung	Es sind nur folgende Einträge ohne Freitext zugelassen
	ALTRV	operated IAW altitude reservation
	ATFMX	approved for exemption from ATFM measures by ATS authority
	FFR	fire-fighting
	FLTCK	flight check for calibration of navaids
	HAZMAT	carrying hazardous material
	HEAD	Head of State status
	HOSP	medical flight declared by medical authorities

	HUM	operating on humanitarian mission
	MARSA	military entity assumes responsibility for separation of military aircraft
	MEDEVAC	life critical medical emergency evacuation
	NONRVSM	non-RVSM capable flight intending to operate in RVSM airspace
	SAR	engaged in search & rescue mission
	STATE	engaged in military, customs or police services
PBN/	NEU	Es sind bis zu 8 Einträge erlaubt (16 Zeichen)
	A1	RNAV 10 (RNP 10)
	B1	RNAV 5 all permitted sensors
	B2	RNAV 5 GNSS
	B3	RNAV 5 DME/DME
	B4	RNAV 5 VOR/DME
	B5	RNAV 5 INS OR IRS
	B6	RNAV 5 LORAN C
	C1	RNAV 2 all permitted sensors
	C2	RNAV 2 GNSS
	C3	RNAV 2 DME/DME
	C4	RNAV 2 DME/DME/IRU
	D1	RNAV 1 all permitted sensors
	D2	RNAV 1 GNSS
	D3	RNAV 1 DME/DME
	D4	RNAV 1 DME/DME/IRU
	L1	RNP 4
	O1	Basic RNP 1 all permitted sensors
	O2	Basic RNP 1 GNSS
	O3	Basic RNP 1 DME/DME
	O4	Basic RNP 1 DME/DME/IRU
	S1	RNP APCH
	S2	RNP APCH with barometric vertical navigation
	T1	RNP AR APCH with RF (authorization required)
	T2	RNP AR APCH without RF (authorization required)
NAV/	Änderung	Nur NAV-Kommunikationsfähigkeiten, die nicht bereits in PBN/ enthalten sind; GNSS Navigationsmethoden mit Trennzeichen trennen: z.B. NAV/GBAS SBAS
COM/	Änderung	Nur Funkkommunikationsfähigkeiten, die nicht bereits in Feld 10a enthalten sind.

DAT/	Änderung	Nur Datenkommunikationsfähigkeiten, die nicht bereits in Feld 10a enthalten sind.
SUR/	NEU	Nur Radarfähigkeiten, die nicht bereits in Feld 10b enthalten sind.
DEP/	Änderung	Name & Standort des Departure Aerodrome falls ZZZZ in Feld 13, falls Aerodrome nicht in AIP, dann Angabe von: 1. Latitude/longitude z.B. 4620N07805W (11 characters) - oder 2. Peilung und Entfernung von Navigationspunkt, z.B DUB180040 - oder 3. Erster Punkt der Route (Name oder lat/long) oder Zeichen der Funkbake
DOF/	NEU	Date of Flight - 6 Zeichen-Format (YYMMDD) z.B. DEP/110701 Falls der Start mehr als 24 h (max 120 h) voraus liegt, muss /DOF angegeben werden
REG/	Präzisierung	Nationalitäts oder allgemeines Registrierungszeichen des Luftfahrzeugs, falls nicht identisch mit der Aircraft Identification in Feld 7
EET/	Präzisierung	Akkumulierte Zeit vom Take-off bis zum angegebenen Punkt oder FIR-Grenze
SEL/	Präzisierung	SELCAL code, für Luftfahrzeuge mit entsprechender Ausrüstung
TYP/	Präzisierung	Falls ZZZZ in Feld 9, Typen der Luftfahrzeuge, davor bei mehreren Lfz die Anzahl ohne Trennung und die Einzelnennungen separiert durch jeweils ein BlankBeispiel: TYP/2F15 5F5 3B2
DLE/	NEU	DELAY - Angabe von signifikanten Streckenpunkten, an denen eine Verzögerung oder Warteschleifen geplant sind, gefolgt von der Zeit für das Delay im Format (HHMM) Beispiel: DLE/MDG0030
ORGN/	NEU	Die 8-buchstabige AFTN Adresse des Absenders oder andere Kontaktdaten, in Fällen wo der Absender eines FPL nicht ohne Weiteres identifiziert werden kann, falls von ATS gefordert
PER/	Präzisierung	Aircraft Performance Daten, definiert durch einen Einzelbuchstaben wie in PANS-OPS, Doc 8168, Volume I – Flight Procedures festgelegt, falls von ATS gefordert
ALTN/	Präzisierung	Name des Destination Alternate Aerodrome(s), falls ZZZZ in Feld 16 falls Aerodrome nicht in AIP, dann Angabe von: wie bei /DEP definiert
RALT/	Präzisierung	ICAO 4-Buchstaben-Indikator(en) für die Enroute Alternate(s), wie in Doc 7910 benannt, oder Name(en) der Enroute Alternate Aerodrome(s) falls Indikator oder Name dort nicht bekannt, dann Angabe von: wie bei /DEP definiert
TALT/	NEU	ICAO 4-Buchstaben-Indikator(en) für die Take-off Alternate(s), wie in Doc 7910 benannt, oder Name(en) der Take-off Alternate Aerodrome(s) falls Indikator oder Name dort nicht bekannt, dann Angabe von: wie bei /DEP definiert

Internetlinks

Europäische Agentur für Flugsicherheit	www.easa.europa.eu
Zivilluftfahrtbehörde Deutschland	www.lba.de
Zivilluftfahrtbehörde UK (CAP Dokumente)	www.caa.co.uk
Zivilluftfahrtbehörde USA	www.faa.gov
Bundesstelle für Flugunfall-untersuchung (BFU)	www.bfu-web.de
Deutsche Flugsicherung	ais.dfs.de
Eurocontrol EAD	ead-website.ead-it.com
Eurocontrol CFMU	www.cfmu.eurocontrol.int/
JAA Publikationen (OPS 1,3)	www.jaa.nl/publications/section1.html
Smartcockpit Website (Airliner Manuals)	www.smartcockpit.com
Skybrary Website (Aviation Safety)	www.skybrary.aero/landingpage
Professional Aviation Information Website	www.captainpilot.com
JQDB Fragen im Internet (interaktiv)	www.aviationtire.com

Literaturverzeichnis

Bücher

[1] Flight Planning and Monitoring, in Flight Performance & Planning 2, Oxford Aviation Lehrbuchreihe Band 7, vierte Auflage 2008, ISBN 978-1-904935-06-0.

[2] Flight Planning, Atlantic Flight Training - Band 11, JAA ATPL Lehrbuchreihe (Vertrieb durch Jeppesen), zweite Auflage 2007, ISBN 0-88487-361-4.

[3] Peter J. Swatton: GROUND STUDIES FOR PILOTS, FLIGHT PLANNING, Blackwell Science, Sixth Edition 2002, ISBN 0-632-05939-7, 264 Seiten.

Begleitmaterial zu den Prüfungen nach dem Syllabus

[4] Flight Planning Manual (Aeroplanes), CAP 697, JAR-FCL Examinations, Second Edition July 2006, CAA, PDF, 112 Seiten.

[5] Performance Manual (Aeroplanes), CAP 698, JAR-FCL Examinations, Third Edition September 2006, CAA, PDF, 98 Seiten.

Gesetzliche Vorschriften

[6] EU OPS 1: COMMISSION REGULATION (EC) No 8/2008 of 11 December 2007 amending Council Regulation (EEC) No 3922/91 as regards common technical requirements and administrative procedures applicable to commercial transportation by aeroplane, PDF, 206 Seiten.

[7] JAR-OPS 1: JAA Administrative & Guidance Material Section Four: Operations, Part Three: Temporary Guidance Leaflet (JAR-OPS) LEAFLET No 44: AMT 13 SECTION 2 UPDATED TO INCORPORATE SECTION 2 TEXT PROPOSALS FROM SUSPENDED JAA NPAs, Juni 2008, PDF, 188 Seiten.

[8] JAR OPS 1: SECTION 2 - ACCEPTABLE MEANS OF COMPLIANCE AND INTERPRETATIVE/EXPLANATORY MATERIAL (AMC & IEM), PDF, 184 Seiten.

[9] JAR-OPS 3: Commercial Air Transportation (Helicopters), Amendment 5, 1 July 2007, PDF, 195 Seiten.

[10] JAR-OPS 3: SECTION 2 - ACCEPTABLE MEANS OF COMPLIANCE AND INTERPRETATIVE/ EXPLANATORY MATERIAL (AMC & IEM), PDF, 152 Seiten.

Texte zum Thema (im Internet verfügbar)

[11] Getting to grips with aircraft performance, Airbus Flight Operations Support and Line Assistance, 2002, PDF, 216 Seiten.

[12] Getting to grips with fuel economy, Airbus Flight Operations Support and Line Assistance, 2004, PDF, 83 Seiten.

[13] Getting to grips with ETOPS, Airbus Flight Operations Support and Line Assistance, 1998 (Issue V), PDF, 201 Seiten.

[14] Getting to grips with the cost index, Airbus Flight Operations Support and Line Assistance, 1998 (Issue II), PDF, 108 Seiten.

[15] Jeppesen, Introduction to Jeppesen Navigation Charts, 2005, PDF, 118 Seiten.

[16] Extended Range Twin Operations (ETOPS), CAP 513, CAA, Dritte Ausgabe 2002, PDF, 46 Seiten.

[17] The UK Flight Planning Guide, CAP 694, Zweite Ausgabe 2006, PDF, 120 Seiten.

[18] Flight Data Monitoring, CAP 739, CAA, Erste Ausgabe 2003, PDF, 84 Seiten.

Weiterführende Literatur zum Thema Instrumentenflug

[19] FAA INSTRUMENT PROCEDURES HANDBOOK, FAA-H-8261-1A, PDF, 296 Seiten.

[20] The Pilots' Manual for Instrument Flying, ASA, ISBN 1-56027-415-8, 625 Seiten.

Handbücher und Infos zur Flugplanung

[21] INTEGRATED INITIAL FLIGHT PLAN PROCESSING SYSTEM, IFPS USERS MANUAL, Edition 14.2, Amendment date 03-Jan-2011, PDF, 512 Seiten.

[22] Jeppesen Enroute, ROUTE AVAILABILITY DOCUMENT (RAD) - EUROPE, 25. Dez. 2009, PDF, 94 Seiten.

Sonstiges

[23] K.Michikian, V.Hassitios: Cross-Atlantic Flights, The Real Thing.., Olympic Airways/Vatsim Europe, PDF, 70 Seiten.

Autor dieses Buches

Autor *Dipl.-Mathematiker Klaus L. Schulte* lebt in Köln. Nach dem Studium der Mathematik und Physik war er bei verschiedenen namhaften Unternehmen in der Softwarebranche tätig, als Systemprogrammierer, Projektleiter, Marketing und Produkt Manager, zwei Jahre arbeitete er in San Francisco, USA. Als Privatpilot ist er Autor weiterer Bücher zu Themen der Allgemeinen Luftfahrt und hat ferner über einhundert Fachbeiträge in Luftfahrtmagazinen veröffentlicht.

Bildnachweis

Der Verlag hat sich bemüht, sämtliche Rechteinhaber zu allen in diesem Buch verwendeten Fremdabbildungen (Fotos und Grafiken) ausfindig zu machen. Die jeweiligen Credits sind unmittelbar unter oder neben der jeweiligen Abbildung zu finden.
Alle Fotos, Grafiken, und sonstige Abbildungen ohne weitere Hinweise sind Werke des Autors.

Ergänzend die Angaben zu den Fotos von Vorder- und Rückseite des Buches:
Vorderseite: Im A320 über den Alpen (Foto: K.Schulte)
Rückseite linke Spalte:
Bild oben: Piper PA32 Lance (Quelle: planeimages.smugmug.com)
Bild Mitte: Piper PA31 Navajo (Quelle: controller.com)
Bild unten: B737 von EasyJet (Quelle: Wikipedia Commons)

Ergänzend die Angaben zu den Fotos der Abschnittstrennbilder:
S. 11: Boeing 747 auf dem Rollfeld in EDDF (Foto: D.Farsch)
S. 15: Marokkanische Küste (Quelle: www.austrianaviationart.org)
S. 233 (vor dem engl. Syllabus): EASA Turm in Köln (Foto: K.Schulte)
S. 249 (vor dem Anhang): Jumbolino im Anflug auf EDDK (Foto: K.Schulte)

Wo die Zuordnung zum jeweiligen Rechteinhaber nicht gelungen ist, sind die Abbildungen ggf. mit ‚Quelle unbekannt' und/oder mit ‚Urheber unbekannt' gekennzeichnet, je nachdem, ob die Quelle und/oder der Urheber nicht ermittelt werden konnte. Solche Abbildungen werden - sofern es sich nicht um fotografische Kunstwerke handelt - mangels besserer Information zugunsten der Verfügbarkeit für Studenten der Kategorie gemeinfrei (public domain) zugeordnet. Hinweise zu diesen Abbildungen werden dankend entgegen genommen.

Übersicht der Lehrbuchreihe nach PART-FCL

Die Lehrbuchreihe für Verkehrs- und Berufspiloten (ATPL, CPL) sowie Privatpiloten (PPL/IR, EIR, CB-IR) streng nach dem englischen FCL Syllabus und in deutscher Sprache.

Luftrecht

010 Air Law
478 Seiten, Format 18,9 x 24,6 cm
mit 176 Abbildungen u. 32 Tabellen
ISBN 978-3-942095-06-8 (Budgetversion, SW)
ISBN 978-3-942095-07-5 (Farbdruckversion)
ISBN 978-3-942095-54-9 (PC-PDF e-Book)

Flugzeugkunde

021.1 Aircraft General Knowledge
404 Seiten, Format 18,9 x 24,6 cm
mit 267 Abbildungen u. Tabellen
ISBN 978-3-942095-04-4 (Budgetversion, SW)
ISBN 978-3-942095-05-1 (Farbdruckversion)
ISBN 978-3-942095-53-2 (PC-PDF e-Book)

Triebwerkkunde

021.2 Aircraft General Knowledge - Powerplant
308 Seiten, Format 18,9 x 24,6 cm
mit 215 Abbildungen u. Tabellen
ISBN 978-3-9811404-8-4 (Budgetversion, SW)
ISBN 978-3-942095-03-7 (Farbdruckversion)
ISBN 978-3-942095-51-8 (PC-PDF e-Book)

Instrumentenkunde

022 Aircraft General Knowledge - Instrumentation
366 Seiten, Format 18,9 x 24,6 cm
mit 218 Abbildungen u. 8 Tabellen
ISBN 978-3-942095-16-7 (Budgetversion, SW)
ISBN 978-3-942095-17-4 (Farbdruckversion)
ISBN 978-3-942095-59-4 (PC-PDF e-Book)

Masse + Schwerpunktlage

031 Mass and Balance
196 Seiten, Format 18,9 x 24,6 cm
mit 87 Abbildungen. u. 10 Tabellen
ISBN 978-3-942095-08-2 (Budgetversion, SW)
ISBN 978-3-942095-09-9 (Farbdruckversion)
ISBN 978-3-942095-55-6 (PC-PDF e-Book)

Flugleistung von Flugzeugen

032 Performance of Aeroplanes
340 Seiten, Format 18,9 x 24,6 cm
mit 117 Fotos, Abb. u. 12 Tabellen
ISBN 978-3-942095-10-5 (Budgetversion, SW)
ISBN 978-3-942095-11-2 (Farbdruckversion)
ISBN 978-3-942095-56-3 (PC-PDF e-Book)

Flugplanung und Monitoring

033 Flight Planning and Monitoring
300 Seiten, Format 18,9 x 24,6 cm
mit 117 Abbildungen und Tabellen
ISBN 978-3-942095-12-9 (Budgetversion, SW)
ISBN 978-3-942095-13-6 (Farbdruckversion)
ISBN 978-3-942095-57-0 (PC-PDF e-Book)

Menschliches Leistungsvermögen

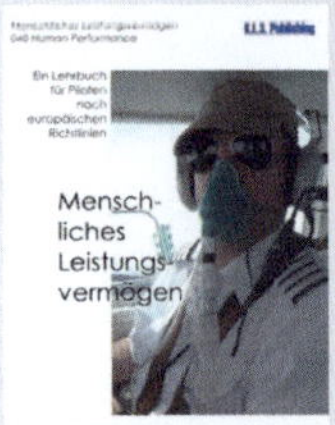

040 Human Performance
368 Seiten, Format 18,9 x 24,6 cm
mit 133 Abbildungen u. Tabellen
ISBN 978-3-942095-00-6 (Budgetversion, SW)
ISBN 978-3-942095-01-3 (Farbdruckversion)
ISBN 978-3-942095-52-5 (PC-PDF e-Book)

Meteorologie

050 Meteorology
374 Seiten, Format 18,9 x 24,6 cm
mit 220 Abbildungen u. Tabellen
ISBN 978-3-9811404-9-1 (Budgetversion, SW)
ISBN 978-3-942095-02-0 (Farbdruckversion)
ISBN 978-3-942095-50-1 (PC-PDF e-Book)

Allgemeine Navigation

061 General Navigation
270 Seiten, Format 18,9 x 24,6 cm
mit 115 Abbildungen und Fotos
ISBN 978-3-942095-18-1 (Budgetversion, SW)
ISBN 978-3-942095-19-8 (Farbdruckversion)
ISBN 978-3-942095-60-0 (PC-PDF e-Book)

Funknavigation

062 Radio Navigation
360 Seiten, Format 18,9 x 24,6 cm
mit 162 Fotos, Abb. und 31 Tabellen
ISBN 978-3-942095-20-4 (Budgetversion, SW)
ISBN 978-3-942095-21-1 (Farbdruckversion)
ISBN 978-3-942095-61-7 (PC-PDF e-Book)

Kommerzieller Flugbetrieb

070 Operational Procedures (OPS)
430 Seiten, Format 18,9 x 24,6 cm
mit 77 Abbildungen, Fotos u. 39 Tabellen
ISBN 978-3-942095-14-3 (Budgetversion, SW)
ISBN 978-3-942095-15-0 (Farbdruckversion)
ISBN 978-3-942095-58-7 (PC-PDF e-Book)

Grundlagen des Fluges

081 Principles of Flight
442 Seiten, Format 18,9 x 24,6 cm
mit 247 Abbildungen, Fotos u. 8 Tabellen
ISBN 978-3-942095-22-8 (Budgetversion, SW)
ISBN 978-3-942095-23-5 (Farbdruckversion)
ISBN 978-3-942095-62-4 (PC-PDF e-Book)

Weitere Detailinformationen zu einzelnen Bänden sowie weiterer Bücher des Verlags sind unter http://klspublishing.de/ zu finden.

Printed in Poland
by Amazon Fulfillment
Poland Sp. z o.o., Wrocław

34554575R00172